老人言

让你受益一生的老话

刘江川　编著

中国华侨出版社

· 北京 ·

图书在版编目（CIP）数据

老人言：让你受益一生的老话 / 刘江川编著 . —北京：中国华侨出版社，
2016.12（2023.7 重印）

ISBN 978-7-5113-6577-4

Ⅰ . ①老… Ⅱ . ①刘… Ⅲ . ①人生哲学—通俗读物 Ⅳ . ① B821-49

中国版本图书馆 CIP 数据核字（2016）第 300223 号

老人言：让你受益一生的老话

编　　著：刘江川

责任编辑：姜　婷

封面设计：冬　凡

文字编辑：胡宝林

美术编辑：张　诚

插图绘制：战　阳

经　　销：新华书店

开　　本：720mm×1020mm　　1/16 开　　印张：18　　字数：285 千字

印　　刷：三河市万龙印装有限公司

版　　次：2017 年 4 月第 1 版

印　　次：2023 年 7 月第 2 次印刷

书　　号：ISBN 978-7-5113-6577-4

定　　价：78.00 元

中国华侨出版社　北京市朝阳区西坝河东里 77 号楼底商 5 号　邮编：100028

发 行 部：（010）88893001　　　传　真：（010）62707370

网　　址：www.oveaschin.com　　E-m a i l：oveaschin@sina.com

前 言

中国有句老话叫"不听老人言，吃亏在眼前"。为什么要听老人言？因为老人的"老"，不光体现在年龄，更体现在智慧的古老、经验的老道、看待问题的深刻。姜还是老的辣，很多时候，时间本身就是一种资本。经过的事多，走过的路多，吃过的盐多，就相当于在这个世界上接受过的历练多，对这个世界的认识就深刻，看人就能看到骨子里。这些老人言都是来自生活的经验，是我们的祖辈吃过亏、受过苦、交过了学费后积攒下来的。那些口耳相传的智慧，让我们无法不去敬畏。不听老人言，吃亏在眼前，听老人言，是一种智慧寻根。

老人言是祖辈留给我们的财富，只不过它没有以实物的形式存在，而是一种以口耳相传的方式传播的智慧，也正因如此，老人言才显得更加的宝贵。因为口耳相传实际上是一个经过岁月大浪淘沙的过程，岁月帮我们淘汰并不值得流传的经验，留下来的都是能够指导我们人生的至理名言。

翻开历史我们能够看到，每一个胜败兴衰的故事背后，都有中华民族的老人之言曾做出预测、做出总结。一些成功的人身上，我们总能够看到他们遵循老人之言的特质；那些失败者的身上，我们则可以清晰地察觉他违背老人之言的行为。"忍得一时，风光一世"，这是老人之言。韩信遵之而忍胯下之辱，终成一代名将；项羽未遵而乌江自刎，终令天下英雄扼腕叹息。"得意之时不可忘形"，这是老人之言，曾国藩遵之自裁其军，终于得保天年；年羹尧未遵居功自傲，落得被赐自尽的下场。"身轻失天下，自重方存身"，这是老人之言，朱元璋遵之以广积粮、缓称王，终于雄踞天下；袁术未遵而夺玉玺、僭君位，终为天下所不容。历史上一正一反的事例实在值得我们思考。其实即便是不讲历史，就看我们当代的成功者与失败者，其背后不一样有老人之言在起作用吗？"世上无难事，只要肯攀登"，这句老人言是对俞敏洪这样的成功者最好的诠释；而"十个空想家，抵不上一个实干家"，这句老人言不也正好是天赋过人却耽于幻想而最终一事无成的失败者的注脚吗？由此可见，对于老人言这简单而朴素的生活智慧，我们必须重视。

"取敌之长，补己之短""吃水不忘掘井人""想人所想，急人所急"之类的俗语更是一个人能够立足于社会的处世箴言。在社会上摸爬滚打，一定要懂得如何做人，这是最基本的要求，不懂做人，那么，还没有和人比赛，便已经输了。大凡成功的人，无一例外都深深地明白做人的重要性。除了处世做人之外，老人言还教我们要注重细节，如"针尖大的窟窿斗大的风""大船只怕钉眼漏，粒火能烧万重山"；教我们要善于学习，如"井淘三遍吃甜水，人从三师武艺高""刀不磨要生锈，人不学要落后"；教我们知足常乐，如"知足不辱，知止不殆""世事本无完美，人生当有不足"等。

老人言不同于名人之言、圣人之言，它更体现出一种草根性，草根智慧实实在在，草根智慧更接地气。其实咱们大多数人，都是普通老百姓。草根智慧有草根智慧的和蔼可亲——通俗、易懂、平易近人，不让人感觉高高在上，而让人感觉触手可及。在生活中，处处有这样的老人言，它可能就是我们的爷爷、奶奶不经意的某句话，当时觉得"老土"，但突然某一天，就会觉得那些话说到了我们的心坎里！常常听到身边的朋友们感慨"早知道这样就听父母的了""还是老爸老妈有远见啊""我当初怎么就没想到呢"，诸如此类的话，其实不是没想到，而是老人们早就说过了，我们没有用心去聆听，去感悟。如果多听些老人言，那么在面临选择时我们将会知道如何取舍，少走一些弯路；如果多听些老人言，一帆风顺时我们不会洋洋自得，忘记谦虚；如果多听些老人言，困顿无助时我们不会顾影自怜、一味消沉。

老人言是思想的火花、智慧的浓缩，隽永有味，字字珠玑。它们是立身处世的法则，是求索生活的道理。老人言内涵丰富，包罗万象，且实用性强，饱含生活的智慧，可以为我们的人生指引航向。只要你能听老人言，明白其中道理，并运用到实际生活中，必然会让你受益终生。

目　录

知识积淀：求学无笨者，努力就成功
——从实践中来，到实践中去

读书百遍，其义自见

晋陈寿曾在《三国志·魏志·王肃传》中说："人有从学者，遇不肯教，而云：'必当先读百遍'，言'读书百遍，其义自见。'"从字面意思看就是，要把一本书读一百遍，其中的含义自然就心领神会了。这里的"读百遍"只是概数，是一种强调的语气，有多次重复之意。意在告诉我们，"重复"乃学习之母。关于这点，古人还说过，"锲而不舍，金石可镂"，我们读书，要的正是这锲而不舍的精神，只要静心研读，反复思考，定能悟出书中的"真谛"。如果每次都能从书本中悟出为人处世的哲理，日积月累，必将会开阔自己的胸怀和视野，在人生道路上少走弯路，对以后的人生也是一种指导。

东汉末年，有一个人叫董遇的人，少时家境贫寒，只能靠去田间卖苦力或走街串巷做些贩夫走卒的活计来养活自己。但无论做什么，走到哪里，环境多么恶劣，他总是随身携带着一些书，只要一有空就会孜孜不倦地读起来。后来，他发达了，做了官吏，仍坚持博览群书，不断丰富自己的学识，最终成为远近闻名的大学问家。

董遇成名之后，一时间很多俊杰才子慕名而来，想要拜他为师。这其中就有一个叫李尧的书生，李尧是董遇的同乡，少年时就研读了很多书籍，待年龄稍大些，渐渐喜欢上了历史典藏。初见面，一番寒暄之后，董遇问："年轻人，给你一本书，你会去读几遍？"

李尧恭敬地做了个揖，谦卑地答道："三遍。"

董遇说："此话不假？"

答曰："是真的读三遍。"

董遇很失望，摆摆手对他说："年轻人，你还是回去吧。"

李尧不解："先生，此话何意？我是诚心诚意地来向您拜师学习的，您为什么不肯收下我呢？"

董遇回答道："不是我不想留你，也不是你的资质不够，我觉得你没有悟出治学的精髓所在。在你来此之前，早已有很多人来向我请教学习的方法，其实，也谈不上什么高深方法，我只是读书读的遍数多罢了。"

李尧满脸困惑地问："先生会读多少遍呢？"

董遇笑了笑说："文章至少要一口气先读上百遍。我觉得一篇文章如果不读很多遍的话，是很难理解文章的真正含义的。"

古人所谓"书读百遍，其义自见"，说的就是这个道理。人们常说的"熟读唐诗三百首，不会做诗也会吟"也强调了精读和多读在学习中的重要性。孔子读《易经》至"韦编三绝"，不知翻阅了多少遍。宋代大才子苏东坡满腹经纶，读《阿房宫赋》，夜不能寐，秉烛夜读，直到四鼓时分仍不肯休。

鲁迅先生少时在课桌上刻"早"字，勉励自己勤奋，早已为我们所熟知。青年时，鲁迅在江南水师学堂读书，经常会准备几本书和一串红辣椒。每当晚上读书寒冷难耐的时候，又或者是夜深人静读书犯困的时候，就会吃一颗红辣椒，慢慢咀嚼，直到辣得唇齿发麻，四肢冒汗，困意全无，然后继续挑灯读书。由鲁迅先生的这个小故事，可以看到，"读书百遍"并不仅仅指读书的次数，还要有一种锲而不舍的刻苦精神，"其义才能自见"。鲁迅正是凭着这种驱寒读书的精神，成为中国现当代文学的一面旗帜。

无独有偶。我国著名的数学家张广厚，有次看到了一篇论文，觉得很适合自己的研究领域，于是就多次反复研读。这篇共十多页的论文，他反反复复地读了半年之久。因为多次翻阅，纸张泛黄，页面也已卷曲，他的妻子开玩笑地说："这哪叫读书啊，这简直就是'吃书'啊。"

种种事迹表明，读书对做学问的重要性是不容置疑的，但我们也会疑惑：人生命短暂，日常琐事繁多，用在读书上的时间更是少之又少；加之，在当今这个信息爆炸的年代，生活节奏加快，书读百遍，更是不可能，哪能挤出那么多时间在一本书或一篇文章上？这确实是一个很难回答的问题。

在前面董遇与李尧的故事中，李尧也问了董遇同样的问题。董遇答曰："读书时间就是挤出来的。冬天，大雪纷飞，无处劳作，人们都躲在屋子里取暖休息，这是读书时间；晚上，万籁俱寂，这也是读书时间；雨天，道路泥泞，人们不能出门劳作，这也是读书时间。你可以把这些时间利用起来读书呀！可以把它归结为'三余'，即冬者岁之余，夜者日之余，阴雨者晴之余也。"

董遇的"三余"，用我们今天的话来概括就是：冬天是空闲的时间，夜晚是空闲的时间，阴雨天是空闲的时间。如果我们能抓住生活中的这些相对空闲的时间，何愁没有时间读书呢？

清朝一代名臣曾国藩是一位治学严谨、博览群书的理论家和古文学家。他一生以"勤""恒"两字勉励自己，教育家里的子侄。他说："百种弊病皆从懒生，懒则事事松弛。"他抓住日常生活中一切能读书的机会，甚至死前一日仍手不释卷。曾国藩曾经说过读书时要有"耐"字与"专"字诀，专穷一经，不可泛骛，今日不通，明日再读；今年不精，明年再读。

世间万象，皆为身外之物，唯有多读书，读好书能够启迪人的灵魂，让人心领神会，耳聪目明，志存高远。一本好书，就如夏日午后的清茶，淡淡的，让人沉醉，它可以在夏日里读出雪意，于山间闻到泉鸣。书在某种程度上来说是社会文明的载体，也是人类进步的标志。

一本好书，可以改变人们看待事物的方式，改变人们的思维习惯，影响人们处事的行为方式，进而影响人们每天的生活，甚至可能会改变人一生的命运。古人所说："书中自有颜如玉，书中自有黄金屋。"书只有反复阅读，才能体会到其中的妙处，才能够从懵懂无知走向睿智豁达。爱迪生说："要让书成为自己的注解，而不要做一颗绕书本旋转的卫星，不要做思想的鹦鹉。"那就让我们先从熟读开始吧，做到每一本书都"书读百遍，其义自见"。

好记性不如烂笔头

民间有句谚语叫："好记性不如烂笔头。"说的是不管一个人的记忆力多好，都会有忘事的时候，如果能养成在纸上多写几遍，或遇事记下来的习惯，就会好很多。其实，这句话出自我国明朝著名文学家张溥的故事。

话说张溥年少的时候，天资愚笨，记忆力很差，在学堂读书的时候，老师说过的话，张溥经常是左耳进右耳出，一转眼就忘个干净。但张溥并没有为此气馁，反而读书愈加刻苦认真，心想："别人读一遍就能记住，那么我就读两遍。"一段时间之后，张溥发现这个方法虽然有效，但效果并不是很理想。有一次，张溥又把老师教过的文章，忘了个干净，一个字也想不起来，老师气极了，罚他把文章抄写十遍。张溥心中十分不情愿，觉得抄写十遍也没什么意义而且浪费时间，但最终他还是认真地按照老师的要求做了。没有想到的是，到了第二天，张溥竟然能流利地背诵出自己抄写的文章。张溥非常高兴，发现原来动手把文章抄多遍对加强记忆有这么好的效果。从此以后，凡是重要的文章或是自己认为很优美的段落，他都会主动的抄写几遍，这样很快都能背出来，而且以后写文章时，一些语段也能信手拈来。

无论对于学习还是对于日常工作而言，勤动笔做记录都是一个良好的习惯，做笔记有利于整理自己的思维，帮助我们学习和记忆。在日常的学习过程中，及时地做笔记，可以使注意力更加集中到学习的内容上，同时

做笔记的过程也是一个积极思考的过程，可以充分的调动眼、脑、手一齐活动，促进对所学知识的理解，同时做笔记还有防止遗忘、方便查询等好处。

美国著名心理学家巴纳特为了研究在听课学习的过程中，做笔记的学生与不做笔记的学生学习效果究竟有多大的区别，以大学生为对象做了一个实验。他提供给大学生们一份大约有 1800 个单词的介绍美国公路发展史的学习材料，并且以每分钟大约 120 个词的中等语速读给他们听。实验过程中，他把参加实验的大学生平均分成 3 组，要求每组学生以不同的方式进行学习。第一组为做摘要组，即要求他们一边听课，一边摘出要点；第二组为看摘要组，即首先给他们提供已经做好的学习要点，他们在听课的同时就可以参考这些学习要点，而自己不用动手做笔记；第三组为无摘要组，只是要求他们听讲，既不给他们提供学习要点，也不要求他们自己动手做笔记。当三组学生完成学习之后，统一对所有的学生进行回忆测验，检查对文章的记忆效果。

实验结果表明：第一组学生在听课的同时，自己动手写摘要做笔记，考试成绩最好；在学习的同时有学习要点可以参考，但是不用亲自动手做笔记的第二组学生的考试成绩次之；而单纯听讲而不做笔记，也看不到学习要点的第三组学生的考试成绩最差。

通过这样一个实验可以充分表明做笔记对学习的重要作用。也许有人会说"我的记忆力很好不用这么做"，但是在学习的过程中做笔记会起到事半功倍的作用。因为学习过程中，当一个人拿起纸和笔思考问题时，注意力很自然地高度集中，这样就有助于更全面地考虑问题，不但可以把学习的要点条理清楚的罗列出来，而且，还可以引出许多细节，帮助对所学内容更加深入的理解。相反，如果一个人只是思考问题，思维很容易发散，不由自主就走神了，难以深入，全面地思考问题。

"好记性不如烂笔头"这个道理已经说得很清楚，在日常的工作、学习中，做笔记不但可以加深记忆，提高学习效果，还可以帮助你成为一个工作高效、办事有条理的人。所以从现在开始，让你的双手变得勤快，不要再吝惜你的纸和笔，随手记下生活中的点点滴滴，这些点点滴滴汇集起来必将成为你人生当中最宝贵的一笔财富。

若得惊人艺，须下苦功夫

一朵娇羞的花儿，开在春风中，引来踏青游人的不断地赞美，但要知道，花儿如果没有经历种子最初的黑暗、破土而出的艰难，以及成长中所经受的风吹雨打，是不能开得如此娇美的。只有经历过万般的磨练，才能练就创造天堂的力量；只有磨出茧的手指，才能弹出惊艳的绝唱。要知道"若得惊人艺，须下苦功夫"。著名科学家霍金就是很好的例子。

史蒂芬·威廉·霍金，1942 年出生于英国。但不幸的是，在他青春年少时，就身患绝症，然而他并没有被病魔击垮，反而坚强不屈，战胜了病痛的折磨，成为一位举世瞩目的科学家。

霍金从牛津大学毕业之后，就立即进入剑桥大学攻读研究生学位，这时他却被诊断出患了罕见的"卢伽雷病"。不久之后，霍金就完全瘫痪了，失去了行动的能力。1984 年，不幸再次降临，霍金因感染肺炎进行了气管切开术，从那之后，他完全不能说话了，只能依靠安装在轮椅上的对话机以及语言合成器与人进行对话；但他仍然坚持学习，看书要依赖机器帮助他翻动书页，读文献时需要请人将每一页都一一摊开在书桌上，然后自己驱动轮椅挪动着地逐页去阅读，即使这样，他也没气馁。

霍金用常人无法比拟的毅力，不断地探索，不断地前进，最终成为世界公认的科学巨人。霍金在剑桥大学曾担任过的卢卡斯数学讲座教授一职，他的黑洞蒸发理论和量子宇宙论不仅在自然科学界引起强烈的反响，并且对哲学和宗教也有深远的影响力。

勤奋出才能，勤奋出成果，成功必然要经历刻苦，刻苦是成功的敲门砖。正如爱因斯坦所说："人们把我的成功，归因于我的天才；其实我的天才只是刻苦罢了。"所有这些伟大人物的言谈和行动，都在告诉我们，"若得惊人艺，须下苦功夫。"我们也要认识到，付出不一定能有回报，但想要回报，就一定要付出。因为只有付出了，你才有机会，才有成功的可能。如果不思进取，害怕困难而不去付出，失去的不仅是奋斗的乐趣，更是成功的机会。

常说口里顺，常做手不笨

爱迪生说："天才是百分之九十九的汗水，再加上百分之一的灵感。"意思是说即使是天才也要流百分之九十九的汗水，再加上百分之一的灵感才会有成就。这就是勤奋的人们不断奋斗得出的至理名言。古今中外，有成就的人不胜枚举，他们并非生下来就是天才，他们的才华也不是与生俱来的。他们的巨大成果都是通过不辞劳苦所取得的。这里所说的勤奋，也正是接下来要讲的，要常说常做，勤于动口和动手，正所谓："常说口里顺，常做手不笨。"

如果说梦想是成功的起跑线，决心是起步时的枪声，那么勤奋则如起跑者全力的奔驰，唯有坚持到最后一秒，方能取得成功的锦旗。

司马迁幼年是在韩城龙门度过的。龙门在黄河边上，山岳起伏，河流奔腾，风景十分壮丽。这条中华民族的母亲之河滋养了幼年的司马迁。他常常帮助家里耕种庄稼，放牧牛羊，从小就积累了一定的农牧知识，养成了勤劳艰苦的习惯。在父亲的严格要求下，司马迁10岁开始阅读古代的史书。他一边读一边做摘记，不懂的地方就请教父亲。由于他格外勤奋和绝顶聪颖，有影响的史书都读过了，中国三千年的古代历史在头脑中有了大致轮廓。后来，他又拜大学者孔安国和董仲舒等人为师。他学习十分认真，遇到疑难问题，总要反复思考，直到弄明白为止。在父亲的熏陶下，他从小立志做一名历史学家。

一天，快吃晚饭了，父亲把司马迁叫到跟前，指着一本书说："孩子，近几个月，你一直在外面放羊，没工夫学习。我也公务缠身，抽不出空来教你。现在趁饭还不熟，我教你读书吧。"司马迁看了看那本书，又感激地望了望父亲："父亲，这本书我读过了，请你检查一下，看我读得对不对"说完把书从头至尾背诵了一遍。

听完司马迁的背诵，父亲感到非常奇怪。他不相信世界上真有神童，不相信无师自通，也不相信传说中的神人点化。可是，司马迁是怎么会背诵的呢？他百思不得其解！

第二天，司马迁赶着羊群在前面走，父亲在后边偷偷地跟着。羊群翻过村东的小山，蹚过山下的溪水，来到一片洼地。洼地上水草丰美，绿油油的惹人喜爱。司马迁把羊群赶到草地中央，等羊开始吃草后，他就从怀中掏出一本书来读，那朗朗的读书声不时地在草地上萦绕回荡。看着这一切，父亲全明白了。他高兴地点点头，说："孺子可教！孺子可教！"

从 20 岁起，司马迁开始到各地游历，考察历史和风土人情，为他日后编写史书提供了充足的史料。做太史令后，他常有机会随从皇帝在全国巡游，又搜集了大量的历史资料，还了解到统治集团的许多内幕。他还如饥似渴地阅读宫廷收藏的大量书籍。就在他写《史记》的时候，为李陵说情触犯了汉武帝，被关入监狱，判处了重刑。司马迁出狱后继续写作，经过前后 10 年艰苦的努力，终于写成了《史记》。这部巨著，对后世史学与文学都有深远的影响。

人的才能不是天生的，是靠坚持不懈的努力，靠勤奋换来的。科学家诺贝尔也是很好的例子。

诺贝尔的父亲是一位颇有才干的机械师、发明家，但由于经营不佳，屡受挫折。后来，

一场大火又烧毁了全部家当，生活完全陷入穷困潦倒的境地，要靠借债度日。父亲为躲避债主离家出走，到俄国谋生。诺贝尔的两个哥哥在街头巷尾卖火柴，以便赚钱维持家庭生计。由于生活艰难，诺贝尔一出生就体弱多病。当别的孩子在一起玩耍时，他却常常充当旁观者。童年生活的境遇，使他形成了孤僻、内向的性格。

诺贝尔8岁才上学，但只读了一年书，这也是他所受过的唯一的正规学校教育。10岁时，全家迁居到俄国的彼得堡。在俄国由于语言不通，诺贝尔和两个哥哥都进不了当地的学校，只好在当地请了一个瑞典的家庭教师，指导他们学习俄、英、法、德等语言，体质虚弱的诺贝尔学习特别勤奋，他好学的态度，不仅得到教师的赞扬，也赢得了父兄的喜爱。然而15岁时，因家庭经济困难，交不起学费，兄弟三人只好停止学业。诺贝尔来到了父亲开办的工厂当助手，他细心地观察和认真地思索，学到了很多知识。

1850年，诺贝尔出国考察学习。两年的时间里，他先后去了德国、法国、意大利和美国。由于他善于观察、认真学习，知识迅速积累，很快便成为一名精通多种语言的学者和有着科学训练的科学家。回国后，在工厂的实践训练中，他考察了许多生产流程，不仅增添了许多的实用技术，还熟悉了工厂的生产和管理。就这样，在历经了坎坷磨难后，没有正式学历的诺贝尔，终于靠刻苦、持久的自学，逐步成长为一位科学家和发明家。

诺贝尔的母亲去世后，他把30亿瑞典币———一生的财产，全部捐献给了慈善机构，只留下了母亲的照片，以作为永久的纪念。后人为了记住他，以他的名字命名的科学奖，已经成为举世瞩目的最高科学大奖。

是什么使不起眼的小男孩变成举世瞩目的科学巨人？是坚持不懈的努力。

勤奋出才能，勤奋出成果，古今中外都不例外。王祯是中国著名的农业学家。他走便了南北方的十七个省区，经过十几年时间，才编成了巨著《农书》。书刚问世不久，王祯就去世了。《农书》的规模宏大，范围广博。全书共三十七卷（现存三十六卷，另有编成二十二卷的版本，内容相同），大约十三万字，插图三百多幅。其中包括《农桑通诀》《百谷谱》和《农器图谱》三大部分，既有总论，也有分论，图文并茂，系统分明，体例完整。

这样的例子不胜枚举。正如著名的数学家华罗庚先生说："勤能补拙是良训，一分辛劳一分才。"勤奋终能越过暂时的失败和挫折，取得最后的成功。

天才出于勤奋

所谓天才，就是努力的力量。没有加倍的勤奋，就既没有才能，也没有天才。

有句老话叫"天道酬勤"，也就是说，天意总是厚报那些勤劳、勤奋的人。

迷信天意固然是虚幻的，但只要你付出了努力，你的一生就一定会向积极的方向转变。相信"功夫不负有心人"的真理，不投机不取巧，踏踏实实做人做事，你就一定能够成功。这个世界上，并没有真正的天才，有的只是一种天分，如果只依靠天分，就会越来越怠惰，越来越消沉，直至天分耗尽，最终一事无成。勤奋却能够将天分变为天才，只有勤奋，才能让人永远追求进步，永不停息。

从某种意义上讲，推动世界前进的人并不是所谓的天才，而是非常勤奋、埋头苦干的人，是不论在哪一个行业都勤勤恳恳、劳作不息的人们。

人的一生是短暂的。一个人在短暂的一生中真正要成就一番事业，那就一定要勤奋。大凡事业有成者，无一不是事业的勤奋、执着的追求者。

勤奋出才能，勤奋出成果。勤奋是成功的支点。大千世界，五彩缤纷，人们很容易左顾右盼、见异思迁。但天才和灵感的女神，往往钟爱不畏辛劳、甘洒血汗的勤奋者。我们应该看到，"勤"和"苦"总是紧密相连，如影随形。一切天才的机遇和灵感，都是以勤奋为前提的。勤奋不仅意味着吃苦与实干，而且必须持之以恒，百折不挠，才有可能叩开成功的大门。我国国画大师齐白石，年轻时就坚持每日作画，除身体不适和心情不好的几日外，无一日不动笔。正是这锲而不舍的勤奋，最终使他誉满世界。著名数学家陈景润，在六平方米的住处终日辛劳，奋战十年，在数学王国里为摘取哥德巴赫猜想这颗明珠做出了杰出贡献。

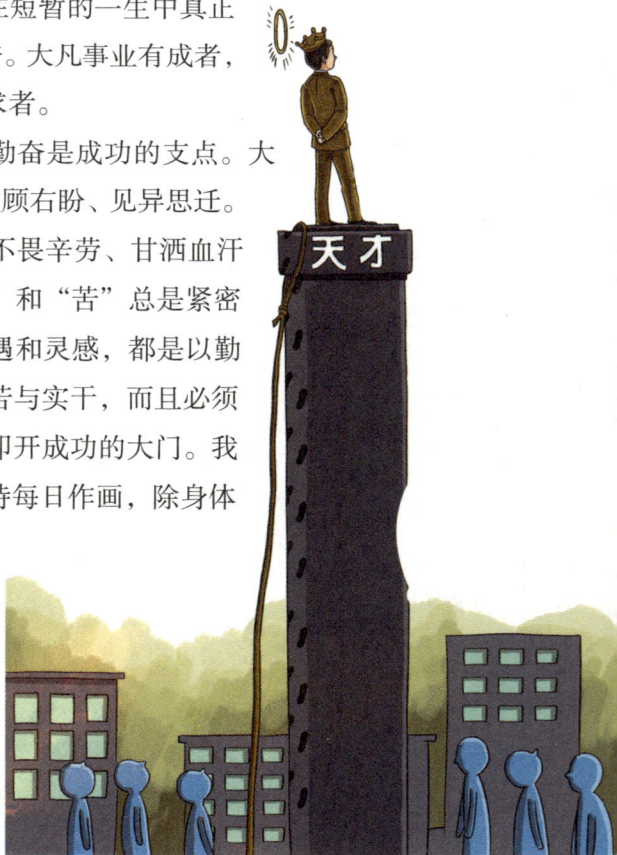

勤奋便是他们成功最大的秘诀。实际上，"业精于勤""勤能补拙"，这其中的道理对任何人都适用。

有人说世界上能登上金字塔的生物有两种：一种是鹰，另一种是蜗牛。天资奇佳的鹰和资质平庸的蜗牛，能登上塔尖，极目四望，俯视万里，都离不开两个字——勤奋。

一个人的进取和成才，环境、机遇、天赋学识等外部因素固然重要，但更重要的还是自身的勤奋与努力。缺少勤奋的精神，哪怕是天资奇佳的雄鹰也只能空振双翅，望塔兴叹；有了勤奋的精神，哪怕是行动迟缓的蜗牛也能雄踞塔顶。

有一分劳动就有一分收获，"天才出于勤奋"是一条不灭的真理。

莫道君行早，更有早行人

相信很多人都了解奋斗对于人生的意义，并且每个人都在奋斗着。但是，一般我们都更多地关注自身，而少去关注别人。所以，我们总是能看到自己的付出，却看不到别人的努力。

可是，仔细想想，真的是这样吗？我们真的比别人付出得更多吗？我们有没有真的去观察过别人的日常行事和付出的努力？恐怕，很多人都会说，没有。那么，这时候，我们就要仔细思考一下了。我们要静下心来想一想，自己是否真的像想象中的那么努力。

关于这点，我们可以先来看一个故事，看看别人是怎样去努力奋斗的。

欧阳修是我国著名的大文学家，位列唐宋八大家之一。连著名文学家苏轼也是他的学生，可见他的学问有多么精深。可是，你知道欧阳修的这些学问是怎么来的吗？靠天赋？靠领悟力？当然，这些都会有，但主要的还是靠他自己的努力。

欧阳修四岁丧父家里失去了依靠，变得异常贫寒，自然也就没有钱供他读书。可是，他们家是一个重视知识的家庭，他的母亲觉得，人可以贫穷，但是不能没有知识。于是，就用芦苇秆在沙地上写画，教欧阳修写字。还教他诵读许多古人的篇章。欧阳修也很争气，他学习非常刻苦，虽然条件不好，但从不抱怨，而是每天兢兢业业，认认真真地写字、背书，知识积累也越来越多了。

到欧阳修年龄大些，家里的书早已经被他读完，他便就近到读书人家去借书来读。当发现一本好书的时候，他还会把整本书抄下来，然后收藏。就这样，欧阳修凭借着夜以继日、废寝忘食的努力，一心致力于读书，才取得了后来的成就。

试想，如果我们能够做到像欧阳修那样，即使没有笔，在沙子上写字也要认真读书，还会有这样那样的抱怨吗？肯定不会了。所以，我们应该从刻苦奋斗的人身上学到东西，要明白，你本身认为的努力是没有多大意义的，跟人比较之后，发现比他人更努力才能说明问题。就像那句老话说的，"莫道君行早，更有早行人"。

其实人生就是如此，我们总是会高看自己一眼，会从自己的感受出发，得出我们很努力的结论。可是，我们的这些发现很多时候都是有局限性的。

此外，虽然时代变了，环境变了，但是道理是不会变的。不管到什么时候，想要成功，想要有所成，就必须努力，而且还要比其他人更加辛勤地努力。关于这点，除了欧阳修还有很多人都做得很好，下面，我们再举另一个例子。

孙康是晋朝人，从小就喜欢读书，可他家里很穷，父母没有钱供他读书，也没有钱给他买书。不仅如此，为了维持生计，孙康很小就跟着家人去干活。白天孙康要出去打工，由于家里太穷，晚上没有灯，晚上也不能读书。

于是，小孙康就去问父亲："为什么别人家里有油灯，而我们没有呢？"父亲看了看年幼的儿子，回答说："灯油很贵，咱们要是买灯油的话，全家就要饿肚子了。"小孙康听了后，若有所思地点了点头，从此再没提此事。

可是，环境的恶劣并没有阻挡住孙康求知的欲望，家里没书，就去借书读，屋里无光，就借着月光看书。

有一年的冬天，雪很大。夜晚的时候，月光皎洁，与地上的白雪交相辉映。孙康忽然发现，书上的字在雪地里突然变得很清楚。于是，他非常高兴，赶忙坐在雪地里看书，坐累了就躺在雪地里，借着雪反射的光线读书。此后，每当下雪后天空出现月亮，孙康都会不顾严寒，躺在雪地里读书，一读就是大半夜。时间长了，孙康的手脚都长满了冻疮，但是凭借这种方法他读了很多的书，学到了很多的知识。最后，孙康终于学有所成，官拜御史大夫。许多人知道这个故事后，非常感动，而孙康的故事，也被流传下来。

看了这个故事后，是不是也会产生成功是来之不易的的感觉？是啊，任何东西都不会凭空从天上掉下来，那些获得成功的人都是靠自己的努力去争取，去拼搏的。

如果你细心观察，就会发现，失败者们往往都有很大差异，他们的失败原因各有不同，但是，成功者们则不然，他们大都有很多相似的地方。而奋斗，就是其中一个。并且，他们都比一般人更能吃苦。就像欧阳修和孙康一样，虽然时代不同，方式不同，但他们奋斗的劲头是一样的。

如果你把自己的故事跟这些人比较一下，就会发现，那句老话"莫道君行早，更有早行人"，实在是太经典了。我们每个人都觉得自己足够努力，都是行得早的，但是翻开那些成功者的履历，就会发现，他们比我们还要早。而他们，也正是靠着这种"早起的鸟儿有食吃"的精神，才有了后来的成就。从今天开始，努力奋斗吧，学习欧阳修和孙康的精神，让自己做一个真正的"早行人"。

工多出巧艺

付出必然有所回报。成大器者，必然会在一处下苦功夫，认准了的事，埋头苦干，坚持不懈地走下去，最终都会成功。

人生境界的提升，最需要的就是专注。专注于学习，学有所得；执着于事业，业有所成。在人生道路上，专注给人激情、给人定力，让普通变为伟大，让平凡走向卓越。

常言道，"功贵其久，业贵其专"。做一件好事不难，做一时好人不难，难的是一生专注、一生执着。

孔子勤学苦读，"韦编三绝"，最终获得高深的智慧，被奉为圣人。汉代学者董仲舒为著书立说，"三年不窥园"，心无旁骛，专心致志，终成一代鸿儒。唐朝大诗人李白观"铁杵磨针"而发愤读书，亦有所成。

把每一件简单的事做好就是不简单，把每一件平凡的事做好就是不平凡。

自 1990 年第一家麦当劳餐厅在深圳开业起，经过三十余年的经营、发展，麦当劳餐厅已在全国遍地开花，"M"标志几乎随处可见。了解麦当劳不妨从三个数字开始：60、30、4。

60 秒。顾客从付钱到下单，到拿到食物，这一整套工作流程必须要在 60 秒内完成，这是麦当劳对每位顾客的承诺。

30 分钟。每隔 30 分钟，麦当劳的保洁工必须要对店内进行一次全面的清扫。

4℃。可乐在 4℃时口感最佳，麦当劳就力争做到每一杯递到顾客手中的可乐都要保持在 4℃。

60 秒、30 分钟和 4℃，这看似普通的数字，在麦当劳却演绎成为快捷、舒适和美味的代名词。从细微处着手，标准化的操作流程，把每一个细节都做到极致，这就是麦当劳成功的秘诀，他们的"良苦用心"，带来了顾客的口碑，也带来了丰盈的收益。

如果让一个训练有素的员工每天擦六次桌子，他会不折不扣地执行，每天都会坚持擦六次；可是如果让一个没有经过严格训练的人去做，那么他在第一天可能会擦六遍，第二天可能会擦六遍，但到第三天可能就会降为五遍，第四天可能就是四遍，甚至三遍，到后来就不了了之。由此可见，做好一件事简单，把每件简单的事都做好就是不简单。慢工出细活，十年磨一剑。认真做事只是把事情做对，用心做事才能把事情做好。

成功的人和企业大都有自己的绝招，所谓绝招，就是用细节的功夫堆砌出来的，简单的招式练到极致就是绝招。正所谓小事成就大事，细节成就完美。管理学上说，细节决定成败。细节是一种创造，也是一种功力。细节表现修养，细节体现艺术，细节隐藏机会，细节凝结效率，细节产生效益。

有的人囫囵吞枣，只学到皮毛便自以为是，这种浅尝辄止的行为，结果只会适得其反。商家想创造财富，就要多花些功夫，好好磨练出一身真功夫——专注、执着、注重细节。俗话说，磨刀不误砍柴工。刀磨得越锋利，砍柴的效率自然就会越高。不经过一番努力，就想有所成就，无疑是妄想。

《百喻经》中有这样一个故事：在很久以前，有一位财主到朋友家做客。他看到朋友的新屋宽敞明亮，高大壮丽，心里非常羡慕。于是，他找来工匠说："你们照着样子给我盖，记住要三层楼，要和那幢一模一样。"

工匠们答应了，便开始画图、备料、挖地基。财主来到工地，东瞅瞅，西瞧瞧，看到工匠忙忙碌碌，十分纳闷，便问正在打地基的工匠："你们这是在干什么？"

"我们照您的吩咐在建造楼房啊。"工匠答道。

"不对，不对。我只要最上面的那层，下面的我不要，快拆掉。"

工匠们听后哈哈大笑，说："只要最上面那层，我们不会造，你自己造吧！"

工匠们走后，傻财主望着地基发愣。他不知道，只要最上面一层，不要下面两层，那是再高明的工匠也造不出来的。

分析世界 500 强企业的成功之路，会发现 500 强企业的管理和经营细致入微，精益求精。精细的管理和营销孕育出尽善尽美的产品和服务——这是企业做大做强的真谛。空中楼阁犹如无源之水，无本之木。

第二章

求知益智：生活是知识的源泉，知识是生活的明灯
——激活心中的无尽宝藏

近水知鱼性，近山识鸟音

　　岁月催人老，但不要伤悲，别忘了老有所用。在老人的世界里有着丰富的为人处世哲学，其中"近水知鱼性，近山识鸟音"一句尤为精妙。如果仅从字面意思来看，就是"临近水边，时间长了，就会懂得水中鱼的习性；深入山林，听得多了，就会辨别山中鸟的鸣叫"。再深入思考一下这句话，就会发现我们可以从以下三个角度理解这句"老人言"：一是，实践出真知；二是，做事专一，熟能生巧；三是，把握实践的主动性。

启示一：实践出真知

诗云："纸上得来终觉浅，绝知此事要躬行。"这句话也道出了"实践"的精髓。书本中的知识累积了前人的经验，能给我们带来很多启示。通过读书间接获得这些经验虽然重要，但自己亲身去实践，从中得来的第一手的知识，更能体现人生的大智慧。

明代李时珍可谓是"实践出真知"的典范，他少时阅读了大量的古医书，发现许多毒性草药却被当作可以延年益寿的良药，以致遗祸无穷。于是，他决心重新编纂一部医药书籍，就是后来的《本草纲目》。在编写此书的过程中，由于古籍上的记载大都不甚清楚，往往弄不清药材的性状，以致真假难辨。这让李时珍深切认识到，"读万卷书"固然很需要，但"近水""近山"的切身体会更是必不可少。于是，他既"搜罗万书"，又"采访四方"，深入山林进行实地调查。

李时珍穿上草鞋，背起采药筐，远涉深山密林，遍访名医宿儒，搜求民间秘方，收集药材标本，凡事必须亲自弄清楚才算罢休。例如蕲蛇，即蕲州产的白花蛇，入药有医治惊悸、抽搐等功用。李时珍起初对它的了解，只是从蛇贩子、捕蛇人那里打听到的只言片语，而对蕲蛇的形态、习性等一无所知。于是，李时珍决定亲自进山观察蕲蛇，他请捕蛇人带他去蕲蛇时常出没的山上，进行实地观察。经过长时间近距离的接触，李时珍在《本草纲目》写到蕲蛇时，就得心应手了，写得简明扼要："龙头虎口，黑质白花、胁有二十四个方胜文，腹有念珠斑，口有四长牙，尾上有一佛指甲，长一二分，肠形如连珠。"

从这则事例，我们知道要了解入药的药材，并不能满足于走马观花式的观察，而是要一一亲身实践，对照着实物进行比对，这样才能准确细致地描述药材。深入思考这个故事，可以发现"近水""近山"之后而能言的大道理：不要过度依赖"读万卷书"而要亲身"行万里路"，这样在做每件事情时，更容易把握该事物的发展规律，从而熟练掌握其处理方式。对于不亲身实践的外行人来说，这是难于上青天的事情，对"近山""近水"的人来说，是得心应手之事。

启示二：做事专一，熟能生巧

在我们周围，有很多有目标有理想的人，他们努力，他们奋发，他们用理想去改变命运……但是由于在追求的路上往往布满荆棘，他们可能会一改"近山知鸟性"的初衷，去追逐"鱼性"，这样不仅不会成功，反而离成功越来越远。试想，山中本无鱼，哪来的"鱼性"可言？如果他们能坚持得久一点，如果他们能更高瞻远瞩，他们就会得到好的结果——"近水识得鱼性"。

再深入思考，我们在生活和工作的道路上，即使选择合适自己的领域，收获了可喜的骄人成绩。但也不能抱着自己的长处，沾沾自喜，这也未免夜郎自大了，试想，在你的领域之外，还有千千万万的行业，每个行业都会有"状元"。

启示三：把握实践的主动性

克雷洛夫说："现实是此岸，理想是彼岸，中间隔着湍急的河流，行动则是架在川上的桥。"

我们每个人都有自己的理想，理想使我们的内心充满对生活的热情，使我们在面对苦难时能够为了理想去勇敢面对，然而，我们必须在理想的基础上，迈出自己的步伐，勇敢去付诸实践，才能实现理想。我们到了水边，我们进了山林，我们不去观察鱼的嬉戏、摆尾，不去欣赏鸟的悦耳动听的鸣叫，怎么可能识得"鱼性""鸟音"？下面一则小故事将告诉我们把握实践主动性的重要性。

一个穷和尚和一个富和尚同住在深山古刹中。

有一天，穷和尚对富和尚说："我想去南海观世音那里去，您看我的这个想法可行吗？"

富和尚不屑地问："你凭什么去呢？"

穷和尚说："一个紫金饭钵足够了。"

富和尚摇头说："我想租船南下，都没能做到呢，你只凭一个紫金饭钵怎么走？"

几年后，穷和尚从南海观世音处归来，修得正果。富和尚懊恼不已，很是惭愧。

在实现目标的路上，总会有很多困难，不过困难未必真如我们想象的那么难以克服，不过是自己在吓唬自己罢了。就像那个富和尚，他最大的问题，就是没有去坚持自己的梦想。他总把希望寄托在以后，而懒于行动，但是不去行动，就永远没有机会。就如，聋人闭塞耳朵，外界再美妙的声音都不能入耳，也就不能唱出美妙的歌声。

有人说，人生就如同骑着脚踏车奔驰，如果你不前进，就会翻倒在地。我们必须在人生的大道上选对方向，先确定到底"近水"还是"近山"之后，相应地去"观鱼嬉戏""听鸟鸣叫"，最后定能达到"知鱼性""知鸟音"的理想境界。

咬着石头才知道牙疼

老人言："咬着石头才知道牙疼。"比喻只有当遇到挫折后才能真切地明白自己做错了事情。那么，"牙疼"了怎么办？去记恨、诅咒"石头"或者一味地感叹自己的不走运吗？还是以后都不吃饭了？我们都知道这样想是错的，事实是不但不能这么想，恰恰相反，我们还应该感谢"石头"，更应该从"咬到石头"中好好地总结经验教训，从而避免一而再、再而三地犯"咬到石头"的错误。

每当朋友职场不顺、生意失败或者生活遇到困难的时候，我们总会用"挫折是人生一笔宝贵的财富""失败是人生最好的礼物"之类的话来劝解、鼓励朋友。是的，在当今这个竞争激烈的社会，没有人会不劳而获，每个人都会遇到这样那样的困难与挫折。有句话叫"人生不如意十之八九"，正是对漫漫人生路的真实描述。我们必须认清人生就是一段历练，就是一个不断感受失败的痛苦，并从痛苦中汲取经验，获得成长的过程。恩格斯说："伟大的阶级，正如伟大的民族一样，无论从哪个方面学习都不如从自己失败所导致的痛苦中学习来得快。"这句话就是对这点最好的注解。

爱迪生是一名伟大的科学家、发明家。他从小就热爱科学，自己刻苦钻研，醉心于发明。爱迪生的一生中，正式登记的发明达 1300 余种，其中很多发明大大方便了人们的日常生活，因此也被称为

世界发明大王。可谁又知道，这样一个伟大的发明家，从小因为家境贫寒，一生只在学校读过3个月的书。没有接受过正统教育的爱迪生，发明创造靠的不仅是聪明才智，更是艰辛的科学实践，他正是从一次次"咬石头"的经历中总结经验教训，才有了后来的成就。例如，爱迪生发明电灯时，为了找到合适的灯丝，先后实验过铜丝、白金丝等1600多种耐热发光材料，还实验了人的头发和各种不同的植物纤维达6000多种，光收集资料，就用了200本笔记本。每个材料的背后都是一次实验失败的经历，我们可以想象，他在这个过程中付出了多少。

当时很多专家都认为电灯的前途暗淡。英国一些著名专家甚至讥讽爱迪生的研究是"毫无意义的"，是"在做一件愚蠢的事情"。一些记者也报道："爱迪生的理想已成泡影。"然而，面对失败，面对有些人的冷嘲热讽，面对别人的质疑，爱迪生并没有退却。他说："我只是又知道了一种材料不适合做灯丝而已。"他明白，每一次的失败，都意味着又向成功走近了一步。正是这千万次的失败成就了爱迪生一生的1300多种发明，成就了他"世界发明大王"的称号。

生活是多样的，有爱迪生那样能从"咬石头"中得到教训的人，也必然会有"咬石头"之后就立志不再吃饭的人。

相传，春秋战国时期，楚国有一个人走路去齐国，走出家门没多远，就因为路不平而摔了一跤，他爬起来接着走，但是没走几步，又摔了一跤，于是他便趴在地上再也不愿意起来了。这个时候有个路人问他："你怎么趴在地上不起来啊？快站起来继续赶路啊！"那人却说："既然爬起来还会跌倒，那我为何不一直这样趴着呢？这样我就不会再摔倒了。"

看了这个故事，你一定认为这是一个可笑的楚国人，因为他被摔怕了，所以不敢再爬起来继续走路，因而他也就永远无法到达齐国。所以说，失败之后，你可以选择成为"爱迪生"，也可以选择成为"趴在地上不愿意起来的人"。既然通往成功的道路上失败不可避免，那就勇敢地面对吧。只有这样，你才能成就自己，取得成功。

但我们也必须认清，成功并不是我们想象的那么简单。俗话说："台上十分钟，台下十年功。"可见通往成功的道路绝非坦途，必是一条充满荆棘的曲折道路。在茫茫人海中，绝大多数的成功人士都有一段倍感艰辛，不断接受挫折和失败打击的经历。然而，他们在面对这些挫折和失败的时候都坚持下来，并总结经验教训，最终成就了自己更大的事业。

新东方英语培训学校创始人和校长俞敏洪先生于1962年10月出生在江苏一

个农村，在江苏省江阴市第一中学上高中。历经 3 次高考才于 1980 年考入北京大学西语系。作为全班唯一从农村来的学生，俞敏洪因为不会讲普通话，结果从A 班调到较差的 C 班。在学习上，也遇到了不少的困难，他进大学以前没有读过真正的"书"，大三的时候又因患肺结核病而休学一年。终于，1985 年他从北京大学毕业，并留校担任北京大学外语系教师，但因为在外从事第二职业，被北京大学毫不留情地给予行政处分。然而，他并没有被这些打倒，反而重新振作，开始寻找新的自我。1991 年 9 月，俞敏洪毅然从北京大学辞职，进入民办教育领域，开始追求自己的梦想，先后在北京市的民办学校从事教学与管理工作。1993年 11 月 16 日，他创立了北京市新东方学校，并担任校长。从最初的几十个学生，自己一个人上街发传单、贴广告开始，踏上了新东方的创业旅程。2001 年，新东方教育科技集团成立，2006 年 9 月 7 日新东方教育科技集团在美国纽约证券交易所成功上市。截至 2011 年 5 月 31 日，新东方已在全国设立了 48 所短期语言培训学校，6 家产业机构，3 所基础教育学校，1 所高考复读学校，2 所幼儿园，47家书店，累计培训学员 1200 余万人次。近年来，俞敏洪及其领衔的新东方创业团队已在全国多所高校举行上百场免费励志演讲，被誉为当下中国青年大学生和创业者的"心灵导师"。

俞敏洪先生经历了多次高考落榜及后来当老师的种种不如意，最后才成就一番事业。从他的经历，我们可以看出在人生的道路上失败和挫折是不可避免的，只有勇敢面对，不断提高自己才能有一番作为。

我们都见过一种叫作"不倒翁"的玩具，无论你怎么推它、按住它，只要一松手，它立刻又会直立起来。"不倒翁"的重心在下面，所以它永远都不会趴下。人生也是这样，失败与挫折不可避免，只有不断地经受失败与挫折，人才能变得更加坚强。所以我们应该记住，无论什么样的失败，只要你能够像"不倒翁"那样跌倒后马上爬起来，跌倒的教训就会成为有益的经验，并帮助你在未来取得更大的成就。

既然失败与挫折是人生的必修课之一，那么，决定人生成败的就不是遭遇挫折的大小了，而是你面对挫折的态度。如果你选择逃避，"咬石头"之后干脆就不吃饭了，那么必将遭遇失败。如果能像爱迪生、俞敏洪那样，"咬石头"之后，不但不怨恨，反而感谢"石头"，并从这个过程中得到有益的人生经验，那么，你还会不成功吗？

要知山下路，须问过来人

据载，唐代长安城外有一位富甲一方的隐士，名叫张方之，字云游，他熟读古籍典史，精通音律，在当时深受风雅之士的尊敬，前来拜谒的各方人士也络绎不绝，可谓"盛极一时"。然而，他丝毫没有表现出傲慢无礼的态度，相反，遇到疑难问题时，他会谦卑地向别人请教。

一日，门下的学生告诉他，远在千里之外的深山中，有一位知识渊博的老人，据传能倒背"四书五经"，深知天下之事。于是张方之不远千里，跋山涉水，用了大半年的时间，找到了这位老人，取得一句"要知山下路，须问过来人"的真经。

张方之听了这句话，觉得很受启发，回去以后，更加虚心，不时向别人请教学问，终其一生都受到人们的尊敬。

故事中，这位老人的"要知山下路，须问过来人"，从字面理解不难："一个人要想知道山下蜿蜒曲折的路到底通向何方，就应问问从山下过来的人，他们走过，熟悉路径。"深究一下，老人的这句话是要我们明白："世间的很多事，不是凭着自己一个人的力量，就能完全处理好的，我们遇到疑惑的事情或难解决的困难，一定要记得去向'过来人'请教，这样的话，我们在成功的道路上才会找到许多途径。"

那么所谓的"过来人"是怎样的人呢？

他可能是一位智者，熟读中外典籍，识得天下之事；也可能是一位拥有实践经验的人，踏遍五湖四海，尝尽人间冷暖。我们在此强调的是后者，一个有着丰富实践经验的人，他深知人生道路上哪条路是坦途，哪条路是险途，这是最为宝贵的经验，因为他走过，知道其中的艰辛。他们是我们的良师益友，我们要懂得多与他们交流。这样我们在做事的时候，可以通过吸取他们的经验或教训，少走些弯路。

人生的确有很多方法，就看你找不找。很多时候，我们可能因为学识、阅历、生存环境等原因，限制了我们对一些事情的了解，遇到这种情况，最好的办法就是向知道此事的人请教。只要我们懂得了这个道理，事情也就成功了一大半。要知道学会了一种办事的方法，那么很多事情就会迎刃而解。

古语说，"问则得之，不问则不得"，要想透彻懂得某种情况，就必须向懂行的人请教。

孔子是春秋时期人，是我国古代伟大的思想家、教育家，也是儒家学派的创始人。然而孔子一点儿都不倨傲，他认为，无论什么样的人，包括他自己，都不是一生下来就有满腹学问的。

一日，孔子前往鲁国国君的祖庙去参加祭祖大典，其间，他逐一向人询问所见到的不明白的事情。有人不解，"孔子也要请教别人？"孔子回答说："对于不懂的事，问个明白，这正是我知礼的表现啊。"孔子尚且如此，更何况资质平庸的我们呢？与其故步自封，不如多向人请教。

由古论今，现今社会中，我们也要养成乐于向有经验的人请教的习惯。我们经常看到，那些多问多看多学的人永远都是跑在时代前面的人。而那些故步自封的家伙，大都没有什么成就。有些人可能为此自怨自艾："我这么努力，我这么优秀，可为什么不能取得成功？到底输在了哪里？"其实，那些成功的人，是因为赶上了时代，他们也许并不比普通人聪明睿智多少，但他们善于抓住机会，有一种乐于请教的态度，懂得向别人学习，当新挑战出现的时候，不知多少人把宝贵的精力白白地耗在故步自封的自我探索中，那些成功的人，则是放下身段，谦虚地向过来人讨教，在起点上，就已经迈出了一大步。

"要知山下路，须问过来人"，不仅是正在成功路上打拼的人要懂得这个道理，同样的，已经取得了一定成就的人，也应该识得其中的奥秘，不要以为自己取得了一点成绩，而盲目自大，要知道天外有天，人外有人，人活在世上不可能仅仅凭着"一己之力"闯天下，总得有那么几个人生导师，否则人生的路是很曲折的。

有这样一位颇负盛名的老画家，他的画作力求工整严谨，精益求精。在作画时，哪怕一处细微的远景陪衬，他也要描绘得惟妙惟肖，力求画作没有一丝一毫的瑕疵。起初，他的画风迎合了时代，得到了界内外人士的高度赞誉，但随着时间的推移，也许是因为时代转换得太快，也许是因为个人的原因，他的作品出现了很大的缺陷，他捉摸了许久，也没弄出个所以然来。他的一个朋友给了他一个建议说，有一个年轻的画家以前遇到过类似的情况，不妨去问问他的意见。但这位老画家觉得自己去问一个后辈很没面子，就这样，他最终也没能解决自己作品的难题。时隔不久，这位老画家在界内便销声匿迹了。

我们可能会为这位老画家惋惜，但更应该看到不向有经验的人学习，是多么大的人生失误啊！你不要以为这只是不喜欢请教别人而已，没什么大不了。其实不然，人生中一个不起眼的态度，就会改变我们的命运。不管什么时候，一定要记住，一个人的力量永远是有限的，每个人都不会比别人强多少。只有端正态度，懂得向别人请教，这样才能让你学到更多，也得到更多。我们要谨记"要知山下路，须问过来人"，虽是一句古话，但道理永存，按照这个标准行事，将会一生受用。

一遭生，二遭熟

老人们常说："做人只要能勤快点，无论什么事情都不会被落下，做任何事情都能做得非常好，无论是工作上还是生活上。"古人亦云："一遭生，二遭熟。"说的也是这个道理。当然，也有老人把这句话说成"一回生，两回熟，三回变高手"，更好地阐释了其中的含义。不过，无论有多少种说法，都表明如果想成才就要"勤"字当头，勤才能补拙，熟才能生巧。

北宋时期，有一个射箭能手叫陈尧咨，他的射箭本领在当时几乎无人能比，陈尧咨也经常在朋友面前吹嘘自己的射箭技术了得。有一天，陈尧咨在自家的后花园里表演射箭，不时的博得观众一阵阵喝彩。这时有个卖油的老翁放下挑着的担子，站在一旁静静观看，并满不在意地斜着眼看着陈尧咨。陈尧咨果真是名不虚传，射箭技术可以说是百步穿杨，箭箭射中靶心，观众们都情不自禁地大声喝彩，而卖油老翁却微微点点头表示些许的赞许。慢慢地，陈尧咨注意到了这位老翁及他对自己射箭技术的态度，心中很是不满，于是就跑到卖油老翁的面前，问道："这位老先生，您也懂射箭吗？看您的表情，难道说我的射箭技术不够精湛吗？"老翁说："这位壮士的射箭技术确实很好，但是我认为其实这也没有什么奥秘，只不过是熟能生巧罢了，有什么值得炫耀的呢？"陈尧咨听后愤愤地说："您怎么敢轻视我射箭的技术！"卖油老翁说："年轻人，你先别生气，我说的是经验之谈。我卖油已经大半辈子了，凭着我多年倒油的经验就可知道这个道理。其实你射箭和我倒油的道理都是一样的。"于是老翁取过一个葫芦立在地上，又取出一枚铜钱盖在葫芦的口上，然后舀了一勺油，小心翼翼地把油勺一歪，只见那油像一条细细的黄线一样从铜钱的孔中直接流进了葫芦里，却丝毫没有沾到铜钱。卖油老翁说："我这点手艺也没有什么奥秘，只是熟能生巧罢了。"陈尧咨见此，只好尴尬地笑着将老翁打发走了，从此更加努力地练习射箭技术，再也不在众人面前夸耀自己的箭术了。

无论是陈尧咨高超的射箭技术还是卖油老翁熟练的倒油技术，都经过了长期的锻炼，可以说是"台上十分钟，台下十年功"。任何过硬的本领都是练出来的，要想掌握一门技术，就要肯下功夫，只有勤学苦练，反复实践，才能做到"熟能生巧"。

"勤能补拙是良训，一分辛苦一分才。"自古以来，任何伟大的成功和辛勤的劳动都是成正比的，有一分劳动才会有一分收获。日积月累，从少到多，才能做到"一遭生，两遭熟"。

中国科学院院士童第周先生是我国著名的生物学家、教育家，也是国际知名的科学家。他一直坚持实验胚胎学的研究达50余年，是我国实验胚胎学的主要创始人之一。童第周先生出生在浙江省鄞县的一个偏僻的小山村里。小时候因为家里比较贫困，童第周一直跟随父亲学习文化知识，一直到17岁才进入学校接受正规的教育。读中学的时候，童第周因为没有接受过正规的学校教育，学习十分吃力，结果在第一学期期末考试成绩下来的时候，平均成绩只有45分，当时学校甚至勒令他退学或留级。在家人的再三恳求下，校方同意他跟班试读一学期。

此后，童第周"笨鸟先飞"，常与"路灯"相伴：天刚蒙蒙亮，他就已经在路灯下读外语了；晚上熄灯以后，他还去路灯下自修复习。果然功夫不负有心人，再次期末考试时，他的平均成绩达到70多分，其中几何成绩还得了100分。这件事让童第周悟出了一个道理："别人能办到的事，我经过努力也能办到，世上没有天才，天才是用劳动换来的。"之后，这句话就成了他的座右铭。

童第周刚开始进行科研工作的时候，工作条件非常艰苦，没有电灯，他就在阴暗的院子里利用天然光在显微镜下从事切割和分离卵子工作；没有培养胚胎的实验仪器，他就用粗陶瓷酒杯代替，所用的显微解剖器只是一根自己拉得极细的玻璃丝；实验用的材料蛙卵都是自己从野外采来的。就在这简陋的"实验室"里，童第周和他的同事们完成了若干篇有关金鱼卵子发育能力和蛙胚纤毛运动机理分析的论文。

新中国成立后，童第周担任山东大学副校长期间，研究了文昌鱼卵的发育规律，取得了很大的成绩。到了晚年，他和美国坦普恩大学牛满江教授合作研究细胞核和细胞质的相互关系，他们从鲫鱼的卵子细胞质内提取了一种核酸，注射到金鱼的受精卵中，结果出现了一种既有金鱼性状又有鲫鱼性状的子代，这种金鱼的尾鳍由双尾变成了单尾。

对于陈尧咨和卖油老翁而言，他们高超、娴熟的技术都是通过多年如一日的练习得来的，都经过了"一遭生，二遭熟"的过程。其实学习任何技术，任何本领都必然要经过这样一个过程，就像一个婴儿在其学习走路的过程中，刚开始的时候需要大人的搀扶，然后不断练习，而且会经常摔倒，但是只要经过练习，每个人都能学会走路、跑步。一个人如果想要成才，必须经过努力学习，而学习需要日积月累，唯有不断学习，才能使人知识渊博、富有智慧。

很多人之所以成功，并非因为他们天生聪明，而是因为他们善于使用"一遭生，二遭熟""勤能补拙""熟能生巧"等方法。比如，童第周读中学时第一学期平均成绩只有 45 分，经过努力最后也成为伟大的科学家。再比如，我国数学家陈景润小时候非常木讷，甚至连自己的生活都照顾不好，伟大的发明家爱迪生小时候也不善言辞，但是他们都通过努力成为伟大的人。

无论一个人天资聪颖还是愚笨，只要经过努力都可以成功。但是如果他要想成才，要想成功，就需要有点精神，只有有了精神才有动力。有了动力，有了成才的目标，只要坚信勤能补拙，就会赢得事业的成功，登上自己人生的光辉顶点。

头回上当，二回心亮

老人们经常会说："头回上当，二回心亮。"意指如果一个人被别人骗了，就要吸取教训，再遇见此类事情时，就不会犯相同的错误。人活在这个纷繁芜杂的世界上，难免磕磕碰碰，这是不可避免的。莫不要为了一时的失足，就自怨自艾。不曾想，这些坏事有时候也是好事。唐僧历经九九八十一难才取得真经，这也不可当真，小说毕竟是小说，只是虚幻的生活而已。在我们现实生活中，也并不是非要经历八十一难不可，而是让我们从中吸取教训，从而一步步成长起来。从某种意义上说，坏事也是好事。但是有些坏事，经受了一次，并不接受教训，相反地还要一而再，再而三的经受，那样的话，就是愚钝了。所以我们一定要谨遵老人们的教诲："头回上当，二回心亮。"

小学课本上有一篇乌鸦和狐狸的故事。狐狸想尽各种办法骗走了乌鸦叼在嘴里的肉。时隔多年，乌鸦的智商今非昔比。自从被狐狸骗了，乌鸦一直很后悔。有一天，乌鸦又得到一块肉。当它在一棵大树上歇脚的时候，碰巧又被出来寻找食物的狐狸看见了。

这时乌鸦想："真是冤家路窄，这次可不能再把好不容易得来的上好五花肉给它了。"狐狸心想："真是踏破铁鞋无觅处，得来全不费工夫呀！好香的一块肉，乌鸦，这肉就你就准备'送'给我吧！"

狐狸眼睛一转，便想到一个主意，立刻向乌鸦带着同情的眼光说："乌鸦大姐，您的母亲得了重病，正在动物医院抢救呢！您快去看看吧，不然以后可能都见不着她了，我帮您看着肉，您看行吗？"

乌鸦想："说谎连个草稿都不打，我妈三年前就去世了，我哪来的母亲！肯定是想骗我的肉，我才不上当呢！"

乌鸦假装没听见，狐狸又想出了一个主意说："哎呀，乌鸦大姐，您家那边天气转冷了，您回去搬家，我帮您看着肉在这等您回来，您看行吗？"

乌鸦想："不可能，出门前我看了今天到明天的森林天气预报，我那不冷不热。狐狸一定是黄鼠狼给鸡拜年——没安好心。"

狐狸见乌鸦没有反应，又想："不理我，哼，我用三十六计的苦肉计来对付你。"狐狸立刻装作可怜的样子努力挤出眼泪，泪眼汪汪地说："乌鸦大姐，上次我偷你的肉是因为林子里的'巨无霸'来我家了，他打了我一顿不说，还要我给他拿一块肉，不然就杀了我老母亲和刚生的一对儿女呀！呜——呜——这次我妈得了重病，医生说，要吃肉来补身子，不然就要死了！我的儿子女儿也饿呀！"说完狐狸那鳄鱼的眼泪哗的一下就流了下来。

乌鸦有些被感动了，心想："哎，狐狸还挺可怜的，自己的母亲得了重病，儿女又饿得慌。"可乌鸦又一想："狐狸大妈不是早死了吗？还是和我们借钱办的葬礼呢，那钱到现在还没还呢！他的儿女不是被送去孤儿院了吗？想骗我的肉，才没这么容易呢！你用三十六计的苦肉计，哼，那么我就用三十六计走为上计了。"

想好了之后，乌鸦拍拍翅膀飞走了，而狐狸呢，因为没有东西吃，饿得两眼冒金星连家都找不到了！

这个故事换成一句话，就是："头回上当，二回心亮。"生活中，如果我们被人骗了，吃了亏，但是没有因此清醒过来，对我们来说肯定不是一件好事，还可能再次被别人骗，吃同样的亏。一次上当，情有可原，毕竟我们不可能把什么事情都看得很清楚，但是二次上当，甚至三次、四次，那就是我们的不对了，为什么我们不能从中吸取教训，以防再次上当呢？

一个人在成长的道路上，也不是光靠自己亲身的经历，才能总结出一定的智慧。我们也要学会从前人或者其他人的经历中总结自己的教训。

教训是对挫折与失败的理性思考，它告诉我们的是"不该"。吸取教训，更加理性地分析产生问题的原因，从中找出带有普遍性的规律和特点，可以使我们对客观事物的认识更加准确深刻。教训既可以给遭受挫折的人留下避免再次失败的路标，同时又可以为他人留下前车之鉴。

从失败中吸取教训，善待教训，无疑是智者的选择。一个能正确面对成败的人来说，教训一样可以催人奋进，激励自己去不断拼搏进取，使事业更有成就。相反，不会从失败中吸取教训的人，迎接他的可能是再一次的失败。

一个人的人生之路不可能永远都是平坦的，被骗不要紧，要从被骗的过程中吸取教训，以免再犯类似的错误，做到"头回上当，二回心亮"才是重中之重。记住，只有在失败中吸取教训，将教训转化为自己的经验，才能在事业上走得更远。

听君一席话，胜读十年书

日常生活中，我们经常听到人们说，"听君一席话，胜读十年书"。其实，这句话的原文是"同君一夜话，胜读十年书"。而且，这里面还有一个很有意思的传说。

深山古寺之中，忽然不知从哪传出悠远嘹亮的笛声，声声惊起沉睡的鹧鸪，三两只拍打着翅膀，一路鸣叫着渐渐远去，这夜更显得幽静。

月下纸窗内，一僧人、一书生伴着孤灯。

书生是进京赴考的，他只顾着赶路，眼看着天已经黑了，错过了客栈，没有地方投宿，只得到山中古寺中留宿。僧人告诉他，因为寺内近来香火冷清，也只能款待书生一些粗茶淡饭，虽然这样，书生也很感激，前去僧人住处答谢，寒暄之后，二人闲聊几句，僧人与书生聊得很投机。

僧人问书生说："先生，万物都有公母，那么，大海里的水怎么分公母？高山上的树木怎么分公母？"

书生一下被问住了，寒窗苦读了十年，从没有看到哪本书籍记载此事。于是，书生虚心地向僧人请教。

僧人说："海水中有波浪，一般认为波为母，浪为公，因为波小浪高，公的总是强大些。"

书生觉得道理，连连点头，又问："那树，怎么辨别是公树、母树呢？"

僧人说："公树就是松树，'松'字不是有个'公'字吗？梅花树是母树，因为'梅'字里有个'母'字。"

书生闻言，恍然大悟，觉得很有道理。

话说这事也巧了，秀才到了京城，进了考场坐定，内心忐忑地把卷纸打开一看，惊讶地发现，皇上出的题目，正是僧人那夜说的"万物公母"之说。书生很高兴，不假思索，一挥而就。

不久，皇榜之上，书生金科第一名。皇上特赐他衣锦还乡，路上他特地绕道去那日留宿的寺庙之中，答谢僧人，奉上丰厚的香火钱，还亲笔写了一块匾额送给僧人，只见上面题的是"同君一夜话，胜读十年书"。

从此，"听君一席话，胜读十年书"便传开了。

这个传说从其内容来讲，就是一个仅供娱乐的小故事。试想，一国皇帝再荒唐也万万不会出如此荒诞的题目，就是皇帝有此想法戏谑一下考生，那一国的治国谋臣，也断然不会同意。且不说这个传说的真假，仅仅"听君一席话，胜读十年书"这句话，就大有学问。学知识，并不是埋头苦读，还要善于与人交流沟通，并且要与学识渊博的"良师"沟通，听他们一席教导，可能抵得过读很多本书。人生路上，如果想取得一番成就，成就一番大事业，与人沟通，得到"良师"的帮助，可能比什么都重要。

被誉为"短篇小说之王"的莫泊桑在文学上能取得如此大的成就，就与自己的"良师"是分不开的。莫泊桑的母亲对儿子期望很高，希望他在文学上能有好的成就。母亲是他的第一个"良师"，她亲自教莫泊桑学语言，以此启发、鼓励他写诗。但是，她也认识到自己的力量是有限的。儿子要

想成才，必须有一位德高望重的好老师来指导。经过母亲的多方努力，最终，大文学家福楼拜答应指导莫泊桑的文学创作，莫泊桑经常也把自己的作品拿去给福楼拜阅读，福楼拜也会提出自己的指导意见。后来，在福楼拜的严格教导和精心培育之下，莫泊桑成功地走上了文学之路。

福楼拜和莫泊桑师生之间的情谊，是世界文坛上流传已久的一段佳话。纵观古今中外，有所作为的人大多都有交心的朋友以及一两个"良师"。他们通过自己的努力，再加上高人的指点，最终取得巨大的成就。

但我们也要注意，与人沟通，并不是每次都会遇到"良师"，也并不是每听一席话，都能胜过"十年书"。很多时候，我们可能会遇到对自己思想发展不利的人，这也是在所难免的。为了避免交到不利于自己的人，我们就要注意，在选择沟通交流对象的时候，一定要注重其内在素养、品格涵养以及学识思想，这些应该在自己的能力之上，交流起来才能学到对方的长处，从而提高自己。《论语·学而》说，"主忠信，无友不如己者"，告诫世人交友择师要选择各方面能力比自己强的，才能对自己有益处。

那么，怎样才能避免交到不利于自己的人，交到之后又该怎么办呢？这时候，不妨学习管宁。

一日，管宁和华歆两个人一同在园中锄地时，同时发现地上有一块金子，管宁看都不看，把它当作石头瓦砾，而华歆却拾起察看一番之后才扔掉。管宁认为华歆利欲熏心，并不是君子所为。

又一日，大门外有官员的官轿以及随从前呼后拥地经过，管宁当作没看见，仍然专心读书，但华歆忍不住放下书本跑出去看热闹。管宁认为华歆贪慕权贵，也不是君子所为，于是毅然对华歆说："看来你不是我的朋友。"并割断坐席，与之断了交情。

因此，在现实情况下，不仅要与人沟通，还要懂得分辨别人观点的优劣。只有这两点都做到了，才能够达到听人一席话，胜读十年书的效果。否则，反而可能会适得其反，让自己变得更糟。孔子的"三人行，必有我师焉。择其善而从之，其不善者而改之"，讲得就是这个道理。

总之，要想成功，就要经常向知识渊博的"良师"请教，对他们提出的观点融会贯通；对他们提出的一些中肯的建议虚心接受。当然，也不能对别人的言论采取盲信的态度，也要学会分辨。只有这样，才能学到比书本中更多的知识，才能体会到那种有人"指路"给你带来的方便，才能体会到"听君一席话，胜读十年书"的乐趣。与人沟通，与"良师"沟通，彼此思想得以交流，彼此心智得到提高，才是人际交往中的一个至高境界。

第三章

准则培养：习惯成自然
——品质生活来自良好的准则

别让陋习成自然

每个人都或多或少的有些陋习，很多时候我们意识不到，正是那些陋习阻碍了我们向成功迈进的脚步。

习惯是长时间逐渐形成的，一时不容易改变的行为、倾向或社会风尚。但习惯有好坏之分，约定俗成的好习惯往往伴随人的一生。如闲暇则有手不释卷的习惯，见人有热心相助的习惯，待人接物有讲究礼节的习惯等，这些好习惯是一种内在品德的发扬与表现。与此相反，有的习惯则属于一种对事物偏颇的认识或生理本能的追求，如好吃懒做、好赌成瘾、出言不逊等，这些坏习惯会让人的性格扭曲，不仅对自身毫无益处，还会给社会带来许多不安因素。当陋习刚刚染身的时候，人们往往不以为然，可是一旦病入膏肓，到了不可救药的地步，就后悔莫及了。

有一个著名的实验足以说明陋习的严重性，把青蛙放在开水中，青蛙会迅速跳出来，但是把它放在冷水中慢慢加热，青蛙就会觉得很舒服，直到最后烫死在里面。我们身上的很多不自觉行为，就像青蛙所处的水一

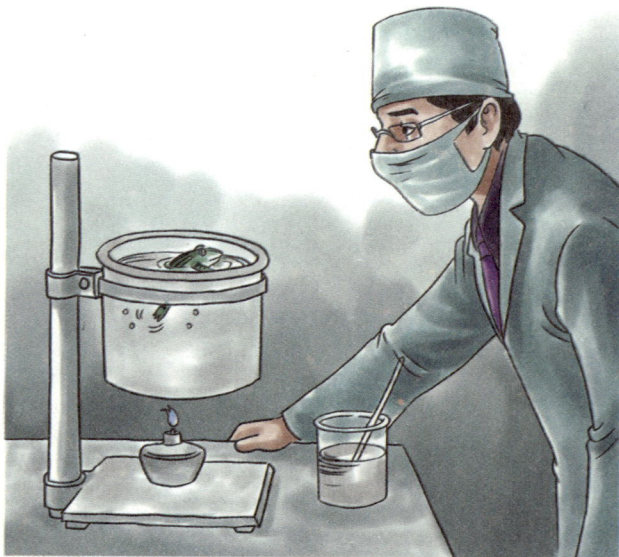

样，在慢慢加热。在学校里面，只知道背答案却不知道如何独立思考的习惯，使我们失去了重要的创造能力；在工作中，只知道服从却不知道提出更好意见的习惯，使我们失去了很多发展的机会；在生活中，天天上网聊天看电视连续剧的习惯，使我们失去了很多专心致志完成重要事情的时间。最后，我们这辈子平庸地来，平庸地去。

请给自己一段时间，总结一下你生活中的成功与失败，寻找一下成功与失败的根本原因，把这些原因一条条清晰地写下来，再把你生活中所有的习惯写下来，看看哪些是好习惯，哪些是坏习惯。如果自己分不清，就求助于了解你的人，他们能一针见血地指出你的优点和缺点。当你把成功的原因和好习惯列成一栏，把失败的原因和坏习惯列成一栏之后，你会发现，你的好习惯就是你成功的原因，而坏习惯也正是你失败的原因。

不以善小而不为，不以恶小而为之。习惯大都是从小积累起来的，这句话听起来非常老套，但却与我们的切身利益息息相关。达尔文曾经说过，不管社会如何发展，生存好的一定是平日里养成良好习惯的人。虽然有些残酷，却是一条经由实践检验证明的道理。

人们常说，"习惯成自然"，当你将陋习也当成自然时，必将走向失败。你习惯衣衫不整、头发凌乱地出入公众场合，或是打扮怪异，夺人眼球，丝毫不在乎周围们惊讶的眼光；你习惯迟到、消极怠工，在所有人心中，你早已成为自由散漫、吊儿郎当、没有工作责任心的代名词；你习惯诸多借口，无论别人提出的批评多么富有建设性，你却只会搬出一大堆理由辩驳，推卸责任，你给人的印象就是胸襟狭窄、刚愎自用；你习惯于依赖别人，从来不敢提出自己的见解，人云亦云、拾人牙慧，又有谁能够放心地对你委以重任，让你独当一面……于是，当你将陋习视为自然的时候，你将会品尝到自酿的苦果。

陋习会使你丧失成功的机会，它是阻碍你成功的障碍，让你扔掉握在手里的机会。因此，请检视一下你在生活和工作中的所有习惯，看看哪些习惯会成为你成功的障碍，然后，尝试改正它们，切勿被坏习惯所束缚。

那么，如何改掉陋习呢？唯一的办法，是养成一个良好的习惯。

心理学原理告诉我们，改变一个习惯，至少需要两个星期。这就告诉我们，改变习惯是一个痛苦的过程，但这样的痛苦我们可以承受，可以制订切实可行的计划，一步一步地向前走，而放任陋习却是没有出路的。

挨金似金，挨玉似玉

一个人有怎样的前途，或者说要走怎样的路，过怎样的人生，某种程度上取决于他交了怎样的朋友。古话说得好"挨金似金，挨玉似玉"，通俗来讲，就是"近朱者赤，近墨者黑"。人是有感情的，互相接触久了，很容易在不知不觉之中被对方影响。倘若与品行不端的人为友，就会沾染不良的习气；倘若是高朋净友，就会相互扶持、共同进步。所以，择友一定要慎重，不可盲目。

孔子说："益者三友，损者三友。"意思是说，使人受益的朋友有三种类型，使人受损的朋友也有三种类型。哪三种朋友可以使我们受益呢？按孔子的说法是："友直，友谅，友多闻，益矣。"也就是说，品性正直的朋友，互相体谅的朋友，博学而见多识广的朋友，这三种类型的朋友可以让我们受益良多，可与之交友。而他认为："友便辟，友善柔，友便佞，损矣。"意思是，品性不正直的朋友，善于奉承别人的朋友，善于信口开河却没有真才实学的朋友，这三种类型的朋友，只会让人受到伤害，不可交往。

古人交友注重"心"交，更在乎"琴瑟和鸣，心领神会"的意境，在这方面达到极致的是"俞伯牙摔琴谢知音"。钟子期虽为山中樵夫，但俞伯牙与之相见倾心，二人因音乐而相交，又因音乐而相知。

春秋时期，俞伯牙擅长弹奏古琴，技艺美妙绝伦，堪称千古绝响，只恨没有知音赏识。一次，他乘船郊游，夜泊在汉阳江口。那天恰好是中秋月圆之夜，只见皓月当空，万籁俱静，俞伯牙见此美景，取出古琴对月弹奏起来。一曲未终，琴弦却断了一根，伯牙感觉将有异常的事情发生。心想，这琴识得人心，定是有人在附近干扰，否则，琴弦不会轻易断掉。于是，伯牙命令身边的随从上岸看看。这时，岸上树林中走出一个樵夫，近前作揖说："夜间突然下起雨来，我只好在这里避雨，听到琴声铿锵悦耳，不觉听得入神，谁知惊扰了您的雅兴，多有得罪。"伯牙暗自诧异，心想，一个山野樵夫也懂音律，定不能小看了他，便请樵夫上船一叙。

樵夫名叫钟子期，家有老父，平日里靠打柴度日。钟子期虽家境贫寒，但却博学多才。二人在船上谈古论今，互通音律。伯牙每弹奏一首曲子，子期都能通晓曲子被赋予的情感，讲出曲子的曲风和音律。当俞伯牙弹奏知名的"高山流水"

时，钟子期感叹俞伯牙的琴音"巍巍乎若高山，荡荡乎若流水"。天亮的时候，伯牙和子期依依惜别，相约一年后在此相会，弹琴论诗。

在第二年的中秋之夜，俞伯牙如约而至，却迟迟不见钟子期，于是，取出琴来弹奏，琴音低沉幽怨，如泣如诉。后来，伯牙派人遍寻钟子期，并亲自登岸拜访，却被告知钟子期已经亡故，俞伯乐便将琴埋葬在与其相会的岸上。

伯牙很沮丧，来到坟前，取出古琴，独自弹奏。弹罢，俞伯牙仰天长叹："子期不在了，我的琴音没有人能够懂得了，不弹也罢。"说完，他扯断琴弦，把古琴摔了个粉碎，返身而去。要知道："摔碎瑶琴凤尾寒，子期不在对谁弹？春风满面皆朋友，欲觅知音难上难。"

是啊！人的一生能交到钟子期这样的知音，实属不易。

孔子说："三人行，必有我师焉。择其善者而从之，其不善者而改之。"朋友是与我们经常相处的人，我们可以从他们身上的优缺点来体察自己，有长处就继续发扬，有了短处就改进，这样才能完善自己，使自己进步。

如果交上了品行端正的朋友，将终身受益，他可以在恰当的时候给你一些提醒或建议，既能够让你避免误入歧途，也能够让你得以在逆境中重新奋起，走向人生的坦途。

我们应该牢记古人的训诫，牢记"势利之友，难以经远；以财交者，财尽则交绝；

以色交者，华落而爱渝"之忠告。不要被名和利所惑，谨慎交友，使自己永远在健康的人生路上行走。

白沙在涅，不染自黑

人的一生要面临很多选择，选择学校、专业、朋友、环境、工作……每做出一次选择，必将对你的人生造成这样或那样的影响。人是社会群体性动物，任何人都不能脱离社会而独立地存在，人总是会受到环境等外在因素的影响。《孔子家语》说："与善人居，如入芝兰之室，不闻其香，即与之化矣。与不善人居，如入鲍鱼之肆，久而不闻其臭，亦与之化矣。"意思是：与品格高尚的人居住在一起，就像处在芝兰花飘香的室内一样，时间长了可能闻不到芝兰的花香，其实本身已经充满香气了；与品性低劣的人居住在一起，就像到了卖鲍鱼的场所，时间长了倒也闻不到臭味，也是融入环境里了。所以说人们必须谨慎地选择自己所处的环境。

荀子说："白沙在涅，与之俱黑。"这句话是围绕"环境与人"的关系说的：白色的沙子混在黑土中，时间久了，就同黑土一样黑了。这用来比喻好人处在恶劣的环境中也会随之变坏。对一个普通人来说，与其希望自己能意志坚定，能够洁身自好，还不如尽量少接触不良的周围环境。毕竟，一个人要去改变环境很难，但可以选择良好的环境。

欧阳修是北宋著名的文学家。他在颍州上任的时候，手下有一个名叫吕公著的人。某日，欧阳修的好友范仲淹巡游路过颍州，便到他家中拜访，欧阳修看吕公著谦逊有礼，就邀请他一同待客。席间，范仲淹对吕公著说："年轻人，你能有机会在欧阳修身边做事，要珍惜啊！日后，你应该多向他请教写文章或做诗的技法，这样会对你大有好处的。"此后，在欧阳修的言传身教下，吕公著在北宋文坛也小有名气。在某种意义上说，良好的环境有利于成功。"孟母三迁"的故事，便很好地说明了这个道理。

孟子是战国时期伟大的思想家。孟子自小丧父，家里全靠孟母倪氏一人支撑，她日夜纺纱织布，挑起生活的重担。倪氏是一个对生活颇有见识的人，她希望儿子能读书上进，早日成才。

于是孟母对儿子的教育非常重视，也很注重环境对孩子的影响。

起先，孟子随母亲住在一个村落里，住的地方离墓地很近。孟子常常和邻居的孩子一起去墓地玩耍，有时还学着大人跪拜、哭号的样子，玩起葬礼的游戏。这被孟母看到了，心里非常着急，跟着这些孩子会学坏的，就皱着眉头说："不行！不能让我的孩子住在这里了！"于是，他们搬走了。

孟母不惜搬迁的劳苦，带着孟子搬到市集旁。到了市集，孟子又和邻居的小孩，学起商人经商的样子。孟母发现这种状况，内心焦虑起来，又皱着眉头："这个地方也不适合我的孩子居住！"于是，他们又搬家了。

这一次，孟母带着孟子搬到了一所私塾附近。每月夏历初一文武官员就会来到文庙，行礼跪拜，互相之间以礼相待，孟子见了，把这些礼节一一记在心里，并效仿着他们做着礼节。孟母见了，非常高兴，点着头说："这才是我儿子应该住的地方呀！"于是他们就在这个地方定居下来。"孟母三迁"的故事就流传下来，后来，这个典故用来表示人应该接近好的环境，才能学习到好的习惯，才能有大的作为。

《晏子春秋》有言："婴闻之：橘生淮南则为橘，生于淮北则为枳，叶徒相似，其实味不同。所以然者何？水土异也。"淮河以南的橘子树，移植到淮河以北就变为枳树，只能结又苦又涩的果子。这用来比喻环境一旦改变，事物的性质也随之发生改变。说明不同的环境对同一事物的发展起着重要的作用。

如果一个人周围都是高尚的人，那么在他们潜移默化的作用下，这个人也会通过自身的努力，去赶超他们，与他们看齐。同样的，如果一个人总是与一些道德素质低的人交往，久而久之他的品性也会变得粗俗。

习惯成自然

拿破仑·希尔曾说："习惯能成就一个人，也能摧毁一个人。"在我们日常生活中，"习惯"不再是一个普通的名词，它实际上已经成为我们存在于这个世界的生存法则：良好的习惯可以使我们拒绝平庸；坏的习惯却能将我们淹没在平庸的洪流中，再也找寻不见。

也许，我们许多人还没充分认识到习惯所带来的巨大能量，实际上，习惯影响我们的一生。习惯，如三月的春雨，润物细无声，一个人可以在不知不觉中被习惯所潜移默化。从这点来看，习惯的确是一种可怕的力量。但我们也不能被习惯所掌握，我们必须保持高度警惕：作为好的习惯，我们应该继续保持；对人生没有任何帮助的不良习惯，我们要坚决抛弃。

在古代，老师和学生一起郊游，走到一片树林时，老师停下脚步，仔细观察四周的树木：

第一棵树，刚刚长出新芽，只能算一颗幼苗，算不得树。

第二棵树，已经有了细细的树干，是一棵挺拔的小树苗，它的根须已经牢牢地盘踞在肥沃的土壤中。

第三棵树，苍劲挺拔，枝繁叶茂，已经有手腕那么粗。

第四棵树，是一棵高大的万年松，它有着粗壮的树干，广袤的枝丫，那旺盛的生命活力，仿佛要冲破云天。

老师指着第一棵树对学生说："把它拔起来。"学生不费吹灰之力就拔出了那棵娇嫩的幼苗。

老师又说："拔出第二棵。"学生稍微费了点力气，拔出了第二棵小树。

老师接着说："接着拔出那边的第三棵树。"学生略微迟疑了一下，还是试着拔出第三棵树，但是毕竟树高根深，很是费力，待学生终于拔出那棵树的时候，已经是满头大汗，气喘吁吁。

老师又让学生尝试着拔出那棵遒劲的松树，学生踌躇了一下，拒绝了老师的要求，他是不可能完成这个任务的，甚至没有去做任何尝试。

老师看了学生一眼，语重深长地说："看到了吧，刚才的举动已经告诉你，习惯对我们的生活是有多么大的影响啊！"

　　其实，我们的习惯就像故事中的树一样，幼苗的时候，很容易拔除，而随着岁月的流逝，树渐渐地长大，根也深入地下，就很难再把它拔除掉了。如果我们的习惯变成了一棵万年松，那么任凭怎样努力，那棵松树仍然在那里屹立，风雨不倒，雷打不动。

　　习惯一旦养成就很难改变，好的习惯是这样，不好的习惯也不例外。我们一定要养成好的习惯，如同故事中说的万年松，苗壮而牢固，任尔东西南北风，有了这样的习惯，何愁平庸，成功是早晚的事。但是坏的习惯，一旦养成也如万年松那般，不容易轻易改变，所以在日常生活中，要注意避免染上不良的习惯，以免日后生悲。

　　一个年轻渔夫住在海边破旧的小木屋里，虽然日子过得清苦，但面朝大海，心里常是"春暖花开"。有一天，他出海捕鱼遇到了一个老渔夫，老渔夫年事已高，一生去过很多地方，他还告诉年轻的渔夫好多海那边的奇闻逸事，最后，还告诉了他一个"龙珠"的秘密。

　　据说，谁要是得到这颗龙珠，就能拥有呼风唤雨的力量，以后出海捕鱼定是满载而归。可是，这个宝贵的东西，并不是轻易就能得到的。据老渔夫说，在黑海岸边，有不计其数的珍珠铺在沙滩上，这颗龙珠就混在这些珍珠之中。从外观上看，它的样子和普通的珍珠没什么区别，但唯一的不同在于，它的表面有龙鳞状的暗纹，其他普通珍珠是很光滑的。于是，年轻的渔夫思虑再三，回到小木屋收拾了行囊，驾着自己的小船，不远万里，来到了黑海岸边。

　　这里，正如老渔夫所说，到处铺满了明晃晃的珍珠。年轻的渔夫也没想太多，就开始了自己的寻宝计划，开始到处寻找龙珠。在这其间，他饿了就找些野果、小鱼充饥；困了，就蜷在岩石旁小睡一会儿。他每捡起一个珍珠，看一下没有龙纹，就顺手扔到海里。就这样日复一日地重复着这个动作，转眼 3 年过去了，他还没找到那颗龙珠。但他坚信，一定能找到那颗龙珠。于是，他不断重复着动作，捡起一颗珍珠，看一下就扔到海里，接着再捡再扔，如此循环往复……

　　终于有一天，他捡起一颗较大的珠子，上面有很深的龙纹，他看了一眼，不假思索地把这颗珠子扔到了大海里。

　　在以后的日子里，他还是一如既往地寻找那颗龙珠，殊不知，那颗龙珠已经在自己习惯的动作下，被扔进了海里。他已经形成了把珍珠扔进海里的"习惯"，习惯的力量很可怕，它甚至让人忘记自己的使命是什么，只按照习惯养成的法则行事，这样活着是非常可悲的，人处在习惯意识的支配下，机械地活着，这跟行

尸走肉有什么区别？这是习惯给人带来的苦果，我们一定要警惕这样的不良影响。

在现实生活中，习惯无处不在，它影响我们的思维方式和行为模式，习惯可以成就未来，也可以摧毁未来，习惯成自然，每个人都多多少少有自己的习惯，在我们众多的习惯中，我们要摒弃不良习惯，留下那些好的习惯，这些好的习惯定会领你走向成功。正如著名教育家乌申斯基说的那样："好的习惯是人在自己的神经系统中存放的道德资本，这个资本可以不断增值，而人在一生中可能都会享受这个资本的利息。"

今日事，今日毕

在很多情况下，一些人能够取得成功，就是因为形成了立即行动的好习惯，因此才会始终站在前列；而另一些人的习惯是一直拖延，直到无法应付的最后一刻，结果他们被甩在了后面。

当天的事情当天不做，就成了拖延。拖延不仅出不了成果，精神也不会轻松，要做的事堆积在心，既不动手做，又不能忘记，就会像欠债似的感到沉重。

周杰必须在下周一的公司例会上提交一份非常重要的市场分析报告。他很清楚这份报告对公司和他个人的重要性。但是，如果要做到尽善尽美，让报告无可挑剔，他就必须在接下来的三个工作日内搜集大量的资料，也许还要牺牲自己的业余时间。一想到那些烦琐的表格、数据，他就觉得透不过气来。他对自己说，还是先放一放，现在没心情，等状态好点再开工好了。

就这样，周杰随手打开电脑，看看新闻、聊聊天，一天很快过去了，他的状态还是没有"调整"好。星期四、星期五依然如此。

星期六，他痛快地睡了一个懒觉，踢了一会儿球……

星期天的下午，周杰不得不坐下来，面对那份令人讨厌的报告。他连续工作了十多个小时，总算勉强完成了，可是，他自己很清楚，这份粗糙的报告绝对无法让人满意。

星期一，当周杰把报告交给上司时，他已经从上司脸上不悦的神情中看到了自己年底的绩效考核分数。他再一次尝了拖延的苦果。

在日常生活中，有许多应该做的事，不是我们没有想到，而是因为我们没有立刻去做。时间一过，就把它给忘了。其原因，有时是因为忙，有时是因为懒惰。

一个事务繁忙的人想到一件事应该做，但他当时没有时间，于是想等一下再说。但是等一下之后，一分神，就把这件事情给忘了。

有些人虽然不忙，可是他喜欢拖延。该做的事虽然想到了，却懒得立刻着手去做，心里想着："等一下再做吧！"可是，等一下之后，他就忘了，或者已经时过境迁，失去做的意义了。

如果想要做事有效率，最好是"今日事，今日毕"。

养成"今日事，今日毕"的习惯之后，你就会发现自己随手都有新的成绩，问题随手解决，事务即刻办妥。这种爽快的感觉，会使你觉得生活充实、心情愉快。拖延的习惯不但耽误了工作的进行，而且在自己的精神上也是一种负担。事情未能随到随做，又不敢忘，实在比多做事情更加疲累。

做事要有始有终，这样可以使我们产生强大的责任感，使我们拥有坚强的毅力和恒心，在今后的工作、生活中立于不败之地。

习惯中最足以耽误人的，莫过于拖延的习惯。你应该极力避免拖延的习惯，就像避免罪恶的引诱一样。如果对于某一件事，你发现自己有拖延的倾向，应该立即行动起来，不管它有多么困难，也要马上动手去做。不要畏难，不要偷安，久而久之你就能改掉拖延的习惯。应该将拖延当作可怕的敌人，不要让它偷走你的时间、品格、能力、机会与自由，成为它的奴隶。

总之，"今日事，今日毕"，千万不要拖延到明天！

要埋头苦干，不好高骛远

有一篇关于杨石头的报道，讲述了时任奥美北中国区集团事业发展总监和奥美广告国内事业部副总经理杨石头的发展历程，通过他的故事，我们可以从他身上学到：从"牛"做起，埋头苦干的敬业精神。进入职场，我们就应该像一头默默耕耘的牛一样，埋头苦干，勤勤恳恳，不好高骛远。

18岁那年，高中毕业的杨石头没能考上大学，就去冶炼厂当了一名临时工。后来听说美术学院文化课要求低，他便决定一边工作一边学习美术，准备再次高考。于是，他不顾年龄，到少年宫与一群小孩子为伍，从头开始，苦练画画。终于在1993年考取北京服装学院工艺美术系装潢设计专业。这一年，杨石头23岁，是班中最大的学生。

然而，家庭困难的杨石头，迫于生活压力，在上大学期间，不得不去做一些兼职工作。他选择了一家广告公司，工作可谓千辛万苦，因为当时根本没有现在的喷绘，他只能拿着油漆桶一点一点地刷"停车场""计划生育"之类的牌子和标语。冬天，还要从嘴里呵出气来才能不让刷子冻住。尽管如此，他还是像"牛"一样埋头苦干。他对同学们说："我就是'牛'，而且是一头很能干活的牛。"

有了当临时工和在校打工的经历和经验，杨石头在大学毕业考虑自己职业生涯规划的时候，就立下志愿一定要当"牛"，职场起步从"牛"开始。杨石头选择了自己最为欣赏的奥美广告公司，经过应聘考试、面试，他顺利过关。就在即将成为奥美一员时，他应聘时的面试官、原北京奥美的总经理陈碧富正在创立观唐广告公司。在陈碧富的劝说下，杨石头放弃了奥美。

在观唐，杨石头从做会议记录、出账等基础工作开始，后做业务，从客户执行到客户经理，之后又主动请缨到上海发展，担任上海观唐广告公司客户副总监一职，负责统一中国总部饮料群在上海、北京、武汉、沈阳四个分区的整体传播工作。极盛的时候，杨石头一个人肩负着公司 55% 的营业额。第一份职场工作让杨石头领悟到："雄心的一半是耐心，职场生涯就像孵蛋一样，在 28 天的孵化过程中，虽然表面上没有什么不同，但其实里面每天都在发生变化，而这个过程就是'牛'的过程。"

作为一个职场"牛"人，杨石头更"牛"的还在后面。2000 年，杨石头进入梅高（中国）传播集团，这家公司的创办人高峻是国内广告行业的教父级人物。杨石头历任客户群总监、中国区集团副总经理，他所负责的烟台啤酒整合传播案例获得了美国纽约广告节创意营销效果奖。而这时，年薪已达百万的杨石头却又在思考着自己的人生，调整着自己的职业生涯规划。

杨石头说，百万年薪不是他的梦，他不想做金钱的奴隶，理想才是他追随的目标。所以他决定放弃人人垂涎三尺的这份年薪百万的梅高中国区副总经理工作，回归奥美广告公司做月薪只有 3000 元的文案工作，一圆当年加盟奥美的梦想。2003 年冬天，杨石头给北京奥美创意总监写了一封求职信，他在信中写道："我不知道天堂是不是光明的，但是我知道天使一定是光明的。尼采说过，每块石头都有它的梦想。为什么不给我这块石头一点光明呢？"对于当时 33 岁的杨石头来说，这是一个很难让人理解的决定，以至于他家的保姆都误认为他破产了。面对众人的不理解，杨石头坦言："我是'牛'。我是很能干活的，我必须这样做，尽管这条路走得非常艰辛。"就这样，时隔八年之后，杨石头如愿以偿地进入了奥美这家全球顶级广告公司。他一如既往地从"牛"做起，始终保持着"牛"的心态，"牛"的干劲。

一晃又是五年过去了，阳光果然照亮了这块石头——杨石头成为奥美北中国区集团事业发展总监和奥美广告国内事业部副总经理。在他的手上，北京奥美的国内客户群比例大幅度提升。而他展示出的专业素养以及对国家品牌营销的深刻洞察，使他成为 2008 北京奥组委官方执行顾问。2008 年 11 月 27 日，杨石头获得了国际奥委会主席罗格、国际残奥会主席克雷文和北京奥组委主席刘淇联合签字颁发的金质嘉奖。

除此之外，杨石头还担任国家商务部品牌管理发展中心的首席品牌顾问，北京大学新闻传播学院 IMC 研究生班主讲教师，清华大学 CIMT 企业品牌讲师，《中国经济周刊》《数字中国》《亚太活动平台》的专栏作者，北京电视台《名人堂》节目常务对话嘉宾，《创业讲堂》节目主持人。

面对如此众多的角色，杨石头说："每个人都有梦想，但进入社会之后梦想就转化成理想，就是理智的梦想。然后接下来就是像'牛'一样一步一步去实现这个理想，等你实现了这个理想，你就是'牛魔王'。"

职场上，每件事情都是由细小的事情组成，只有把小事认真勤奋地完成，才能成就未来的事业。如果你想在工作中取得优异的业绩，那就像杨石头一样，埋头苦干工作中的每一件事情。

事理规律：风不来树不动，船不摇水不浑
——掌握规律，从容人生

上有所好，下必甚焉

　　大汉王朝的一代明君光武帝曾说："治理好一个国家的关键在于上位者是否具有道德上的大智慧，是否懂得用仁爱去滋养黎民的心，而不是助长一种唯利是图的不良风气；评价一个国家的标准，在于老百姓是否能安居乐业，而不是国库有多少存金。"他深深地懂得这样一个智慧："上有所好，下必甚焉"，在上位者，如果把老百姓安居乐

业作为头等大事，国家便兴旺发达；而当上位者只是一味地追逐自己利益的时候，天下就会陷入困苦和动乱之中。

"上有所好，下必甚焉"一句出自《孟子·滕文公上》："上有好者，下必有甚焉者矣。"其字面意思不难理解："处于上位的人喜欢什么、爱好什么，下面的人就会效仿，一定会喜欢得更厉害。"乍听起来，这话平白无奇，或许当年孟老夫子说出这话，只不过是对当权为政者的一句劝诫罢了。然而仔细研究一番，我们就会发现这是一句"非先贤不能道也"的至理名言。寥寥一句，便高度概括了"治国平天下"之道，便将当政当权为官为尊者的个人爱好与一国一地一个群体的风化风气之间的关系说了个透彻，切中要害。

"上有所好，下必甚焉"，古来有之，如楚王爱细腰，宫中多饿死。

"昔者楚灵王好士细腰，故灵王之臣皆以一饭为节，胁息然后带，扶墙然后起。比期年，朝有黧黑之色。"用通俗的话讲，就是古时候，楚灵王喜欢腰细的人，为了投其所好，大臣们为了纤细自己的腰，每日惶恐，不敢吃太多的饭，就怕腰部臃肿，失去帝王的宠信。而且每天上朝之前，都先吸气收腹，屏住呼吸，然后把腰带束紧，扶着墙壁勉强站起来。到了第二年，满朝文武大臣，脸色变得黑黄，呈现严重营养不良的状态。试想，大臣们连自己的身体都羸弱得不行，哪有心思去帮助帝王处理国事，后果可想而知。

也正因为这"上有所好，下必甚焉"的道理，古今贤哲从未间断地劝诫君王或在上位者"率身垂范"。作为在"上位者"，治国平天下，要少些权贵虚荣心，多一些爱民之心，以身作则，在思想和行动上起表率作用。

辅车相依，唇亡齿寒

熟悉中国历史的人都知道"辅车相依，唇亡齿寒"的故事，也明白其中包含的道理。我们不管所处在怎样的社会中，都不可能仅靠一己之力，生存下去。我们必须或多或少与周围的环境发生这样或那样的关系。这个世界就是一个相互间利益交织的复杂体，一旦你牵扯到其中的某一根脉络，其他的脉络也必然跟着动。渔夫们住在湖边，靠捕鱼为生。那么渔夫和鱼之间就是一种"辅车相依，唇亡齿寒"的关系。一旦湖中的鱼被过度捕捞，那么湖中就没有鱼了，那么渔夫还靠什么养活自己。因此，渔夫在捕鱼的同时，一定要懂得不能竭泽而渔，不能贪得无厌的道理，这样一来，鱼才能源源不断，生活也能继续下去。

但是，我们之中有很多人，就不懂得这个道理，最终酿成苦果。

春秋时，晋献公想要扩充自己的势力范围，就找借口说，虢国经常骚扰晋国边境的百姓，要发兵灭了虢国。可是在晋国和虢国之间隔着一个虞国，晋国的军队要想讨伐虢国，就必须借道虞国。一日，晋献公问殿下的大臣"攻打虢国，我国将士怎样才能顺利通过虞国呢？"大夫荀息说："虞国国君是个目光短浅、贪图蝇头小利的人，只要我们送他一些价值连城的美玉和宝马，我想，他不会不答应我们借道的。"晋献公一听，内心很是不快，踌躇了一会，没有回答。荀息看出了晋献公的心思，就说："虞虢两国是唇齿相依的近邻，虢国被灭了，虞国也不能独存，您的美玉宝马不过是暂时寄存在虞国国君那里罢了。"于是，晋献公采纳了荀息的计谋。

如预料的那样，虞国国君见到晋国送来的珍贵的宝物，心花怒放，当听说要借道虞国讨伐虢国之事时，也不假思索，一口应承下来。虞国大夫宫之奇听说此事后，赶快上前劝道："这事要从长计议，不能答应借道的事。虞国和虢国是近邻，唇齿相依的关系。我们两个小国相互依存，有事可以彼此之间相互帮忙，万一虢国灭了，晋国军队在回程的时候进攻我们，我们虞国也就难保了。俗话说得好'唇亡齿寒'，没有嘴唇的保护，牙齿就会感到寒冷。借道给晋国的事万万使不得。"

虞国国君说："人家晋国是大国，现在专程送来美玉、宝马和咱们交好，难道还不答应吗？"于是，摆手让他不要再劝说。宫之奇见到虞公国国君一意孤行，鼠目寸光，连声叹气，知道虞国离灭亡的日子不远了，于是就带着一家老小匆忙离开了虞国。不出所料，晋国军队在借道虞国消灭虢国后，在班师回朝时，又把亲自迎接晋军的虞国国君俘虏了，灭了虞国。

"唇亡齿寒"是要我们明白：关系密切的双方，利害也相关，一方受到打击，另一方必然不得安宁。因此，我们不管在做什么事的时候，一定不要目光短浅，要从全局来考虑问题。危害自己的事情不做，危害他人的事情，也是万万不能做的。不要以为一些事情是他人的事情，与自己无关，事实上人与人之间是相互的，所以，做事不能太自私，要多为他人的利益考虑。

有这样一则寓言：一头驴子和一匹马驮着货物，跟随主人在广袤的沙漠中穿行。因为货物太重，驴子有点不堪重负，就对马说："你帮我分担一点货物吧，我难以忍受了。"马没有理睬驴子的请求，继续仰着头往前行走。不久后，驴子就因为体力透支，累死了。主人没办法，就把驴子身上的货物全部装到马的背上，最后，马也被累死了。

马的教训告诉我们"辅车相依，唇亡齿寒"的道理。试想，要是当初马替驴子分担了货物，那么结局可能是驴子和马都在目的地吃着绿油油的青草，悠闲地晒着太阳。

如果我们懂得"辅车相依，唇亡齿寒"的道理，做事慎重，顾全大局，可以避免很多错误。

行得春风，便有夏雨

《成功学》中有一个伟大的定律，叫付出定律：只要你有所付出，就一定会得到相应的回报。如果你觉得回报太少，说明你付出的太少；如果你想要得到更多，就必须付出更多。

"行得春风，必有夏雨"是一句民谚。春风，指偏东南方向的风；夏雨，一般指梅雨。意思是说，春季偏东南风较多的年份，则夏季梅雨也较多，大意是有所施必有所报。

一个人要想得到回报，就必须先付出。没有付出，哪里来的回报？就如同人们常说"一分耕耘，一分收获"。我们都知道，农民在收获秋季沉甸甸的谷物之前，必将付出春天播种的忙碌、夏季灌溉的汗水。相信很多读者都听过下面这个很富有哲理的故事：

一个人孤独地穿越沙漠，徒步行走了两天。途中遇到了沙暴袭击。一阵狂沙吹过，沙丘的位置发生改变，他已认不得正确的方向。这时的他口渴难耐，已经支撑不了多久。突然，他发现前方有一幢废弃的小木屋。他拖着疲惫的身子走进了屋内。这是一间四周没有窗户，密不通风的小屋子，这样的设计可能是为了防止风沙灌入，只见里面堆着很多枯朽的木头。他几近绝望地环视四周，却意外地在角落里发现了一台抽水机。

他很兴奋，立马上前汲水，但任凭他怎么卖力地压抽水机杠杆，也抽不出半滴水，只有抽水机抽动空气的吱嘎声。他颓然坐地，却看见抽水机旁有一个用软木塞堵住瓶口的小瓶子，瓶上贴了一张泛黄的纸条，纸条上写道："你必须用水灌入抽水机才能引水！千万不要忘记，在你离开之前，请再将水装满！要知道，你能饮到甘甜的水，有别人的付出，你才得到回报。现在是你回报别人的时候了！"他立即拔开瓶塞，发现瓶子里，果然装满了水！

他的内心，此时正纠结着……

如果自私的话，只要将瓶子里的水喝掉，他就不会渴死，兴许就能活着走出这片沙漠；如果照纸条写的做，把瓶子里唯一的水倒入抽水机内，万一水灌进去，却抽不出水，他就会渴死在这地方，到底要不要冒这个风险？

犹豫再三，他决定把瓶子里唯一的水全部灌入破旧不堪的抽水机里，以颤抖的手大力汲水，不一会儿，水真的涌了出来。等他喝完清凉的水之后，又把瓶子灌满了水，轻轻用软木塞

封好，放在原处，然后在原来那张纸条的后面，写上了自己的切身体验："相信我，真的有用，在取得之前，要先学会付出。"

这个故事反映的哲理就是"行得春风，必有夏雨"。试想，一个几近绝望的沙漠旅行者，没有水分的补充，他很快就会因脱水而死去。这时，一瓶水、一个纸条和一个抽水机。对他来说，当然是这瓶水来的最具诱惑性，喝掉这瓶水，他就能继续前进；他也可以选择把水倒进抽水机，抽出更多的水，供他在接下来的旅途中使用。显而易见，这是一个很大的考验，如果水没有冒出的话，他将很快死去，永远不可能走出这片沙漠。如果你是这个沙漠旅行者，你会怎么选择呢？其实这个答案很简单：在取得之前，要先学会付出。要是不付出"一时之渴"的一瓶水，就永远不可能得到"足以走出沙漠的"更多的回报。

可能有人会问："付出就一定会有回报吗？"在现实生活中，往往事情不都能尽如人意，付出并不总是能立竿见影地得到回报。即使付出了，却收获了失败，也不要灰心，这只证明这种方式不行，换一种也许就会绝路变通途。要相信，只要用心去做，俯下身努力付出，水滴终会穿石。

冰冻三尺，非一日之寒

一滴水从房檐上滴下来，落到青石板上，这看起来是一件多么微不足道的事，然而长年累月地滴，却能水滴石穿。做人也要具备这种"水滴石穿"的锲而不舍的精神，一旦确定了人生目标就持之以恒，并用自己坚忍不拔的品格、坚定不移的信心和坚持不懈的奋斗精神，取得一番成就。

有句民谚："冰冻三尺，非一日之寒。"观文而望其义，这句谚语比喻一种情况的形成，是经过长时间的积累、酝酿的。这句谚语暗示我们无论是在学习、工作，或是对人生的追求中，成功并不是一蹴而就的事，而是一个长期奋斗积累，厚积薄发的过程。

从前，有一位果农在地里种下两棵苹果树的幼苗，很快它们开始发芽。鹅黄的叶片在春风中抖动着，很是惹人怜爱，第一棵树立志要长成白杨那样的参天大树，于是它拼命从地下汲取水分和养料，储备起来，滋养每一根枝干，为将来长成一棵大树做着积极的准备。但由于第一棵苹果树只顾着努力向上伸展枝丫，最初的几年没有结一个苹果，这让老农很恼火。相反，另外一棵树也是拼命从土里汲取营养，但志向是尽快开花结果，结果几年后，它就结了满树的苹果，果农欢喜极了，就更勤奋地给这棵苹果树浇水、施肥，那棵不结苹果的树就被冷落了。

时光飞转，那棵不结苹果的大树因为枝粗叶茂，养分充足，在一个秋季，成熟了一树又红又大的苹果。而那棵过早开花结果，急于求成的树，却因未成熟的时候就开始开花结果，现在养分耗尽、枝干叶枯，只能结出几个苦涩难吃的苹果。

果农诧异地叹了口气，用斧头砍伐了这棵过早衰败的苹果树。在人生道路上，我们要学习第一棵苹果树，注重积累，厚积薄发；同时，我们也要以"过早开花的苹果树"为戒，莫急于求成。

在遥远的非洲草原上，有一种茅草，叫尖茅草，它是草原上最长的茅草，它刚发芽时，又细又短，并不显眼。可是只要雨季一来临，三五天的光景，它便能一下子伸长到两米左右。植物学家很好奇，就去实地观察和研究它，最终得出结论：原来在刚长出的前半年时间内，它并不是没生长，而是努力把吸收的养分存在了根部。雨季之前，尖茅草的茎虽然只长出1寸，根部却深深扎入地下已达20米，并且根部

疯狂地向四周散开，贪婪地汲取沙土中稀缺的水分。当储存了足够的能量后，蓄势待发，只要雨水一落到它的身上，便一发而不可收。

像"尖茅草"这样，通过自身的努力，多积累，最后厚积薄发，功成名就的案例不胜枚举。

有这样一个故事：

有一位小有名气的画家，在他刚出道时，3年也没有卖出一幅画，内心很是苦难，生活也很拮据。于是，他去请教一位世界闻名的老画家，他想知道自己的画哪里出了问题？为什么整整3年没有一个人垂青。那位老画家听完，就问他每画一幅画大概需要多长时间。他说一般都是一两天，最多也不会超过3天。老画家听完他的回答，对他说："年轻人，你换种方式试试吧，你用3年的时间去细细画一幅画，我保证你的画一两天就可以卖出去，最多不会超过3天。"

这个故事里隐含着耐人寻味的道理："成功绝不是一蹴而就的，只有静下心来日积月累地积蓄力量，才能'水滴石穿'。"

西晋时著名的辞赋大家左思，他的名篇《三都赋》整整十年才完工。他为了把《三都赋》写好，一天到晚都在构思《三都赋》的语言文字、思想内容和艺术境界，力求精益求精。为了能够及时把自己突发的灵感记下来，他走到哪里都带着笔墨纸砚，一想到有什么好的句子，就立马记录下来。

十载寒暑，左思终于完成了《三都赋》。他也因此名动天下。《三都赋》辞藻华美、文笔畅快，无论是在内容还是形式上，都取得了较高的艺术成就。文章一经问世，洛阳都城为之轰动，文人骚客争相传抄。由于传抄的人太多，一时间纸张变得供不应求，纸价暴涨。这也是"洛阳纸贵"这个成语的来历，这真是古代文坛一件无与伦比的风雅盛事。

左思用了整整十年才写了一篇足以让他流芳百世的文章，任何成功者，都是付出常人无法想象的辛苦才实现自己的人生价值的。

李白诗曰"十年磨一剑"，这是成功者才具备的一种人生态度。在这个物欲横流的社会中，很多人没有摆正心态，急功近利，总幻想着不劳而获的成功，又或是走捷径一步成功，殊不知，这种心态不仅不会成功，反而极其有害。于是我们不得不承认，想要有登峰造极的成就，就必须先承受十年磨一剑的寂寞，当今的生活更是如此。要知道，每一次成功所绽放的光芒，并不是那瞬间的张力，而是无数岁月所沉淀的巨大能量，形成这股厚重的动力，才能瞬间迸发，冲到制高点。

当下的你可能默默无闻，请不要急躁，可能在别人眼里你是一个平庸的人，但我们要明白，点点滴滴地积累，脚踏实地地学习，总有一天会获得成功。

好钢要用在刀刃儿上

"好钢用在刀刃上"，这7个字看上去非常普通，却是由平凡变为不平凡的卓越法则。要选择一个像刀刃一样关键的地方，集中几倍的力量去实现一个目标。不能把有限的力量分散在许多问题上，每个问题都想解决，最终只能是一个都解决不了。

我们的时间有限、精力有限，不可能把所有的事情做到最好，但是我们一定可以把其中的一件事做到最好。心无旁骛地做一件事，更容易成为强者。

一个下岗女工靠亲人集资开了一家杂货店，几个月过去，生意很不好。她的丈夫喜欢读书，有一天，他对妻子说在图书馆看到一份杂志，上面有一个全球五百强企业的专栏，丈夫发现所谓的"五百强"不过也很寻常，都是些"一根筋、一条路"。妻子不太明白，丈夫继续解释说："打个比方，你卖纽扣，就只卖纽扣，卖所有品种的纽扣，店再大，都不卖别的。以后你再进货，头饰、胸花之类的东西，不要再进了，全进纽扣，有多少品种进多少品种，看看会怎么样。"妻子半信半疑，抱着试一试的心态，集中所有资金做起了纽扣生意，谁知效果却非常不错。几年以后，这家曾经的小杂货店变成了这座城市唯一的一家"航空母舰式的纽扣店"。

丈夫的发现虽然有些肤浅，却很有道理。《财富》世界500强，都有一个规律，只做一件事，做好一件事。物流运递类第一名是 UPS 公司，UPS 发展到今天也只做了一件事——用最快的速度把包裹送到客户手中，仅仅因为做好了这一件事，UPS

就把业务做到了全世界。世界第一强、零售业的"老大"——沃尔玛自始至终只做零售。世界第二强——通用汽车公司，一百多年来，也是只做汽车与配件。很多著名的大企业、大集团，都是集中所有力量，取得一个行业的垄断和领先地位，再不断地进行科研，使自己的技术无法被同行业的竞争者所超越，从而取得超额利润。从这个意义上讲，他们确实是"一根筋、一条路"，这些现实案例也告诉了我们，只有集中精力做好最重要的事，才能获得成功。

只做好一件事，意味着集中精力发展。很多人涉足很多领域，学习很多知识，但是时间、精力等都是有限的，不可能全部深入钻研，结果每一项都没有竞争力。目标定了很多，什么都想做，什么都没有做到最好，实质是没有自己的核心竞争力。只有找到自己的强项，找到最适合自己发展的领域，然后拿出全部精力去钻研，才能有所收获。

大船只怕钉眼漏，粒火能烧万重山

千里之行始于足下，万丈高楼起于抔土。任何一件大事都是由小事积累得来的，没有积累，就不会产生质变，成就那些伟大。同时，那些大的损失和伤害也都是从小事开始的，积累到一定的程度，就会爆发，从而造成灾难。就像老话说的那样"大船只怕钉眼漏，粒火能烧万重山"，我们要做的，就是排除这些小的隐患，时刻注意它们，将那些能够造成危险的及时解决掉，而对那些对成功有用的积累坚持下去，最终成就自己。

大海边有一个小镇，镇子里的人们都靠出海捕鱼来养活自己。在这些捕鱼人中，有一个老汉，是最厉害的，他对海洋非常了解，知道哪里有鱼，也知道什么时候会有鱼。同时，他的捕鱼工具也是镇上最好的，他有一艘大船，跟随他已经好多年了，这些年在海中乘风破浪，养活了他们一家人。老人对这个大船非常爱惜，就像对待自己的孩子那样对待大船，从来不舍得从大船上卸下任何一个零件，他认为，如果那样的话，大船就不完美了，就不再是那个伴随自己多年的老朋友了。

我们都知道，人是会老的，其实船也一样，年头多了，就会老化，老人的那条大船当然不会脱离这个规律，它也慢慢变得有些破旧了。但在老人的眼里，他的大船依然是这世上最完美，最牢固的。

这天，老人的大儿子来找他，说船上有一块木板松动了，他想要换掉。老人

听了，不禁大怒，他开始责备儿子，说他不懂得珍惜东西，说他不懂得珍惜"朋友"："你知道吗？那条大船跟了我多少年？比你跟我的时间都长，你现在说什么？要把它上面的板子换掉，你知不知道，我对这条大船的感情？怎么可以换掉它的一部分呢？那样，它还是那条跟随了我多年的大船吗？"

最后，老人的大儿子无奈地走了，他把那块木板拿了下来，换了个位置，又重新订上了。不过他还是有些不太放心，因为那块板子已经很破旧了，上面满是钉眼，他觉得这样下去会出问题。但是，他没有勇气换掉它，也没有勇气再跟父亲提这件事了，因为他了解父亲的脾气。

几天后，大船又一次出发了，带着老人和他的儿子们，去往大海，去寻找可以给人们带来生的希望的鱼类。

不过，这次他们的行程不是很顺利，在出海的第三天，他们碰上了大风暴。不过，老人是不担心这个的，他相信，这条大船经历过无数次风浪，比这次更大更强的都经历过，还会怕这一点点的挫折吗？

可是，老人没有想到，正是这个他非常信任的"老朋友"辜负了他的期望，船漏水了。正是那块布满了钉眼的木板引起的。当船上的人们发现时，已经来不及补救了，因为水太大了。最后，船永远地留在了海底，跟着船一起留下的还有那个老人和他的儿子们。

悲剧总是我们不想看到的，但又是我们不得不关注分析的。在这个故事中，是有温情的，老人对船的爱就是温情，他代表着一颗感恩的心，代表着一颗怀旧的心。这是一种品格，懂得感谢给自己带来帮助的一切人和事物的一种品格。通过这个故事，我们可以发现，这是个厚道的老人。同时，故事中也有警醒，那就是老人的儿子，他是非常专业的，能够及时发现将要出现的隐患。但这些都避免不了悲剧的发生，至于悲剧的原因，归根结底，不是那个钉眼，而是没有对微小的隐患重视的粗心。

我们要从这异常震撼的悲剧中汲取教训，学习经验，尽最大的努力避免再次发生。

要知道，在生活中，不能忽视任何一件小事，特别是那些能够导致大问题的小事。往往，这些小事正是决定一个人或一件事成败的关键。可能有些人会对此不以为然，觉得没必要大惊小怪的。不就是一点小小的隐患吗？如果他们知道小事和大事之间的联系的话，估计就不会再这样说了。

据气象学家研究得出：某地上空一只小小的蝴蝶无意间扇动一下翅膀，就会扰动空气的流动，长时间可能导致遥远的地方发生一场暴风雨，这就是著名的"蝴蝶效应"。同时，气象学家们也以此比喻长时期大范围天气预报往往因一点点微小的因素造成难以预测的严重后果。

通常，微小的偏差是难以避免的，它们可以通过一系列的连锁反应引起很大的骚动。就如同打台球、下棋等，往往"差之毫厘，失之千里""一招不慎，满盘皆输"。

这时，比的就是谁更在意微小的变化和异常。如果注意到了这些，那么离成功就更近了。注意不到，就会像故事中的老人一样，将生命葬送在大海之中。当然，我们日常的生活不会那么凶险，但是因此而失掉成功的机会，还是非常常见的。

所以，想要有一番作为，就要养成一定的良好习惯。在面对小事时，一定要引起注意，时间久了，自然就能做到防患于未然。那时，我们就拥有了更强的竞争力，也能赢得更多的机会。

总之，记住这句话，"大船只怕钉眼漏，粒火能烧万重山"。任何大的灾难、失败，都是一点点堆积起来的，没有平时的堆积，就不会有最后的爆发，也就不会产生那么多让人扼腕的后果。我们要做的不是眼盯着大前方，一心只想着成功，那样只会让你体会失败。真正能成功的方法是盯着一个个小的地方，将其做好，有益的留下，有隐患的解除，时间长了，成功自然会来到你的身边。那时候，你就会发现，真正取得成功的方式不是紧盯着成功，而是先忘记成功，去做好一件件小事，排除一个个小的隐忧。

针尖大的窟窿斗大的风

很多人都会有这样的情结，认为不管什么事情都是大的好。在他们的眼里，人生就是要轰轰烈烈的，做人就要做这世上的最高者，做事就要做这世上的最大事。可是，往往由于没有足够的能力和魄力，最后落得一事无成，不但没有做得了大事，连小事都没能做成一件。

忽视小事的害处大家应该都知道了，我国自古就有"千里之堤，溃于蚁穴"的说法，在这里，我们从另一个角度，从反面入手，谈谈注重小的好处。

我们都知道，小事是没有人愿意做的，这时候，在小事的领域内，就会出现一片真空，这片真空中，不论是竞争力，还是难度，都是相对较小的。这时候，就给我们带来了很大的施展空间，可以让我们去翱翔，如果把握住这机会，那么，成功还会远吗？

相信很多人都看过一个新闻，一个北大的毕业生，毕业后没有从事自己的专业，也没有到大公司去上班，而是回家摆了个猪肉摊，做起小商贩。当时的社会一片哗然，人们都觉得这个人疯了，怎么可以这样呢？放着好好的前途不要，却甘愿做一个商贩，太没有出息了。

不过，几年后，就没有人再这样说了，因为那个北大学子在卖猪肉的行当里闯出了一番名堂，他成功了。在短短的时间里，他开了31家分店，如今已经是一位小有成就的企业家了。

这就是注重小的好处。古人常说，"针眼大的窟窿斗大的风"，这虽然是从另一个角度来讲述大小的关系，但是，其道理是相通的。如果不注意细节，就会出现大问题，相反，如果注意到了这些细节，那么，就有可能获得大的成功。

有这样一个故事，一个英国人和一个犹太人都失业在家，他们便结伴同行，一同去找工作。这天，在去往面试的路上，他们同时看到地上有一枚硬币，静静地躺在那里，英国青年看也不看径直走了过去，犹太青年却正好相反，激动地将它捡了起来，在身上擦了擦，小心地装进口袋。

半个小时后，两个人同时走进一家公司，开始面试。在与面试官交谈的过程中，两个人了解到，这家公司很小，任务却很重，工作很累，而且工资也不高，英国青年听完介绍后，不屑一顾地走了，而犹太青年高高兴兴地留了下来。

一转眼，两年过去了。就在两年后的一天，两人在街上再一次相遇，此时，犹太青年已成为老板，而英国青年，还在寻找工作。

其实，英国青年并非不要钱，而是他想要的是大钱而不是小钱，所以对他来说，他的钱总在明天。这就是两个人的差别所在，也正是这差别造成了他们际遇上的不同。

通过这个故事，我们明白了大和小对于一个人的作用，小是可以生出大来的，只要你对小足够重视，就可以做到。但是，现实生活中，好像很少有人能够看得如此透彻，他们更多的时候都是像英国青年一样，在大处着眼，而不屑于小事，结果，也跟那个英国青年差不多，不但没有做成大事，连小事都没有做好。

由此，我们应该明白，不能轻视任何小事，做事如此，做人亦然，一个很小的毛病可能是你从来都不在意的，可一旦出了问题就后悔莫及了。

老张是一个很有经验的赶车伙计，他从小就跟那些牲畜打交道，仿佛已经能够听得懂牲畜们的话了似的。对于老张来说，这世上只有不会赶车的人，而没有赶不了的车。事实也的确如此。在老张的一生中，好像从未遇到过不听话的牲畜，不管何时何地，他都能够将车赶得稳稳当当，每次都能顺利地将货送到雇主的手里。

不过，老张也不是没有毛病的，他爱惜自己的马，却很少在意车。通常，对于一个熟练的赶车人来说，这是不能理解的，因为一般的人都是既爱马又爱车。但老张就是这么奇怪，他很少去看车变得如何了，而总是跟自己的马窃窃私语，好像是多年未见的老朋友一样。

这天，老张又接到了雇主的邀请，让他帮忙送一批货物，货不重却非常值钱。不过，老张是不在意这些的，因为在他的眼里，没有送不到的东西，因此，那东西的价值也就无所谓了。

这次雇主让老张走盘山路，其实盘山路老张已经走过好多次了。这次也算是轻车熟路。不过，还是出了问题，问题不是出在老张的赶车技术上，而是出在他的车上——老张的车轴折了。

断了的车轴不能再承载车的重量，货物从车上掉了下来，滚落下山崖，老张看到这一切，傻眼了。傍晚的时候，老张一个人从山上下来了。他的马和车都没了。因为车同货物一起滑落了山崖，马连着车，也一起掉了下去。

雇主很快就找到了老张，让他赔偿，老张无奈，变卖了自己所有的家当，才勉强凑够了赔款。如今，老张已经一无所有了。

后来，人们找到了老张那跌落山崖的马车。发现车轴上的折痕只有最中间是新的，外面一圈都是旧的。也就是说，老张的车轴早就出现裂痕了，不过是他没有注意到罢了，如果老张提前发现，也就不至于家道败落。不过这时候后悔已经来不及了。

如果将老张和那个犹太人青年放在一起比较，相信很多人都能够明了，对于大小不同的态度，会产生多么大的差异。是啊，古人的话从来都不是白说的，"针眼大的窟窿斗大的风"是至理名言。如果我们有这样的缺点，就像老张一样，那就应该警惕了，改掉它才会生活得更好；如果我们有这样的优点，就像那个犹太人青年一样，这时候你就应该窃喜了，因为你具备了成功的可能。不过要记住，一定要坚持，否则也是没用的。

　　总之，记住这句话，"针眼大的窟窿斗大的风"，明白不论是从正面还是从反面来理解，都能给我们带来启发，你的生命将会更加精彩。

世态人情：世事如棋局局新
——完善自身，掌握主动权

取敌之长，补己之短

敌人并非一无是处，学会利用敌人，在与敌人对抗的过程中，利用对方的优势，以弥补自己的劣势。这比单纯地对抗要更为明智。

在亚热带，有一个由三种动物组成的非常有意思的生物链：毒蛇、青蛙和蜈蚣。毒蛇的主要食物是青蛙，青蛙却以有毒的蜈蚣为食，在青蛙面前是弱者的蜈蚣却能够使比自己体形大得多的毒蛇毙命，一般的毒蛇对它都无可奈何，三者间两两都是水火不相容的。有趣的是冬季里，捕蛇者在同一洞穴中发现三个冤家相安无事地同居一室，和平相处地生活。

他们经过世代的自然选择，不仅形成了捕食弱者的本领，也学会了利用自己的克星保护自己的本领：如果毒蛇吃掉青蛙，自己就会被蜈蚣所杀；而蜈蚣杀死毒蛇，自己就会被青蛙吃掉；青蛙吃掉蜈蚣，自己就会成为毒蛇的盘中餐。这样一来，为了生存，青蛙不吃蜈蚣，以便让蜈蚣帮助自己抵御毒蛇；毒蛇不吃青蛙，以便让青蛙帮助自己抵御蜈蚣；蜈蚣不杀死毒蛇，以便让毒蛇帮助自己抵御青蛙。三者相克又相生，这是一个多么美妙的平衡局面。

这个平衡格局有个朴素的道理："取敌之长，补己之短"，在敌我争锋中，可以以敌制乱，用敌于我。利用敌人达到让自己更好地生存的目的。

众所周知，联想中国在商用、中小客户上的业务和戴尔一直是狭路相逢的老对手。联想却承认自己从对手身上甚至比从合作伙伴身上学到的东西还多：联想从 2003 年开始逐渐修改销售的薪酬体系，把工资加奖金的方式改为更加趋向于业绩导向，逐渐贴近戴尔的按照毛利提成；2004 年，联想取消了客户经理上班打卡的制度，给予了他们更大的自由度；随着自由度的加大，联想对销售客户拜访的监测也开始完善，现在，联想的客户经理们和戴尔的一样，每周要递交上周的拜访汇总，并且按照规定接受上司的直接询问……

"戴尔最值得学习的地方是对流程和客户的管理。"前者完善到一个人只要跟着流程走就能做好销售的地步，后者则成为戴尔判断市场和预测销售最好的武器。这就是联想中国所希望移植过来的戴尔基因。在企业后端的供应链和后台的销售支撑系统上，戴尔的成功之处也正在被联想所参考。

向对手学习，是联想不断保持发展活力的根本原因之一。一个集团、企业尚且如此，对于我们个人来说，学会向对手学习，才能拥有永不枯竭的推进能源。

我们应该学会向敌人学习，从敌人那里吸取自己需要的经验。向敌人学习减少了自己探索的风险；向敌人学习还能发现自己的不足，以较小的付出获取较大的利益；向敌人学习更有益于审视自我，扬长避短，发挥优势。

与其苛求环境，不如改变自己

任何人都不可能离开环境而生存，在无法改变环境时，与其苛求环境，不如改变自己。只有弱者才会因为适应不了环境而惨遭淘汰。

有一句老话："事必如此，别无选择。"这几个字令人心痛，却又是不得不承认的真实处境。正如每一条所走过来的路径都有它不得不这样跋涉的理由一样，每一条要走上去的前途也都有它不得不那样选择的方向。

在面对生命的起伏不定与阴晴圆缺时，有人仍然能够活得精彩。有人能从磨练中吸取智慧，有人则在类似的经验中受伤屈服，成功者和普通人的差别就在于此。

一家 500 强之一的美国公司在选择北京办事处负责人时，通过一个很小的细节考察了应聘者的环境适应能力。当时，共有7名应聘者，其中只有一位是女士。考官故意把应聘者的位置安排在空调下，而且将其功率开得很大。结果，6位男士都无法忍受长达两个小时的面试，只有这位女士坚持到了最后。当面试结束时，这位主考官说："由于公司刚在北京成立办事处，属于万事开头难的阶段，所以只有能够适应环境，敢于接受挑战，并且能够以愉快的心情去面对压力的人才会被我们录用。钟女士，欢迎你加入公司。"

改变自己，适应环境的能力是必须的，因为只有从容地适应环境，才能在不断变化的环境中保持旺盛的精力，好整以暇地迎接挑战。

所谓"适者生存"，适应环境是非常重要的。如果你想坦然地面对急剧变化的环境，就需要与现实环境保持良好的接触，心甘情愿以客观的态度面对现实，冷静地判断事实，理性地处理问题，随时调整，保持良好的适应状态。

当我们学会"与其苟求环境，不如改变自己"时，就有能力开创更丰富的人生。人，贵为宇宙的精华、万物的灵长，是可以通过改变自己来接受任何现实的。

松树无法阻止大雪压在它的身上，蚌无法阻止沙粒磨蚀它的身体，但它们可以弯曲自己，可以包裹沙子来适应这悲惨的遭遇，学会和环境化敌为友，这是一种适应性，也是一种生存的技巧。人类作为万物的灵长，又怎能屈居于这些小生物之下？正如席慕蓉所说："请让我们相信，每一条所走过来的路径都有它不得不这样跋涉的理由，每一条要走下去的前途都有它不得不那样选择的方向。"我们也许没有选择的权利，但我们有改变自己的能力。

不管闲事终无事

俗话说："各人自扫门前雪，休管他人瓦上霜。"意思是告诉我们要管好自己，不要去管别人的事。这多少有些人情冷漠的意思，当然不值得推崇，然而这句话多少还有一些道理值得借鉴。助人为乐是每个人都会做的事情，但是在帮助别人的时候一定要考虑：这个帮助是否必要，是不是正确的。如果帮忙的方式不对，那么就会变成管闲事，而管闲事只会招致别人的厌烦，而不管闲事终究会无事。

帮忙和管闲事只有一线之隔，帮忙帮到了点子上就会让朋友心生温暖、充满感激，而管闲事只会让朋友哭笑不得，尴尬不已，甚至会反目成仇。想要帮忙就一定要帮到点子上，而不只是凭着自己盲目的"热情"去做事，而丝毫不去理会对方愿不愿意接受。

韩昭侯是战国时期韩国的国君，有一次他醉酒后坐在椅子上打瞌睡。为国君管理冠冕的侍从担心昭侯受凉，于是就给他盖上了一件衣服。不久，昭侯醒过来看到身上盖的衣服很高兴，他觉得他的臣子对他非常忠心。于是便和蔼地询问左右道："寡人打盹的时候，是什么人为寡人盖上的衣服呢？"左右侍卫回答说："是管理冠冕的侍从担心大王受凉而为大王盖上的。"

韩昭侯听后，竟然下令将管理冠冕的侍从以及管理衣服的侍从通通予以处罚。昭侯大声申斥道："寡人处罚管理衣服的侍从，是因为他没有尽到他的职责。寡人处罚管理冠冕的侍从，是因为他逾越了自己的职责范围。"

韩昭侯认为，虽然管理冠冕的侍从给自己盖衣服是忠君的表现，使自己的身体免于寒冷的侵袭，但是侵犯他人职责带来的不良影响，远远超过了寒冷带给自己身体的不适。

尽好自己的本分，不要去管别人的闲事是一门非常深的学问，自己以为自己是在为别人分忧，其实是在插手自己不该做的事情，这不会得到任何的夸赞，相反会招致别人的厌恶。

《庄子·逍遥游》里记载了这样一个故事：相传在远古时候，在阳城有一位很有才能、很有修养的人，他的名字叫许由。他在箕山隐居，人们十分敬佩他。

当时，尧帝想把帝位让给许由，于是尧帝对他说："你看，天上的日月已经出来了，这时还不熄灭蜡烛的火光，它的光同日月比起来，太微不足道了！天上

的及时雨已经降落，这时还要用人工去灌溉，难道不是徒劳吗？先生很有才华，要是当了帝王，一定会治理好天下。如果仍旧让我继续占着这个帝位，我心里会觉得非常惭愧，所以请允许我把天下交给您吧！"

许由不愿接受帝位，于是连忙推辞说："您已经把天下治理得很好了，我再来代替你，这是非常不合理的。鹪鹩在森林里筑巢，有一根树枝的地方就足够了，鼹鼠在河边饮水，顶多喝满一肚子也就够了。算了吧，我的君主！天下对我来说又有什么用呢？厨师在祭祀的时候，又做菜，又备酒，忙得不可开交，可是掌管祭祀的人，并不能因为厨师很忙，而忘记自己的本职工作，丢下手中的祭祀用具，去代替厨师做菜、备酒啊！你就是丢开天下不管，我也绝不会代替你的职务。"说罢，许由就到田间劳动去了。

许由是聪明的，他懂得不是自己的事情，绝对不会插手。

帮助人是好的，但一定要掌握好帮忙与多管闲事之间的差别，只有用正确的方法帮助需要帮助的人，才是真正的帮助人；如果盲目地去插手别人的事情，最终只会换来别人的埋怨，那样多管闲事还不如不管闲事，不管闲事就会无事了。

礼下于人，人愿助之

俗话说："虚心竹有低头叶，傲骨梅无仰面花。"意思是竹子内心谦逊才向人虚心低头，梅花高傲不屈从不仰面逢迎。

其实在为人处世的时候，礼下于人，低下头未尝不是一种好的办法。"礼下于人，必有所求"，而当有所求的时候，礼下于人也是一种很高的智慧。

春秋后期，各国诸侯王的地位一落千丈，而卿大夫的势力不断崛起，原来是礼乐征伐自天子出的状况，现在变为卿大夫们横行专权。当时，各国都发生了公室与卿大夫夺权的斗争，鲁国就出现了季孙氏、叔孙氏、孟孙氏瓜分公室的事件。

原来鲁昭公时，鲁国的大权实际是由季孙、叔孙、孟孙三家执掌的，三家中以季孙氏的势力最为强大。因而鲁昭公很不高兴，慢慢的，他与季孙氏的矛盾越来越大。于是鲁昭公就萌生了除掉季孙氏的想法，于是就发兵围攻了季孙意如。季孙意如被围困在高台上，他对昭公说："贤君也不调查一下我是否有罪，就派兵来攻打我，我希望你能够调查清楚，再打我也不迟。"鲁昭公说："你的罪行十分

的明显，连小孩子都知道，还用调查吗？"季孙意如没办法，就请求昭公把他囚禁在费城，然而昭公没有同意。最后，他请求昭公同意他坐一辆车子流亡到国外。

昭公听到这就想杀了他，不管他怎么说就是不答应。这时昭公的家臣对昭公说："您还是答应季孙氏的请求吧。鲁国的政权已经掌握在季孙氏手里多年，他又非常会笼络人，所以支持他的百姓非常多。我们一时还不能攻下高台，攻下以后也不知会发生什么变故，所以答应他的请求把他驱逐出国是一个不错的办法。"但昭公仍旧不听，派人去刺杀季孙意如。

叔孙氏得知此消息，非常不安，叔孙的家臣劝叔孙说："假如昭公消灭了季孙氏，那他也会来消灭我们的，我们最好救助季孙氏。"叔孙氏觉得有道理，于是便发兵攻打鲁昭公的军队。孟孙氏得知后，也派兵围攻鲁昭公。一时三股军队合围了昭公，风云突变，鲁昭公的军队一下就被打散了，尸体满山遍野，血流成河，昭公一看大势已去，便领着几个随从逃往齐国。齐景公听说鲁国内乱，昭公已经逃到了阳州，便准备到阳州去慰问。鲁昭公听说齐景公要来，便先率人到了野井。

齐景公慰问昭公，是出于礼节。而昭公先去野井迎接，是礼先于人。假如想求人帮助，必然先礼下于人，低头致敬，讲究礼貌。齐景公见昭公礼先于己，便对昭公说："你的忧虑就是我的忧虑，我献给你二万五千户人家，一切听从你的安排。"

昭公一听十分高兴，于是便派人同齐国订立了盟约。从而为自己东山再起打下基础。

鲁昭公的低头策略为自己赢得了机会，赢得了帮助，礼下于人并不是真正的示弱，而是避一时的不利，等待更好的机会。

当你需要帮助时，不可能摆出一副恃强凌弱的姿态去寻得帮助。想要得到帮助应该礼下于人，放低自己的姿态，这样才会得到别人的认可，别人才会伸出援手，给你尽可能的帮助。

路径窄处，留一步与人行

古人常说："路径窄处，留一步与人行；滋味浓时，减三分让人尝。"就是说在道路狭窄的时候，要退让一步让别人能走；在享受美餐的时候，要分一些给别人吃。这同时也是立身处世取得成功的最好方法。

对于我们来说，不要事事处处争强好胜，不要遇事就和人硬碰硬，应该明白"退一步海阔天空"的道理。处处和人硬来，最终可能双方都头破血流。懂得退让并非示弱，而是智慧的表现。古今中外和许多名人智者都有过类似的经历。

一次，苏格拉底在大街上与人辩论，结果被对方踢了几脚，可苏格拉底做出若无其事的样子。有人对此迷惑不解，苏格拉底解释说："我没有必要去踢一头驴子。"苏格拉底将对方比喻成一头驴子，也就是说，智者是不应该跟一头驴子计较的。驴子是动物，它们没有意识、思想，控制不了自己的言行，所以会做出粗鲁的事情。但人类是有智慧的，如果与动物较劲，那与动物又有何区别呢？苏格拉底运用这样的思维，避免了一场"战斗"。

试想，如果换作别人，可能丝毫不会后退，没准儿直接冲上去与那个人扭成一团，你打我一拳，我踢你一脚，后果可想而知。在争执中，人人都不愿承认自己的错误，总是将责任推给对方，对对方大加指责，公说公有理，婆说婆有理，一点小事就由于相互的不依不饶而转变成大事，那时再要化解就相当难了。

如果遇事不懂得退让，苦苦相争，那最后受害的肯定是自己。有这样一则寓言：南方的河里有一条豚鱼，游到一座桥下，撞在了桥柱上。它不怪自己不小心，也不想绕过桥柱，反而生起气来，认为是桥柱撞了自己。它气得张开嘴，竖起颚旁的鳍，胀起肚子，漂在水面上，很长时间一动不动。飞过的老鹰看见它，一把抓起来，把它的肚子撕裂，这条豚鱼就这样成了老鹰的食物。

苏东坡听后就此议论说："世上有的人在不应该发怒的时候发怒，结果遭到了不幸，就像这条豚鱼，'因游而触物，不知罪己'，不去改正自己的错误，却安肆其忿，至于磔腹而死，真是可悲！"

事情发生后总是责备别人，当然会有很多气受了。豚鱼错就错在不会退避。现实生活中，不是有很多这样的"豚鱼"吗？如果不能看清形势，该退的时候就退，而是时时逞强，只会使自己陷入孤独无助的处境；生意场上如果不能量力而行，退让一步，可能会因错误的投资，损失惨重，那么，种下的苦果只能由自己承担。

因此，不管是做人，还是做事，都必须要懂得退让的要诀，要在退让中体现出自己的魄力和智慧，同时也能保存实力，量力而行，而不是为了表面文章而大伤元气，这才不失为人生当中的妙招。

退一步让三分，不仅给别人留一条活路，也是自己拓宽人际资源的绝妙之策。生活中，今天你让了他一步，明天他会还你两步，这样一来二去就等于交了一个好朋友，朋友多了好办事，这是一个人在社会上打开一道通往成功的方便之门。

如果你凡事都想利益独享，凡是好处都自己独吞，那么即使你有着惊世的才华也只能是无用的白纸，而且在别人的心目中你也是一个自私自利的人，如果学会分享主义，将好处利益分给众人，让每个人的心理得到平衡，这样大家肯定会通力合作，协助你顺利取得成功。

《菜根谭》中有句话说："人情反复，世路崎岖。行不去处，须知退一步之法；行得去处，务加让三分之功。"这句话的意思就是：人间世情反复无常，人生之路崎岖不平。在人生之路走不通的地方，就要知道退让一步的道理；在能走得过去的地方，也一定要给别人三分的便利，这样才能逢凶化吉、一帆风顺。的确，我们要永远记住：路经窄处，留一步与人行。

第六章

修养哲学：谦则能和，傲则易怒
——放低姿态，积极进取

生气不如争气，翻脸不如翻身

德国哲学家康德曾说："生气是拿别人的错误惩罚自己。"在我们的日常生活中，每个人都会经历许许多多的磨难，比如工作上的、家庭上的，谁都不敢说自己永远都不会遇到这些问题。当我们因这些问题一遍一遍地折磨自己时，为什么不试着绕开它，做个聪明的人，好好善待自己呢？

只有特别愚蠢的人才会一味地生气，而聪明的人则想的是怎样去争气。没有过不去的火焰山，我们何必拿着别人的错误来惩罚自己呢？有生气的时间和精力，还不如用在自己的工作、学习和事业上，让自己的知识领域拓宽，让自己睿智起来，这样才会让自己的实力增强。生气没有用，只有为自己赌口气，自己去争气，才是唯一的出路，所以"生气不如争气，翻脸不如翻身"。

南北朝时的高洋是一个懂得适时弯曲的人。高洋在尚未称帝时，政权在其兄长高澄的手里。高洋的妻子十分美艳，高澄很嫉妒，而且心里很是不平。高洋为了不被高澄猜忌，

装出一副朴诚木讷的样子，还时常拖着鼻涕傻笑。高澄因此将他视为痴物，从此不再猜忌高洋。高澄时常调戏高洋的妻子，高洋也假装不知。后来高澄被手下刺杀，高洋为丞相，都督中外诸军。朝中大臣素来轻视高洋，而这时的高洋大会文武，谈笑风生，与昔日判若两人，顿时令四座皆惊，从此再不敢藐视。高洋篡位后，初政清明，简静宽和，任人以才，驭下以法，内外肃然。

当时，西魏大丞相宇文泰听到高洋篡位，借兴义师的名义，进攻北齐。高洋亲自督兵出战，宇文泰见北齐军容严盛，不禁叹息道："高欢有这样的儿子，虽死无憾了！"于是引军西还。

在如今的现实生活中，已不存在这种不忍让就会动辄丢性命的屈伸之道了，但适时弯曲是必需之策。弯曲时更容易看清彼此更多的东西，更有利于沟通和进步。

一位名叫拉升·彼德的男士在海军服役两年后，回到了华盛顿，之前服务的那家广播公司正等待他继续去做播音工作，但是换了个新上司。由于某种原因，这位新上司好像不大愿意接受他。

他憋着劲儿要在各个方面和他的上司比个高低，于是他冷静、谨慎地工作着。新上司对他主持的节目时间重新安排以后，他按捺不住了。他一直和老搭档主持某个喜剧节目，而新安排的时间差得不能再差了——将近午夜。

他怒火中烧，准备和上司争论一番，但是为了饭碗他还是忍了下来。搭档和他接受了这个时间安排，兢兢业业地工作着，三年后，这个节目成为华盛顿首屈一指的节目。

一天，新上司主动邀他参加电台的聚会，这次是躲不掉了。晚会上，他遇到了上司的未婚妻。她是个聪颖、活泼、务实的姑娘。像她这样的姑娘怎能喜欢一个没有什么可取之处的人呢？通过上司的未婚妻，他对上司的人格品行的看法有了转变。

随着时间的流逝，他的态度转变了——上司的态度也变了。后来，他们成为好朋友。他仍在全国广播公司工作，并在全国一档著名的电视节目中主持气象预报。

己不如人时，当面翻脸、发泄怒火只会自取烦恼，懂得适时弯曲、默默耕耘才是求胜之道。当遭遇别人的欺辱时，是生气对自己有利，还是忍下这口气对自己更有利？是翻脸对自己有利，还是适时弯曲对自己更有利？这是不言自明的。当然，不能为弯曲而弯曲，要在弯曲时不忘积极进取，最后一鸣惊人，显示出强者的实力，自然会赢得别人的尊重。

多做事，少抱怨

常听人教诲，要"多做事，少抱怨"。可是，有很多人经常怨天尤人，就是不在自身上找原因。实际上，一个人失败的原因是多方面的，只有从多方面入手寻找失败的原因，并有针对性地进行自省，才能起到纠错的作用。

科尔斯在一家 500 强公司上班，他很不满意这份工作，愤愤地对朋友说："我的老板一点儿也不把我放在眼里，我在他那里工作一点儿机会都没有。明天我就要对他拍桌子，然后辞职不干了。"

"你对公司的业务完全弄清楚了吗？对于他们做国际贸易的窍门都搞通了吗？"他的朋友反问。

"没有。"

"我建议你好好地把公司的贸易技巧、商业文书和公司运营完全搞清楚，甚至如何修理复印机的小故障都要学会，然后再考虑是否辞职不干。"朋友说，"你可以把公司当作免费学习的地方，等所有东西学会了之后再走不是更好吗？"

科尔斯听从了朋友的建议，从此便默记偷学，下班之后也留在办公室研究商业文书。

一年后，朋友问他："你现在学会了许多东西，可以准备拍桌子不干了吧？"

"可是我发现近半年来，老板对我刮目相看，最近更是不断委以重任，又升官、又加薪，我现在是公司的红人了。"

"这是我早就料到的。"他的朋友笑着说，"当初老板不重视你，是因为你的能力不足，而又不努力学习。之后你痛下苦功,能力不断提高，老板当然会对你刮目相看。"

作为企业的一名

员工，要想在工作中取得成功，必须适时清理一下内心的"乌云"，经常自查自省，把负面因素扔进"垃圾桶"。"多做事，少抱怨"，在工作出差错时，不能一味地逃脱责任，应该多思索和反省自己的过失与责任。这是一个员工自我成长和完善的过程，同时也是对一名优秀员工的衡量标准。

一个人只有不断地反省，才会不断地提高。

人在屋檐下，不得不低头

俗话说"人在屋檐下，不得不低头"。人在一生中总会有不同的际遇、不同的处境。

西汉时期的韩信忍胯下之辱正是这种"必须得低头"的最好体现。如果他不低头，就会把自己置于和地痞无赖同等的地步；若奋起还击，闹出人命吃官司不说，还可能赔上生命。韩世忠和岳飞、张竣都是宋高宗时的抗金名将。秦桧因岳飞多次阻挠他与大金议和，又屡次出言攻击他，心生怨恨，便罗织罪名把岳飞逮捕入狱，

害死于风波亭。

岳飞死后，韩世忠知道自己也难容于秦桧，便上奏章请求解除枢密使的职务，秦桧便顺水推舟授他一个闲散的官职。

韩世忠赋闲之后，口不言兵，每天跨驴携酒，泛游西湖，许多人都不知道他就是名震天下的韩元帅。

韩世忠的部将旧属路过杭州时，都来拜访老帅，韩世宗却拒而不见，平时更不和军中大将通报消息，以免被秦桧罗织成罪名。

秦桧害死岳飞后，对韩世忠也是恨之入骨，恨不得把他也如法炮制。然而，他没想到害死岳飞的民愤会如此之大，自己也感到很害怕，又见韩世忠口不言兵，又和军队断绝了往来，也不再出言阻挠自己与大金议和，既无威胁也无妨碍，便放过了他。

以韩世忠的忠义和抗金之功，秦桧万不会放过他，若和秦桧争斗，只会白白赔上自己的性命。这个时候只能低下头来，避开深为昏君信赖的奸臣秦桧，才能得以自保。

历史上，这样在屋檐下低头的能屈能伸者有很多。

隋朝的时候，隋炀帝十分残暴，各地农民起义风起云涌，隋朝的许多官员也纷纷倒戈，转向农民起义军。因此，隋炀帝的疑心很重。唐国公李渊多方树立恩德，声望很高，许多人都来归附。有一天，隋炀帝下诏让李渊到他的行宫去觐见，李渊因病未能前往，隋炀帝很不高兴，起了猜疑之心。当时，李渊的外甥女王氏是隋炀帝的妃子，隋炀帝向她问起李渊未来朝见的原因，王氏回答说是因为病了，隋炀帝又问道："会死吗？"

王氏把这个消息传给了李渊，李渊知道隋炀帝对自己起了疑心。于是，他故意广纳贿赂，败坏自己的名声，整天沉湎于声色犬马之中，而且大肆张扬。隋炀帝听到这些，果然放松了对他的警惕。

试想，如果当初李渊不主动低头，很可能就被正猜疑他的隋炀帝除掉了，哪里还会有后来的太原起兵和大唐帝国的建立！

历数古今中外得大成之人，无不是善处逆境的智者。他们能屈能伸、能俯能仰，从不把自己看得比别人更高贵。这恰恰显出了一种做人的风范。

放下身段，不言自高

如果你想把事做成，不妨以一种低姿态出现在对方面前，表现得谦虚、平和、朴实、憨厚，甚至愚笨、毕恭毕敬，使对方感到自己受尊重。

其实，以低姿态出现只是一种方式，是为了让对方从心理上感到一种满足。实际上，谦虚的人，反而是非常聪明的人。当你表现出大智若愚，使对方陶醉在自我感觉良好的气氛中时，你就已经受益匪浅。

你谦虚时，显得他高大；你朴实和气，他就愿与你相处，觉得你亲切、可靠；你恭敬顺从，他的指挥欲得到满足，觉得与你配合很默契，很合得来；你愚笨，他就愿意帮助你。

相反，你若以高姿态出现，处处高于对方，咄咄逼人，对方就会感到紧张，做事就没有把握了，而且容易产生一种逆反心理，使工作难以进行。

因此，为了把事办成，不妨常以低姿态出现在别人面前，使别人感到安全时，你自己也是安全的。

赫蒙是美国著名的矿冶工程师，毕业于美国的耶鲁大学，在德国的弗莱堡大学拿到了硕士学位。可是当赫蒙带齐所有文凭去找美国西部的大矿主赫斯特的时候，却遇到了麻烦。那位大矿主是个脾气古怪又很固执的人，他自己没有文凭，所以就不相信有文凭的人，更不喜欢文质彬彬又专爱讲理论的工程师。赫蒙前去应聘并递上文凭时，满以为老板会乐不可支，没想到赫斯特很不礼貌地对赫蒙说："我之所以不想用你，就是因为你曾经是德国弗莱堡大学的硕士，你的脑子里装满了一大堆没有用的理论，我可不需要什么文绉绉的工程师。"聪明的赫蒙听了不但没有生气，相反，他心平气和地回答："假如你答应不告诉我父亲的话，我要告诉你一个秘密。"赫斯特表示同意，于是赫蒙小声对赫斯特说："其实我在德国的弗莱堡并没有学到什么，那三年就好像是稀里糊涂地混过来一样。"赫斯特听了笑嘻嘻地说："好，那明天你就来上班吧。"就这样，赫蒙通过了面试。

美国著名的政治家帕金斯30岁那年就任芝加哥大学校长，有人怀疑他那么年轻不能胜任大学校长的职位，他知道后只说了一句："一个30岁的人所知道的是那么少，需要依赖他的助手兼代理校长的地方是那么的多。"这短短的一句话，使那些原来怀疑他的人一下子就放心了。

许多人往往喜欢表现出自己比别人强，或者努力地证明自己是有特殊才干的人，然而一个真正有能力的人是不会自吹自擂的，所谓"自谦则人必服，自夸则人必疑"，就是这个道理。保持低姿态，先让别人感到缺他不可，努力寻找并讲出对方的优点，就会让对方觉得有面子，感到光彩。这样一来，对方与你的关系便近了一步，最终，被人尊重的，还是你。

一个容器若装满了水，稍一晃动，水便会溢出来。一个人若心里装满了骄傲，便再也容纳不了新知识、新经验和别人的忠言了。古语常说"谦虚使人进步"，谦就是一种礼貌，一种礼节上的心态；虚就是一种空杯心态，把自己归零。

7月，是离别的时刻。一所名牌大学的学生们在毕业考试的最后一天，雄心勃勃地展望未来，他们的脸上充满了自信，这是他们参加毕业典礼和工作之前的最后一次测验了。

一些人在谈论他们现在已经找到的工作，另一些人则谈论他们将会得到的工作。带着经过4年的大学学习所获得的自信，他们感觉自己已经准备好了，并且能够征服整个世界。

他们认为，毕业考试只是一次很简单的测验，很快就会结束。因为教授说过，他们可以带自己想带的任何书或笔记，要求只有一个，就是他们不能在测验的时候交头接耳。

他们信心十足地走进教室。教授把试卷分发下去。当学生们注意到只有5道评论类型的问题时，脸上露出了自信的笑容。

3个小时过去了，教授开始收试卷。学生们看起来不再自信了，他们的脸上是一种恐惧的表情。教室里一片寂静，教授手里拿着试卷，面对着所有参加考试的毕业生。

他俯视着眼前那一张张焦急的面孔，然后问道："完成5道题目的有多少人？"

没有一只手举起来。

"完成4道题的有多少？"

仍然没有人举手。

"3道题？2道题？"

很多学生都把头埋得深深的，他们用静默回答了教授的提问。

"那1道题呢？当然有人会完成1道题。"

但是整个教室仍然很沉默，在这种沉默无声的气氛中，飘浮着一种深深的沮丧和挫折感。教授放下试卷。"这正是我期望得到的结果。"他说。

"我只想给你们留下一个深刻的印象，即使你们已经完成了4年的学习，关于这项科目仍然有很多东西你们还不知道。这些你们不能回答的问题是与每天的普通生活实践相联系的。"然后，他微笑着补充道，"你们都会通过这个课程，但是记住——即使你们现在已是大学毕业生，你们的教育仍然还只是刚刚开始。"

一个已经装满了水的杯子难以再装别的东西了，人心也是如此。

人生就是汲取各种养分、滋养生命的过程。如果我们带太多的自满上路，就像那个装满水的杯子，再也容不得半点水进入，这将是人生最大的悲哀。在人生的旅途中，每一个即将上路或已在路上的人都一定要牢记，不论什么时候，都要学会谦虚。学无止境，心有空余，才能装物。

危行言逊，不落祸患

做人危行言逊，方不落祸患。历史上以此道著称者其实不少。比如，有一副对联："诸葛一生唯谨慎，吕端大事不糊涂"，说的是诸葛亮一生的功迹在于谨慎；宋代宰相吕端，小事马虎大事却从不糊涂，是个非常精明的人。

孔子曾说，社会、国家上了轨道，通常要正言正行；遇到国家社会乱的时候，人们自己的行为要端正，说话要谦虚。儒家强调为人处世要危行言逊，也就是行为举止要谨慎，如履薄冰一般。虽然我们也说谨小慎微，但也要注意将谨慎与小气区别开来。人谨慎可以，绝对不能器量窄小。

　　郭子仪被唐德宗称之为尚父，尚父这个称谓，只有周朝武王称过姜太公，在古代是一个十分尊崇的称呼。由唐玄宗开始，儿子唐肃宗，孙子唐代宗，乃至曾孙唐德宗，四朝都由郭子仪保驾。

　　郭子仪爵封汾阳王，王府建在首都长安的亲仁里。汾阳王府自落成后，每天都是府门大开，任凭人们自由进进出出，而郭子仪不允许其府中的人对此进行干涉。有一天，郭子仪帐下的一名军官要调到外地任职，来王府辞行。他知道郭子仪府中百无禁忌，就一直走进了内宅。恰巧，他看见郭子仪的夫人和爱女正在梳妆打扮，而郭子仪正在一边侍奉她们，她们一会儿要王爷递毛巾，一会儿要他去端水，使唤王爷就好像奴仆一样。这位将官当时不敢讥笑郭子仪，回家后，他禁不住讲给他的家人听，于是一传十，十传百，没几天，整个京城的人都把这件事当成笑话来谈论。郭子仪听了倒没有什么，他的几个儿子听了却觉得大丢王爷的面子，他们决定对父亲提出建议。

　　他们相约一齐来找父亲，要他下令，像其他王府一样，关起大门，不让闲杂人等出入。郭子仪听了哈哈一笑，几个儿子哭着跪下来求他，一个儿子说："父王您功业显赫，普天下的人都尊敬您，可是您自己却不尊重自己，不管什么人，

您都让他们随意进入内宅。孩儿们认为，即使商朝有贤相伊尹、汉朝的大臣霍光也无法做到您这样。"

郭子仪听了这些话，收敛了笑容，语重心长地说："我敞开府门，任人进出，不是为了追求浮名虚誉，而为了自保，为了保全我们全家的性命。"

儿子们感到十分惊讶，忙问其中的道理。郭子仪叹了一口气，说道："你们光看到郭家显赫的声势，而没有看到这声势有丧失的危险。我爵封汾阳王，往前走，再没有更大的富贵可求了。月盈而蚀，盛极而衰，这是必然的道理。所以，人们常说要急流勇退。可是眼下朝廷尚要用我，怎肯让我归隐，再说，即使归隐，也找不到一块能容纳我郭府一千余口人的隐居地呀。可以说，我现在是进不得也退不了。在这种情况下，如果我们紧闭大门，不与外面来往，只要有一个人与我郭家结下仇怨，诬陷我们对朝廷怀有二心，我们郭家的九族老小都要死无葬身之地了。"

郭子仪之所以让府门敞开，是因为他深知光明正大可以为自己澄清许多事情。他的政治眼光和德行修养，经过复杂的政治斗争修炼而来。最后郭子仪享年八十五岁，子孙皆为显贵。

历史上的功臣，能够做到成功名就的不少，但是能做到像郭子仪这样的，功盖天下而君主不怀疑，位极人臣而不令其他人嫉妒，却又着实不多。谨慎坦荡，这是儒家交给我们的处世做事之大智慧。郭子仪便是深谙此道。所以回过头再看郭子仪的为人处世，他的确深谙孔子所说的"危行言逊"之法。

这些儒家的处世做事哲学给予我们这样的启发：我们要懂得尽量谨言慎行，这样才能较易安然处世。

得意之时不可忘形

做人要学会宠辱不惊，失败时须努力，得意时不要忘形，无论怎样的上升和降落，都应泰然处之，以淡定的态度，笑对人生。

人毕竟是人，是人都有人性，在运气好时，难免会自鸣得意。但一个懂得做人的人知道，当自己的人生处于得意之时，千万不能忘形，这样才不会伤人，也不会被伤。得意到了狂妄的地步，整个人飘在半空中，就很容易摔下来，而且会摔得很惨。乐极生悲的例子总是屡见不鲜，因此，在得意之时，记得提醒自己保持头脑清醒。

　　李想调到新单位的那段日子里，一个朋友也没有，他也搞不清是什么原因。原来，他认为自己正春风得意，对自己的机遇和才能满意得不得了，几乎每天都使劲向同事们炫耀他在工作中的成绩。他得意忘形的样子让所有人看了生厌，一听见他的吹嘘就唯恐避之不及。

　　后来，还是他当了多年领导的老父亲一语点破，他才意识到自己的症结到底在哪里。他很惭愧。从此，他开始有意地自我收敛，与同事打交道时谦虚低调，常向前辈请教，努力做好自己的本职工作，很快，他就成为单位里最受欢迎的人，上级也对他器重有加。

　　从李想的亲身经历中，我们可得到一个宝贵的经验：得意时不要高兴得太早。

　　在得意之时，请压抑自己过度张扬的欲望，多一点谦虚，少一些自我炫耀。把过去的辉煌当作一种人生经历，你不可能从那上面得到更多了，所以暂且放下它，去迎接你的下一次辉煌。

　　得意忘形是一种危险的人生态度。一个人如果自以为已经有了许多成就而止步不前，那么他的失败就在眼前了。许多人一开始奋斗得十分努力，但前途稍露光明后，便自鸣得意起来，于是失败接踵而来。

　　你最近运气特别好，会自鸣得意吗？如果是，那你就要好好学一番涵养的功夫，把你那因升迁而引起的过度兴奋压下去才好。你所拟的一生计划，当然是非常伟大的，但在你没有达到这个伟大目标之前，中途的一些升迁，真可说是再平常不过的小事。也许在你实行一个计划时，一着手就大受他人夸奖，但你必须对他们的夸奖一笑置之，仍旧埋头去干，直到心中的大目标完成为止。那时人家对你的惊叹，将远非起初的夸奖所能及。

　　一个人的伟大与否，也许可以从他对于自己的成就所持的态度上看出来。堆积你的成就，作为你更上一层楼的阶梯吧。

不会做小事的人，也做不出大事来

很多人都梦想着有一天能做成别人做不成的大事，梦想着自己有所作为，有一番大成就，但是他们瞧不上平日里的小事情，认为做大事的人怎么能被这些芝麻大的事情所困扰呢，其实这种想法是大错特错的。"千里之行，始于足下""一屋不扫又何以扫天下"，不会做小事的人，是永远也做不出大事来的。只有注重细节的人，才会有掌握全局的能力。

人，只要能够一心一意地做事，世间就没有做不好的事。很多时候，小事不一定就真的小，大事不一定就真的大，关键在于做事者的认知能力。那些一心想做大事的人，常常对小事嗤之以鼻，不屑一顾。其实连小事都做不好的人，大事是很难成功的。那些真正伟大的人物从来都不轻视日常生活中的各种小事，即使常人认为很微小的事情，他们也都满腔热情地去对待。

"勿以善小而不为，勿以恶小而为之。"细微之处见精神。拥有做小事的精神，才能产生做大事的气魄。不要小看做小事，不要讨厌做小事。每个人都应从小事做起，因为用小事堆砌起来的事业大厦才是坚固、牢靠的。

有一个求职者去一家公司应聘，那个公司招聘一名营销经理，年薪 8 万。这名求职者一路闯关，从 99 位应聘者中脱颖而出，获得了总裁的召见。

这名求职者走进总裁办公室。总裁不在，只有一位年轻漂亮的女秘书，她微笑着对这名求职者说："先生，您好。总裁不在，总裁让您给他打个电话。"这名求职者就掏出了手机，拨了一串号码。但就在这时，求职者看见办公桌上有两部电话，就问那小姐："我可以用用吗？""可以。"女秘书依然微笑着。

于是求职者拿起了电话，终于跟总裁联系上了。总裁在那端兴奋地说："我看了你的简历，打听了你的答辩情况，你的确很优秀，欢迎你加盟本公司。"求职者听了总裁的话，高兴得心花怒放，他的第一个反应就是要将这个好消息与女友分享。而半个月前，女友出差去了国外。求职者刚拨了手机，却又迟疑了：这可是国际长途啊！这时，他又看了看那两部电话，忽然想到："我都快是公司的人了，他们是大公司，不会在乎一点儿电话费吧？"于是便拿起电话向他的女友讲述他被录取的好消息。恰在这时，另一部电话响起。

"先生，您的电话。"女秘书向求职者诡秘地一笑。

"对不起，刚才我的话作废。通过我的观察，你没能闯过最后一关，实在抱歉……"总裁在电话里温和地对求职者说。

"为什么？"求职者非常不解地问。

女秘书惋惜地摇摇头，对他说道："许多人和您一样，忽略了一个微小的细节。在没有成为公司正式员工之前，你明明身上有手机，为什么不用手机呢？"

因为一个小小的细节使得这名求职者最终与成功失之交臂，没有被公司录取。可见细节对成败的作用是多么的巨大。

懂得做小事的人才是聪明的人，这些人往往会取得更好的成就，小事做多了也就成了大事了。

1984 年在东京国际马拉松邀请赛中，名不见经传的青年选手出人意料地夺得了世界冠军。当记者问他凭什么取得如此惊人的成绩时，他只说了一句话："凭智慧战胜对手。"

大多数人都认为这个选手是在故弄玄虚。马拉松比赛是比拼体力和耐力的运动，只要身体素质好且耐性好就有机会夺冠，而说用智慧取胜确实有点勉强。

两年后，意大利国际马拉松邀请赛在意大利北部城市米兰举行，这位青年代

表本国参加比赛。这一次，他又获得了世界冠军，记者又请他谈谈经验。

青年不善言辞，回答的仍是上次那句话："用智慧战胜对手。"这回记者没有在报纸上没挖苦他，但对他所谓的智慧仍旧感到不解。

10年后，这个谜终于被解开了。青年在自传中是这么说的："每次比赛之前，我都要乘车把比赛的线路仔细地看一遍，并把沿途比较醒目的标志画下来，例如第一个标志是银行，第二个标志是一棵大树，第三个标志是一座红房子，这样一直画到赛程的终点。然后比赛开始后，我就以百米冲刺的速度奋力地向第一个目标冲去，等到达第一个目标后，我又以同样的速度向第二个目标冲去。40多千米的赛程，就被我细化成许多个小目标轻松地跑完了。起初，我并不懂这样的道理，我把目标定在40多千米外终点前天线上的那面旗帜上，结果我跑到10多千米时就疲惫不堪了，然后我就被前面那段遥远的距离吓倒了。"

青年是聪明的，他把一件事分成很多的小目标，然后再去努力地把这些细化的小目标一一做完，最终做成了大事。假如他仍旧像最初一样把目标定在终点，那么他可能就不会有如此巨大的成就了。

不会做小事的人，也做不出大事来。只有那些注重细节，认真做每一件小事的人才会做成大事。瞧不起做小事的人并且不屑做小事的人最终也不会有大的成就。

第七章

生活处境：得意失意莫大意，顺境逆境无止境
——花开花落，顺逆有常

心安茅屋稳

"心安茅屋稳"意思是：心平气和，即使住的是茅草屋，心里也会觉得踏实安稳。心不安，心里永远不会有"稳"的感觉；一个人心中的欲望太强，就无法懂得什么是生活。只有真正安静下来用心去体悟，才会参透世间人生的奥妙，内心淡泊而无杂念，才会安心于简单宁静的生活。一个心安性定的人，才能有如鱼得水般的人生，这也是一种"道"。

心安茅屋稳的法则：心态上要淡泊、明志、清幽、致远。

东晋大诗人陶渊明辞官归田园，过着"躬耕自资"的生活。其夫人翟氏，与他志同道合，"夫耕于前，妻锄于后"，一起下田地劳动，勤俭持家，他与当时的老农日益接近，生活息息相关。"方宅十余亩，草屋八九间，榆柳荫后檐，桃李罗堂前。"陶渊明酷爱菊，宅子四周的篱笆下，都种上了菊花。"采菊东篱下，悠然见南山"（《饮酒》）至今脍炙人口。他本性嗜酒，饮必醉。朋友来访，无论贫富贵贱，只要家中有酒，必与之同饮。他每次必先醉，便对客人说："我醉欲眠，卿可去。"这是一种怎样的境界？淡泊、明志、清幽、致远。这一切陶渊明都达到了。

一个拥有淡泊、明志心态的人，能够始终保持自己独有的作风，宠辱不惊，就能"心安茅屋稳"，风雨不动，在浮躁的环境中，自己还能继续保持一颗恬淡安定的心，只要心性定，波澜不惊，就能安心学习、工作和生活。

《菜根谭》上讲："身不宜忙，而忙于闲暇之时，亦可警惕惰气；心不可放，而放于收摄之后，亦可鼓畅天机。"这是讲在日常忙碌的生活中，如何偷得浮生半日闲。与其为名利而劳神费力，不如抛却杂念，静下心来，做一些自己喜欢的

事情；与其为了名声殚精竭虑、心力交瘁，不如放弃身外之物，安贫乐道，"走自己的路，让别人说去吧"。人生要想幸福，稳稳当当走到百年，就应该追求内心的安定与自由。即使再忙也要带着一份淡泊的心态，不可把心沉没于追名逐利之中。

居里夫人不畏艰险发现了镭，对于是否把镭申请为专利时，又面临一个艰难的选择。如果申请了专利，那么肯定会得到一笔可观的收益，这无疑对现在贫寒的家境有很大的改善。

居里夫人说："如果我们申请专利，那我们会获得亿万资产，那无疑会改变我们现在宁静的生活。难道现在的生活不是我们所要的吗？上帝已经赋予我们很多，我们不需要更多。更多的金钱不仅不会给我们所需要的任何财富，反而会打破我们简单而饱满的生活。"

伟大的科学家阿尔伯特·爱因斯坦评价说："在我认识的所有著名人物里面，居里夫人是唯一不为盛名所颠倒的人。"当一个人的内心足够高贵淡泊时，外界的一切世俗事物，都是微不足道的。

淡泊宁静的人，往往是最清醒的，对人生的思考也是最深刻的。圣严法师说："要有时时静悟的简静心态，反省自己的不足，感受生活赐予的美妙。这样，时时鞭策自己，才会对生活充满了敬重。"让我们淡泊宁静，抛弃浮躁，活在自由简约中，体味生活的从容，实现人生的价值。

塞翁失马，焉知非福

《庄子》把"塞翁失马，焉知非福"的人生哲理讲得十分透彻。庄子引用古代人的迷信来说明一般人认为不吉利的东西，但"神人"却认为这种"不吉利"反而有益无害。比如说，一匹头上有白毛的马没人敢骑，反而因此免去了一辈子的奴役；一头鼻子高高翘起的猪不会被杀掉做祭祀，才会好好地活到老。所以，世人认为不吉利的，在上天看来却是大吉大利。任何事情都有它的两面性，关键是看你如何从不利的一面当中看到有利的那一面。

从前有一个国王，除了打猎以外，最喜欢与宰相微服私访。宰相除了处理国务以外，就是陪着国王下乡巡视，他最常挂在嘴边的一句话就是"一切都是最好的安排"。

有一次，国王兴高采烈地去草原打猎，射伤了一只花豹。国王一时失去戒心，居然在随从尚未赶到时，就下马检视花豹。谁想到，花豹突然跳起来，将国王的小手指咬掉小半截。

回宫以后，国王越想越不痛快，就找宰相来饮酒解愁。宰相知道了这事后，一边举酒敬国王，一边微笑着说："大王啊！少了一小块肉总比少了一条命来得好吧！想开一点，一切都是最好的安排！"

国王听了很是生气："你真是大胆！你真的认为一切都是最好的安排吗？"

"是的，大王，一切都是最好的安排。"

国王说："如果我把你关进监狱，难道这也是最好的安排？"

宰相微笑说："如果是这样，我也深信这是最好的安排。"

国王大手一挥，两名侍卫就架着宰相走出去了。

过了一个月，国王养好了伤，又找了一个近臣出游。谁知路上碰到一群野蛮人，他们把国王抓住用来祭神。就在最后的关键时刻，大祭司发现国王的左手小指头少了小半截，便忍痛下令说："把这个废物赶走，另外再找一个！"因为祭神要用"完美"的祭品，大祭司就把陪伴国王一起出游的近臣抓来代替。脱困的国王大喜若狂，飞奔回宫，立刻叫人将宰相释放了，并在御花园设宴，为自己保住一命，也为宰相重获自由而庆祝。

国王向宰相敬酒说："宰相，你说的真是一点儿也不错，如果不是被花豹咬了一口，今天连命都没了。可我不明白，你被关进监狱一个月，难道也是最好的安排吗？"

宰相慢慢地说："大王您想想看，如果我不是在监狱里，那么陪伴您微服私巡的人，不是我还会有谁呢？等到蛮人发现国王不适合拿来祭祀时，谁会被丢进

大锅中烹煮呢？所以，我要为大王将我关进监狱而向您敬酒，您也救了我一命啊！"

宰相是一个明智的人，他能从事物的不利中看到有利的一面，并始终认为一切都是最好的安排，这无疑是一种积极的人生态度。

正是因为有些人不能正确地看待自己处境的利与不利，没有正确认清自己的价值，没有从容地活在这个世界上，才会自找麻烦。人生中难免遭遇一些利害得失，学会辩证地看待事物的两面性，就会少一些挫折感，你的人生才能轻松愉快。

上天总是公平的，在这里多给你一些，就会在其他方面拿走一些，所以得失不要看得太重，像塞翁一样做个生活的哲学家，便会减去不少烦恼。

冬长三月，早晚打春

我们都希望生活中发生各种各样的"好事"，而不是诸如生病、事业失败等"坏事"。然而古人告诉我们："物极必反。"人生总是一波三折，谁也无法永远一帆风顺，也无法一辈子坏运连连。当我们无法阻止这种变化时，不妨顺应变化，好事发生时，不要骄傲得意，而要趁机将人生提升到一个更高的高度；如若坏事临门，也不要沮丧绝望，不妨休养生息，为下次的机会做足准备。要知道，世间事无绝对，"冬长三月，早晚打春"，当你处于人生的困顿期，颓丧绝望时，不妨说服自己多撑一天，一个月，甚至一年吧，你会惊讶地发现，当你拒绝退场时，生命将给予你怎么的

惊喜。

法布尔19岁时从师范学院毕业，做了一名小学老师。他通过自修，一步步由初中老师、高中老师，最后升到大学讲师。这期间，法布尔一边教书，一边学习化学知识。他有一个想法，就是把用作染料的茜草色素的主要成分——茜素纯化提炼出来。

经过努力，实验成果很显著，他和印染厂的工人们都盼望着他的研究能够正式投产。可研究成功后，他却得知了另一个消息：人工茜素已经合制成功，这预示着法布尔的天然茜素纯化技术没有任何价值。

多年研究与实验的辛苦，瞬间就付之东流了，对法布尔而言，这是一个不小的打击。一段时间过后，法布尔从失落的情绪中恢复了过来，决定换一个研究方向，开始着手进行科普知识的推广。在87岁高龄时，他完成了自己的代表作《昆虫记》的最后一卷。

法布尔一生坚持自学，先后取得了物理学士学位、数学学士学位、自然科学学士学位及博士学位。《昆虫记》的成功给他带来了"昆虫界的荷马"以及"科学界的诗人"美名，他本人也因为此书而获得了社会的广泛认可。

谁也不会天生"衰命"，只因我们未认识到这种无常而心生妄念，从而把生活和工作弄成一团乱麻。要知道，挫折与苦难是生命必然的悲痛，然而，落叶飘过腐烂之后，春天的新绿才能丝丝抽出，而春蚕吐丝作茧的终极是新生命的诞生！我们生活在这起起落落、斑斓又黯淡的世界中，如一棵绿芽、一朵花的开放，一只大雁南飞，是自然的生生不息。而春的温暖、夏的炙热、秋的萧瑟和冬的肃杀，都让我们轮流体验着，以此启发我们不同于任何生物的智慧。正如林清玄所说的："生命中虽有许多苦难，我们也要学会好好活在眼前，止息热恼的心，不做无谓的心灵投射。"

古希腊哲人苏格拉底说："许多赛跑者的失败，都是失败在最后几步。跑'应跑的路'已经不容易，'跑到尽头'当然更困难。"一个人的成功往往来自自己内心的一份坚持，这一点点坚持使他们成为真正的赢家！

鲁冠球起家于一个只有 3000 块钱无牌照的小型米面加工厂，现在却是一家资产过百亿的跨国集团老总。他 15 岁辍学，20 岁开始第一次艰苦创业。鲁冠球从亲戚那里东拼西凑借来 3000 块钱，创办了只有一台磨面机、米机，没敢挂牌子的小型米面加工厂。因为时代的原因，私营活动在当时被严令禁止，干出一番事业并不容易。第一次创业差点让鲁冠球倾家荡产，也让他背负上祖父和父亲的沉重压力，但他总不甘心，于是就有了第二次的创业经历和艰苦的原始积累。

第一次创业后没多久，鲁冠球又发现了在当时铁锹、镰刀没处买，自行车没处修的日子里，鲁冠球又勒紧裤腰带借了 4000 块钱，和 5 个人合伙开了一个铁匠铺。没有原料，就大街小巷的收废钢废铁，回去后就打铁锹和镰刀，生意越来越红火。公社领导不久就发现了鲁冠球的才能，就让他接管宁围公社农机汽配厂：一个 84 平方米的烂厂房。他没有丝毫犹豫就答应了下来，变卖了自己所有的家产投入厂子中。最开始，厂子的产品没有销路，鲁冠球就带领几十名骨干，兵分多路四处打听销售渠道。

终于，他们得知在这一年，山东胶南会举办一次全国性的汽车零部件订货会。这个消息让所有人乐得炸开了锅，鲁冠球用最快的速度租了两辆车，拉着产品和销售科科长等人直奔胶南而去。最开始的 3 天无人问津，就在大家坚持不下去的时候，鲁冠球果断地说："调价！降 20%，我看看有没有人来买！"果然，这招吸引了 210 万元订单，农机厂的销路自此打开，工厂也度过了最初的难关。

最初的艰苦磨砺不但使鲁冠球更具经商智慧，也使其具备了优良的品质。他曾经因为收到一位消费者的投诉，收回了 3 万余件产品，全部销毁，损失达 40 余万元。他并不心痛，只有防微杜渐，企业才能走得更远。

相比同时期的其他人，鲁冠球获得了一个"商界不倒翁"的名号，因为他的稳，他的持久和反思，更因为他能耐得住"坏运"时期的"熬"。

人生就像四季，有着寒暑之分，也会有冷暖交替的变化。情场失意、工作不得志、与家人无法沟通、在同事中不被认同、亲人病危……当我们面临人生的冬季时，不可避免地会陷入情绪的低潮，并经常在低潮与清醒中来回摇摆。当我们处于人生的冬季时，正是好好反省、重新认识自己的时候，因为在所谓清醒的时刻，往往并非真正的清醒。不管是刻意压抑或在潜意识中，都会在有意或无心的时候，否定内心的种种孤寂、空虚的感受，也压抑了由恐惧所引起的各种负面情绪。当然，一般人也想解决这样的问题，有人尝试各种各样的方法，只是到了最后，还提醒自己："书上写的、朋友说的我都懂，不过，懂是一回事，能不能做到又是另外一回事！"就这样，不是畏惧改变，就是不耐心等待，而错失了反省自己的机会。

生命会衰老，心路无尽头。在人生的旅途上，有寒雾笼罩的抑郁窘迫，也会有丽日蓝天的欢欣舒畅，有风雪交加的漫漫长夜，也会有月朗星稀的锦绣黎明。心路上有喜悦也有哭泣，有鲜花也有荆棘，有坦荡也有坎坷，有春天也有冬季。这就是生命原本的模样。而我们所要做的，便是由缰的思绪之马，慢慢的，走出冬季，向阳光明媚的春天走去。

不经冬寒，不知春暖

挫折是每个人会遇到的，有的人面对挫折是打退堂鼓，不能勇敢地面对，而是选择避而远之。殊不知只有经历了这些磨难才会到达幸福的彼岸。失败是成功之母，面对困难，去勇敢地解决，去毅然决然地前行，只有这样才会成功。只有经历了风雨，才会看到彩虹，不经历冬寒，不知春暖。就像歌词里说的那样："把握生命里的每一分钟，全力以赴我们心中的梦，不经历风雨，怎么见彩虹，没有人能随随便便成功。"

每一个成功都包含着无数的挫折与无奈，每一条通向成功的路上都洒满了数不清的辛酸和痛苦，每一条通向成功的路上都饱含着成功者的泪水和汗水。

"天下没有免费的午餐"，生活中也没有所谓的一帆风顺。要想学会走路，就要先学会摔跤，跌倒后再爬起来，再跌倒再爬起来。只有明白了跌倒的疼痛，才能成功地站起来，大踏步地前进。

海滩上，有一大一小两只蚌相遇了。小蚌见大蚌非常的沮丧，一副痛苦不堪的样子，便关心地问道："伙计，你有什么不愉快的事吗？"

大蚌答道："唉，别提了，前几天，我一不小心，让一颗沙砾跑进了我的身体里，粗糙的沙砾不断摩擦着我的身体，那种难言的痛苦，简直让我生不如死啊。"

"天哪，你也太不小心了，瞧瞧，你现在正承受多么巨大的痛苦啊。我一定要加倍小心，绝不让任何异物进入我坚硬外壳的防线内。"

这时一只海龟听见了它们的对话。"朋友们，你们知道如果沙粒跑进了你们的身体里会产生什么吗？"海龟向两只海蚌打招呼。

"除了令人难以忍受的痛苦，还会有什么呢"，小蚌说道。

"是呀，除了撕心裂肺的疼痛，还能有什么呢？"另一个海蚌冷冷地白了一眼海龟。

"哦，朋友，我非常理解你的心情，此刻你感到非常痛苦，但你也许不知道，此时此刻，你的身体里会自动分泌出'珠母质'，它们会一层一层地将粗糙的沙砾包裹起来，而若干年后将形成大海中最动人、最璀璨的珍珠。"

经过了痛苦的折磨，珍珠才会产生，珍珠之所以美丽不仅是因为它光彩夺目，而是因为它经过磨难，珍珠最有价值的地方也在于此。一颗精美的珍珠，必然经受过蚌的肉体无数次蠕动以及无数风浪的打磨，才能灼灼生辉。

辽阔苍穹中自由翱翔的老鹰，是经历了无数次跌下山崖的痛苦，才锤炼出一双凌空的翅膀。挫折是人生的一笔财富，是促使成功的一剂良药，不经历磨难的人

生，怎么可能会散发出夺目的光彩呢？冬寒过后才能感受到春日的和煦，而风雨之后才能看见彩虹。

2005年感动中国的洪战辉说："承受越多的苦难，你就会成长得越快，经历越大的撞击，你就会变得越发坚忍。"人生需要正面迎接风雨，并呼喊让暴风雨来得更猛烈一些，因为风雨过后才会有彩虹，没有人可以避免失败，失败是通往成功路上必不可少的经历。想要做成一件事，必须先学会正确对待失败的打击，并且要把失败当作成功的垫脚石。

有一个人遭受了挫折，便整天都闷在房间里。几个朋友劝他出去爬爬山散散心。于是这个人就跟着朋友去爬山。当他们开始爬山的时候还是阳光灿烂，可是爬到半山腰时却乌云密布，下起了倾盆大雨。这个人一看到下大雨了，就失去了爬山的兴趣，并想马上下山。朋友们说："既然来了，就坚持到底吧，再说衣服也淋湿了。"于是他很不情愿地跟着朋友们继续爬山。快到山顶的时候，雨不知不觉地停了。他们站在山顶上看四周，虽然山腰被乌云所笼罩，但是峰巅的景色特别美丽，这是平时看不到的。

其中的一个朋友说道："我们已经站在有雨的云层之上，所以能够见到阳光。如果我们刚才犹豫了不继续往上爬，就欣赏不到此番美景。"

这个人听了朋友的一番话，顿时豁然开朗，并由此感悟人生，走出了烦恼和痛苦的苦海。

许多人一陷入苦难，就非常悲观失望，心生抱怨，并给自己施加特别重的压力，其实抱怨是另一种苦难的开始。如果在苦难之中放松自己，就可以得到另一种东西，因为彩虹总是出现在风雨后，不经历苦难，就看不到美丽的风景。

一天，一个人碰巧看到一只飞蛾正在破茧，出于好奇，他便一直耐心地观察。这只飞蛾十分艰难地将躯体从那道小口子中一点点地挣扎出来，一个小时过去了，两个小时过去了，三个小时过去了……飞蛾已经精疲力竭。但是无论飞蛾怎么奋力挣扎也无法摆脱茧的束缚，这个人觉得它肯定出不来了。

于是，他决定帮助一下这只可怜的飞蛾。他拿来一把剪刀，小心翼翼地将茧破开一道非常大的裂口，这个裂口足以让飞蛾轻易地钻出来。结果，那只飞蛾很容易地从茧里爬了出来。但是，它的身体是十分臃肿的，翅膀也瑟瑟地紧贴着身体。

这个人等着飞蛾飞起来，却只见它跌跌撞撞地往前爬，怎么也不能打开翅膀。又过了一会儿，它就死了。这个人怎么也不明白，这是为什么？

原来，飞蛾在由蛹变茧时，翅膀萎缩，十分柔软，破茧而出时，必须要经过一番痛苦的挣扎，使身体上的体液流到翅膀上，翅膀才会变得坚韧有力，只有这样，出来以后才会飞翔。

这只飞蛾因为没有受到那一番痛苦的折磨而最终死去，没有得到破茧化蝶的壮丽。

总之，要想感受春天的温暖，就要先体会冬天的寒冷，要想成功就一定要品尝失败的滋味。只有经历了无数次的磨难才会是真的人生。

弓硬弦常断，人强祸必随

刚进入社会、开始工作的我们年轻气盛，雄心勃勃，好大喜功。在工作中，稍微取得一点儿功绩就雄心万丈、得意扬扬，甚至在别人面前耀武扬威。岂不知炫耀的背后往往是"满招损"，骄傲通常都是招致灾难的祸根。

年羹尧建功沙场，以武功著称。1700年考中进士后入朝做官，"更无舟楫碍，从此百川通"，进入官场的年羹尧仕途平坦，升迁很快，在1709年坐上了四川巡抚的位子。不到10年的时间，年羹尧成为封疆大吏，此时的年羹尧深得康熙赏识。康熙希望他"始终固守，做一好官"，对他寄予厚望。

年羹尧也不负康熙厚爱，在击败准噶尔部首领策妄阿拉布坦入侵西藏的战争中，立下汗马功劳。1718年，年羹尧被授为四川总督，兼管巡抚事，统领军政和民事。1721年，年羹尧进京觐见。康熙御赐弓矢，并擢升年羹尧为川陕总督，成为西陲边境的重要大臣。当年九月，青海郭罗克地方叛乱，在正面进攻的同时，年羹尧又利用当地部落土司之间的矛盾，辅之以"以番攻番"之策，迅速平定了这场叛乱。叛乱平定后，抚远大将军被召回京，年羹尧受命与管理抚远大将军印务的延信共同执掌军务。

雍正即位之后，年羹尧更是备受倚重。在有关重要官员的任免和人事安排上，雍正每每要询问年羹尧的意见，并给予他很大的权力。在年羹尧管辖的区域内，大小文武官员一律听从年羹尧的意见来任用。由于两人私交也很好，雍正对年羹尧的宠信到了无以复加的地步，年羹尧所受的恩遇之隆，也是古来人臣罕能相匹敌的。1724年10月，年羹尧入京觐见，获赐双眼孔雀翎、四团龙补服、黄带、紫辔及金币等非常之物。年羹尧本人及其父年遐龄和一子年斌均已封爵位，11月，又以平定卓子山叛乱之功，赏加一等男世职，由年羹尧次子年富承袭。

在生活上，雍正对年羹尧及其家人也是关怀备至。年羹尧的手腕、臂膀有疾及妻子得病，雍正都再三垂询，赐送药品。对年羹尧父亲年遐龄在京的情况，年羹尧之妹年贵妃以及她所生的皇子福惠的身体状况，雍正也时常以手谕告知。至于奇宝珍玩、珍馐美味的赏赐更是时时而至。一次赐给年羹尧荔枝，为保证鲜美，雍正令驿站6天内从京师送到西安，这种赏赐甚至可与"一骑红尘妃子笑"相媲美了。

但是，随着权力的日益扩大，年羹尧以功臣自居，变得目中无人。一次他回京时，京城的王公大臣都到郊外去迎接他，然而他对这些人正眼都没看一下，显得非常傲慢无礼。甚至对雍正有时也不恭敬，一次在军中接到雍正的诏令，按理应摆上香案跪下接令，但他随便一接了事，这令雍正很气愤。他一出门，威风凛凛不算，就连他家的教书先生回江苏老家一趟，江苏一省长官都要到郊外迎接。此外，他还大肆接受贿赂，随便任用官员。雍正渐渐对他忍无可忍。

1726年初，年羹尧给雍正进贺词时，竟把话写错，赞扬的语言成了诅咒的话。雍正以此为借口，抓了年羹尧，此后又罗列了多条罪状，将他彻底打倒。最后，年羹尧在雍正的谕令下被迫自杀。年羹尧父兄族中任官者俱革职，嫡亲子孙发遣边地充军，家产抄没入官。叱咤一时的年大将军最后以身败名裂、家破人亡告终。

稍微取得了一点儿成就便作威作福，目中无人，天上地下唯我独尊，最后遭受失败也是情理之中。

年羹尧倚仗功勋，无视朝纲，最终人强祸随，招来杀身之祸。诸如此类的例子，不胜枚举，最为人们熟知且扼腕的当属历史上蜀国的关羽。三国时期，关羽也是因为妄自尊大才招致灾祸的。

自刘备攻取益州以来，关羽一直坐镇荆州。荆州包括南阳、南郡、江夏、武陵、长沙、桂阳、零陵7个郡，是曹操、刘备、孙权三方必争的战略要地。赤壁之战后，曹操还占据着南阳郡和南郡的北部，孙权占据着江夏郡和南郡的南部，其余四郡被刘备所"借"。孙权曾多次派人接手长沙、零陵、桂阳三郡，都被予以拒绝。孙权一怒，马上派吕蒙率领两万兵马用武力接收了这3个郡。吕蒙夺得了长沙、桂阳两郡后，刘备急忙亲率五万大军下公安，派关羽带领三万兵马到益阳去夺回那两个郡。孙权也亲自到陆口，派鲁肃领一万兵马扎在益阳，与关羽相拒。东吴的军队和关羽的军队都在益阳扎营下寨，彼此对峙。此时，曹操攻下了汉中，刘备为联合孙权共同抵抗曹操，决定与孙权平分荆州。为了与关羽重修旧好，孙权想与关羽联姻，不想竟被目中无人的关羽以"虎女岂肯嫁犬子"拒绝。这种侮辱性的语言攻击让孙权很生气。

为了实现诸葛亮和刘备在《隆中对》中所筹划的跨据荆、益二州，待时机成熟荆州军队直下宛（今河南南阳）、洛（今陕西南部），完成统一大业的计策，关羽一直虎视襄、樊。建安二十四年（公元 219 年），镇守荆州的关羽，抓住战机，亲自率领主力北攻荆襄。当时魏国征南将军曹仁驻守樊城，将军吕常驻襄阳。曹操从汉中撤军到长安后，派遣平寇将军徐晃率军支援曹仁，屯于宛城（今河南南阳）。樊城之战开始后，曹操又派左将军于禁、立义将军庞德前往助守，屯驻于樊城以北。

此战中，关羽利用地势，水淹七军，活捉于禁。此时，魏国荆州刺史胡修、南乡（治南乡，今河南淅川东南）太守傅方，均降于关羽，陆浑（今河南嵩县东北）人孙狼等，亦杀官起兵，响应关羽，关羽声势一时"威震华夏"，以致曹操想迁都以避其锋芒。

此时的孙权受关羽如此傲慢对待，早有攻取荆州之意。曹操派使者与孙权结成联盟，并答应许给孙权荆州之地。吕蒙推荐陆逊代替自己，当时的陆逊年少多才却无名望，正任定威校尉。陆逊到任后，派使者给关羽送去了礼物和一封信，信上恭维关羽水淹七军，功过晋文公的城濮之战和韩信的背水破赵，还撺掇关羽继续发挥神威，夺取彻底的胜利。关羽觉得陆逊是个无名晚辈，对自己又如此恭敬、诚恳，根本没把他放在眼里，就大胆放心，把荆州大部分军队陆续调到了樊城。

围攻樊城的战争开始后，腹背受敌的关羽败走麦城，为吕蒙所擒，一代英雄就此陨灭。"关羽万人之敌，为世虎臣。羽报效曹公，有国士之风。然羽刚而自矜，以短取败，理数之常也。"水淹七军之后，好大喜功的关羽从此更是目中无人，然而紧接着跟来的便是身首异处的悲惨下场。

自傲者往往是偏见者，狭隘的眼光只看得到自己的长处和别人的短处，用自己的长处跟别人的短处做比较，优越感自然就产生了。这种缺乏自知之明、莫名其妙的优越感就是葬送自己前程的罪魁祸首。

做人需不傲才以骄人，不以宠而作威。记住，"弓硬弦常断，人强祸必随"，任何时候我们都不要自视高人一等。

宠辱不惊，去留无意

陈眉公辑录的《幽窗小记》中记录了明人洪应明的对联："宠辱不惊，闲看庭前花开花落；去留无意，漫随天外云卷云舒。"这句话的意思是说，为人做事只有把宠辱看作如花开花落般平常，才能不惊；只有把职位去留看作如云卷云舒般变幻，才能无意。

大画家齐白石的座右铭："人誉之一笑，人骂之一笑。"这句话正好可以看作那副对联的最好写照。

"人骂之一笑"这句话，看似容易，真正做起来却难，因为那需要"波澜不惊"的情怀。阅历丰富又看惯了人情世故的齐白石老人一直明白一件事情：尽管自己学术有成，佢是人多嘴杂、众口难调，有赞赏声，自然也会有谩骂声。各人欣赏眼光不同，对同一幅艺术作品，喜欢者赞不绝口，厌恶者可能会将其贬得一文不值。所以，又何必太在意外界的骂声、诽谤声，虽然也难免会声声入耳，但听了之后不必当真，一笑了之而已。当然，这是对于那些无聊的毁谤，如果是有道理的真知灼见，则不能"一笑了之"了，那就需要有能够接纳真言的胸襟。

能够做到"人誉之一笑"，需要一个人的睿智通达，知道山外有山，人外有人。每一个领域都新人辈出，各领风骚，即使是被别人奉为大师，自己也不能真的就把自己当作了大师。

比起猛烈的攻击，掌声和鲜花更容易使人眩晕，因为人在荣誉面前的抵抗力总

是很低下，此刻，一定要保持清醒的头脑，如果真的觉得自己已经可以了，就该落后了，就离淘汰出局不远了。所以，尽管齐白石的艺术生涯硕果累累，一直生活在荣誉和光环中，水到渠成地成为人民艺术家、中国美术家协会主席、人民代表大会代表、国际和平奖获得者……但他却始终是一笑了之，既不得意忘形、目空一切，也不孤芳自赏、故步自封。

齐白石的"两笑"，真正地阐明了一个道理：宠辱不惊。

在现实生活中，人生总是会有起有落，"宠"或"辱"是每个人都会遇到的事情。"受宠"时，我们就难免洋洋自得，忘乎所以，美滋滋地感受着似锦繁花；而当"受辱"时，自然也难免愤怒的火焰在胸中燃烧，痛苦难耐，灼伤了自己，也焚烧了别人。倒不如以平和的心态。看淡"宠辱"，那么，就不会产生失衡的落差了。

不过，比起"辱"不惊，能做到"宠"不惊的才是真正的高手。

曾有这样一则笑话：

从前有一个老童生，考了一辈子科举连个秀才都没考上。有一次，他和儿子同科应考。放榜的那天，儿子看了榜，知道自己被录取，赶快回家报喜。当时老童生正在房里洗澡，儿子敲门大叫说："父亲，我考取了！"老童生在房里大声呵斥说："考取一个秀才，算得了什么，这样沉不住气，将来怎么成大器！"儿子一听，吓得不敢大叫，便轻轻地说："父亲，你也上榜了！"只听砰地一声，房门打开，老童生连衣裤都没穿上，一丝不挂地一冲而出，大声呵斥说："你为什么不早说？"

看来，能够面对自身的"宠辱"还泰然处之确实需要一些定力。能做到顺其自然，是一种难得的境界。所谓"布衣可终身，宠辱岂足赖"，人生的一切都是过眼云烟，既然如此，人生的宠辱也不过是一刹那，又有什么值得夸耀和留恋呢？

如果一个人能够做到宠辱不惊，那么，不管是在日常生活还是人际关系上，他都不会被世事搅乱，总有一份平和宽松的心态。所谓"君子坦荡荡，小人长戚戚"。一个没有杂念、低调单纯的人，他的心是一片静谧的森林，没有喧闹，没有浮躁，是一种雾霭袅袅的清晨中随着微风低吟的舒缓心境。但是，如果不能做到这一点，他的心就像暴风雨中的一株小树苗一样，永远处在飘摇之中。

既然如此，何不在平和中找寻人生的美景，将一切都看作平常自然。

高山流水、四季变换不过是轻轻而来，又轻轻而去罢了。乐也何妨？怒也何妨？唯有视宠辱如花开花落般平常，才能波澜不惊。

19世纪中期，英国实业家菲尔德率领他的船员和工程师在大西洋底铺了一条海底电缆，首次将欧美两个大陆连接起来，因此被誉为"两个世界的统一者"，一夜之间，他成为最光荣、最受尊敬的英雄；但好景不长，因技术故障，刚接通的电缆信号中断，顷刻之间人们的赞辞颂语骤然变成愤怒的狂涛，曾经的英雄几乎在眨眼间，就变成了"骗子"。

面对如此悬殊的宠辱逆差，菲尔德泰然自若，一如既往地坚持自己的事业。

经过6年的努力，海底电缆最终成功地架起了欧美大陆的信息桥梁。宠也自然，辱也自在，菲尔德之所以成为菲尔德，也正在于此。其实，宠辱不惊可以成为我们心灵上的一帖抚慰剂。当我们为爱情、金钱、名利苦苦挣扎时，不妨用平和的潇洒来灌溉焦躁的心田；当我们失意、悲伤时，不妨用宁静的单纯来抚平灼痛的伤口。

若心中无过多的欲念，又怎会患得患失？我们只要管好自己，得之不喜，失之不痛，不计较得失，不在意别人的眼光；只要做自己喜欢的事，按自己的路去走，外界的评说又算得了什么呢？

只有做到宠辱不惊，方能恬然自得。人人都希望拥有愉悦的生活，面对"宠辱"，只要我们做到"不惊"，就可以高枕无忧了。

第八章 | 个人涵养：茶也醉人何必酒，书能香我不须花
—— 为人若君子，不可损德行

常善人者，人必善之

遇到需要帮助的人就本能地伸出援手的人，当自己遭遇困难时，通常也会适时地得到援助。我们相信好人有好报，想好事，做好事，就会有好结果。善行必会衍生出另一个善行，善行终会招来善报。

"常善人者，人必善之"，要有愿意为别人服务的精神，俞敏洪就是因为为别人服务的精神而得到了"好结果"。

俞敏洪在北大读书的时候，每天为宿舍打扫卫生，这一打扫就打扫了4年。另外，他每天都拎着宿舍的水壶去给同学打水，并把它当作一种体育锻炼。

又过了十年，1995年底时新东方做到了一定规模，他想找合作者，结果就跑到了美国和加拿大去寻找他的同学。他说自己当时为了诱惑他们回来还带了很多美元，每天在美国非常大方地花钱，想让他们知道在中国也能赚钱。

俞敏洪当时想的是大概这样就能让他们回来。后来他们回来了，但是给了俞敏洪一个十分意外的理由。他们说回来是冲着俞敏洪过去为他们打了4年水。他们说，他们知道，俞敏洪有这样的精神，所以他们一起回中国，共同为新东方努力。正是由于俞敏洪的奉献精神才有了新东方的今天。

"常善人者，人必善之"，想好事，做好事，就会有好结果。一个人做好事不难，难的是一辈子做好事，这是雷锋的朴实语言，它激励并影响着一代代国人。学习雷锋好榜样，是个永恒的主题。好人好报，是中国传统文化的体现，也是人们的衷心期望。

虚怀若谷，谦恭自守

道家强调"气也者，虚而待物者也。唯道集虚"。从这句话中，我们可以做这样的理解，那就是一个人要抛弃心中的得失成见，让心灵"虚而待物"，做一个谦虚君子，更能显出其力量与魅力。而一个人要保持内心的纯净与空灵，用庄子的话来说就是要"去知集虚"，在道家看来，只有这样才能摆脱尘世得失心的干扰，拥有快乐美好的人生。而这正是做人谦虚的表现。相反，如果不够虚心，骄傲自大，那就很有可能犯一叶障目、贻笑大方的事情了。古往今来，因此闹过笑话甚至犯错误的人，数不胜数，就是大才子苏东坡也有过这样的经历。

有一次苏东坡去拜见王安石，当时王安石正在睡觉，他被管家徐伦引到王安石的东书房用茶。徐伦走后，苏东坡见四壁书橱关闭有锁，书桌上只有笔砚，更无余物。他打开砚匣，看到是一方绿色端砚，甚有神采。砚池内余墨未干，方欲掩盖，忽见砚匣下露出纸角儿。取出一看，原来是两句未完的诗稿，认得是王安石写的《咏菊》诗。苏东坡拿起来念了一遍："西风昨夜过园林，吹落黄花满地金。"

苏东坡哑然失笑，这诗第二句说的黄花即菊花。此花开于深秋，敢与秋霜鏖战，最能耐久。随你老来焦干枯烂，并不落瓣。说个"吹落黄花满地金"岂不错误了？

苏东坡兴之所发，不能自已，举笔舐墨，依韵续诗两句："秋花不比春花落，说与诗人仔细吟。"然后就告辞回去了。

不多时，王安石走进东书房，看到诗稿，问明情由，认出苏东坡的笔迹，口中不语，心下踌躇："屈原的《离骚》上就有'夕餐秋菊之落英'的诗句。他不承认自己学疏才浅，反倒来讥笑老夫！"又想："且慢，他原来并不晓得黄州菊花落瓣，也怪他不得！"后来，苏东坡被贬为黄州府团练副使。苏东坡在黄州与蜀客陈季常为友。重九一日，天气晴朗，恰好陈季常来访，东坡大喜，便拉他同往后花园看菊。令他惊讶的是，只见满地铺金，枝上全无一朵。惊得苏东坡目瞪口呆，半晌无语。苏东坡叹道："当初小弟妄续王丞相的《咏菊》诗，谁知他倒不错，我倒错了。今后我一定谦虚谨慎，不再轻易笑话别人。唉，真是不经一事，不长一智啊！"

我们也经常犯苏东坡这样的错误，往往为自己思想中某些固有的成见所左右，对事物做出错误的判断。所以，做人一定要低调，要谦虚，不要被自己的成见所蒙蔽，把一切做想当然的理解。

人类的智慧可以认识世间的万事万物，却偏偏难以认识自己。因为不认识自己，所以自命不凡；因为不认识自己，所以性情狂妄；因为不认识自己，所以才会逃避；也正因为不认识自己，才会在自己的强项上重重地摔伤。而只有找准自己的位置，认清自己的角色，才可以不迷失自我。

可惜的是，做出一点点成绩便会飘飘然是许多人的通病。成绩使人们的心无限膨胀、无限上升，以致不能再认清自己的实力，丧失理智地去攀登永远无法逾越的高峰。最后，不但得不到成功，还会搞得疲惫不堪、伤痕累累。

谦卑是一种无言却厚重的力量，它比骄傲更有力。一个人如果想在纷繁复杂的世间走好，有时谦恭比骄傲更有用处。

谦恭自守是一种人生的大智慧，拥有这种智慧的人虽有大功却甘居下位，保持谦虚，是很难得的。"居功而不自傲"、虚怀若谷、谦恭自守是美德，是一个人取得更大成功的保障，而"自满者败，自矜者愚"，一旦你感觉到自己的伟大，并希望别人对你顶礼膜拜时，那就该准备迎接失败了。

自负绝对不能与自信划等号。自信的人对自我价值有积极的认识，他们坚强乐观，笑对生活中的挫折和坎坷；自负的人却过高地估计自我，狂妄自大，从不懂适时的收敛，最终将会跌进失败的深渊。

曾国藩是中国历史上最有影响的人物之一，其为人处世堪称难得。他常对家人说，有福不可享尽，有势不可使尽。他平日最好昔人"花未全开月未圆"七个字，将其视作惜福保泰之法，常存冰渊惴惴之心，处处谨言慎行。他的处世原则是：趋事赴公，则当强矫；争名逐利，则当谦退。开创家业，则当强矫；守成安乐，则当谦退。出与人物应接，则当强矫；入与妻奴享受，则当谦退。若一面建功立业，外享大名，一面求田问舍，内图厚实，二者皆盈满之象，全无谦退之意，则断不能长久。

"水满则溢"，一个容器若装满了水，稍一晃动，水便会溢出来。自负的人心里装满了自己过去的所谓"丰功伟绩"，便再也容纳不了新知识、新经验和别人的忠言了。长此以往，事业或者止步不前，或者猝然受挫。

因此，一个人不管有多丰富的知识，取得了多大的成绩，或是有了何等显赫的地位，都要谦虚谨慎，不能自视过高；应心胸宽广，博采众长，不断地丰富自己的知识，增强自己的本领，进而获得更大的业绩。如能这样，则于己、于人、于社会都有益处。谦虚永远是成大事者所具备的一种品质，而只有浅薄者才会为自己的成功自鸣得意。

知足不辱，知止不殆

《增广贤文》中写道："知足常足，终身不辱；知止常止，终身不耻。"这里的止，就是停止的意思。知止，告诉人们凡事要知道满足，要适可而止，这样，才能让自己的一生无辱、不耻。

知止而止，是一个人立身不败的根本。做人应常修从业之德，常怀律己之心，常思贪欲之害，常弃非分之想，这样才能避免灾祸、平安长久。金朝的石琚就是知止的榜样。

金熙宗时期，石琚任邢台县令时，官场腐败，贪污成风，独石琚洁身自好，他还常告诫别人不要见利忘义。

石琚曾经规劝邢台守吏说："一个人到了见利不见害的地步，他就要大祸临头了。你敛财无度，不计利害，你自以为计，在我看来却是愚蠢至极。回头是岸，我实不忍见到你东窗事发的那一天。"邢台守吏拒不认错，私下竟反咬一口，向朝廷上书诬陷石琚贪赃枉法。结果，邢台守吏终因贪污受到严惩，其他违法官吏也一一治罪。石琚因清廉无私，虽多受诬陷却平安无事。

石琚官职屡屡升迁，有人便私下向他请教升官的秘诀。石琚说："我不想升迁，凡事凭良心无私，这个人人都能做到，只是他们不屑做罢了。人们过分相信智慧之说，却轻视不用智慧的功效，这就是所谓的偏见吧。"

金世宗时，世宗任命石琚为参知政事，不料石琚百般推辞。金世宗十分惊异，私下对他说："如此高位，人人朝思暮想，你却不思谢恩，这是何故？"

石琚以才德不堪作答，金世宗仍不改初衷。石琚的亲朋好友力劝石琚道："这是天下的喜事，只有傻子才会避之再三。你一生聪明过人，怎会这样愚钝呢？万一惹恼了皇上，我们家族都要受到牵连，天下人更会笑你不识好歹。"

石琚长叹说："俗话说，身不由己，看来我是不能坚持己见了。"

石琚无奈地接受了朝廷的任命，私下却对妻子忧虑地说："树大招风，位高多难，我是担心无妄之灾啊！"他的妻子不以为然，说道："你不贪不占，正义无私，皇上又宠信于你，你还怕什么呢？"

石琚苦笑道："身处高位，便是众矢之的，无端被害者比比皆是，岂是有罪与无罪那么简单？再说皇上的宠信也是多变的，看不透这一点，就是不智啊。"

石琚在任太子少师之时，曾奏请皇上让太子熟习政事，嫉恨他的人便就此事攻击他别有用心，想借此赢取太子的恩宠。金世宗听后十分生气，后细心观察，才认定石琚不是这样的人。后来，金世宗把

别人诬陷的话对石琚说了，石琚十分震撼，趁此坚辞太子少师之职，再不敢轻易进言。

大定十八年，石琚升任右丞相，前来贺喜的人络绎不绝。石琚表面上虚与委蛇，私下却决心辞官归隐。他开导不解的家人故旧说："我一生勤勉，所幸得此高位，这都是皇上的恩典，心愿已足。人生在世，祸在当止不止，贪心恋权。"

他一次又一次地上书辞官，金世宗见挽留不住，只好答应了他的请求。世人对此事议论纷纷，金世宗却感叹道："石琚大智若愚，这样的大才天下再无第二个人了，凡夫俗子怎知他的心意呢？"

石琚确实是一位有大智慧的人，因为他清楚繁华只如过眼云烟，终究有散去的时候，"因嫌纱帽小，致使锁枷扛"的例子已经比比皆是，警钟敲得已经足够响了！

隋朝时的大儒王道，专门写过一本名叫《止学》的书，其中有一句非常有名的话："大智知止，小智惟谋。"意思是说拥有大智慧的人知道适可而止，而只有小聪明的人却只知道不停地谋划。因此，为人大智慧，须懂得"过犹不及""知止不败"的道理，当行则行，不被风光迷惑双眼，当止则止。

说话要诚实，办事要公道

人生在世，短短几十年，如果我们对自己的人生没有一把衡量对错的标尺，那是很危险的，我们可能会迷失在罪恶的万丈深渊中。我们要堂堂正正地做人；在办事情、处理问题时，也要站在公正的立场上，提出合理的解决方案。我们对待任何事物都要遵循自己的原则，诚实待人，公正对物。

春秋时期，吴国有一个人叫季札，有一次君王派他出使鲁国，季札在出使的途中经过徐国，于是徐国国君设宴招待他。等大家都入席坐定之后，徐国国君言语之间，掩饰不住他对季札那把宝剑的喜爱之情。季札心里就琢磨："他喜欢我的宝剑，出于两国的和平考虑，我也应该把它送给徐国国君。但是现在不行，因为我要出使鲁国，这个佩剑是必要的显示身份的礼仪，所以只能等办完事以后才可以送给他。"所以季札在心里记住了这件事。后来等他顺利出使鲁国，返回来经过徐国时，他特意去拜访了徐国国君，想要把宝剑亲自送给他。

不巧，徐国国君已经去世。季札知道以后，就前往他的坟前给他祭拜。祭拜后，把宝剑挂在坟旁的树梢上，离开了。他的仆从说："主人，你没有必要这样做啊，因为你之前没有亲口答应要把这把宝剑送给徐国国君。纵使你答应过他，他现在已经去世了，你遵守不遵守对他来说还有何意义呢？"季札回答说："我的心里早就已经答应送给他了。怎么可以因为他去世而违背我的内心的承诺呢？"这就是历史上著名的"季札挂剑"的由来。

古人的"信"不只在言语上，连一个念头也不能违背，因为他们不愿违背自己的良心。古人的这种精神，正说明了古人做人的诚实，我们后人要好好地向他们学习才是。

由古思今，一个人，一个企业要想在商场中立足，就必须懂得这两点：做人诚实，办事公道。一个成功的企业家说过："其实一个老板，不必要有太大的能耐，最要紧的是要厚道，然后你的员工就地道了。"

厚道是一个道理，它是一个人做人的基本准则。一个企业有生命力，首先就要有明确的企业基本准则、企业的精神和文化，这与做人是一样的，企业能够诚实、公正地对待自己的客户，就能建立雄厚的企业。企业的成长不是靠一个人就能支撑起来的，需要领导和员工的共同努力。一个领导在企业中如同一个领航掌舵的人，他的言行举止，一举一动都会影响员工的处事方式，有一个厚道、诚信、坚持原则的领导，经过长期的"近朱者赤"的熏染，员工也会变得厚道起来，企业也会受到社会的认可。

第九章

立身处世：信者行之基，行者人之本
——修炼自己，把握人生福祸之密钥

前事不忘，后事之师

　　自己经历过的事，不要轻易将其抛诸脑后，忘记过去意味着背叛，无视以前的经验教训，必将在人生的道路上吃亏。"前事不忘，后事之师"。因为前面的成功与失败，个人也好，国家也好，是如何成功的，又是如何失败的，很明显地告诉了我们很多。

　　相传，在一片深山密林中，一座"仙人居"位于山巅。一日，一位年轻人风尘仆仆，从很远的地方来求见"仙人居"的圣人，想拜他为师，修得正果。年轻人进山后，走啊走，走了很久，犯难了，路的前方有三条岔路通向不同的地方，年轻人不知道哪一条路能够通向山顶。

　　忽然，年轻人看见路旁有一个老人在小憩，于是走上前去，轻声唤醒老人，询问通向山顶的路。老人睡眼惺忪地嘟哝了一句"左边"，便又睡了过去。年轻人便从左边那条小

路往山顶走去。走了很久，路突然消失在一片树林中，年轻人只好原路返回。回到三岔路口，老人家还在睡觉，年轻人又上前问路，老人家舒舒服服地伸了个懒腰，说了一句："左边。"便又不理他了。年轻人正要分辩，可转念一想，也许老人家是从下山角度来讲的"左边"。于是，他又从右边那条路往山上走去。走啊走，走了很久，眼前的路又消失了，只剩一片树林。年轻人只好原路返回。

回到三岔路口，见老人家又睡了过去，他更是气不打一处来。他上前推了推老人家，把他叫醒，问道："你一大把年纪了，何苦来骗我，左边的路我走了，右边的路我也走了，都不能通向山顶，到底哪条路可以去山顶？"老人家笑眯眯地回答："左边的路不通，右边的路不通，你说哪条路通呢？这么简单的问题还用问吗？"年轻人这才明白过来，应该走中间那条路。但他不明白老人家为什么总说"左边"。带着一肚子的疑惑，年轻人来到了"仙人居"。他虔诚地跪下磕头，圣人笑眯眯地看着他，原来圣人就是三岔路口的那位老人家。

这个故事简单却内涵丰富，以前经历的事情要作为现在行事的指南，以过去为镜子，照出成败得失，不能混混沌沌、糊糊涂涂地度过一生。

杜牧的《阿房宫赋》中"秦人不暇自哀，而后人哀之；后人哀之而不鉴之，亦使后人复哀后人也"，这一句便道出了"前事不忘，后事之师"的道理。古人云："以铜为鉴，可以正衣冠；以人为鉴，可以明得失；以史为鉴，可以知兴替。"以史为鉴，可以找到行事的准绳，看到过去的得失，规划未来的方向。

信誉重于泰山

"狼来了"的故事相信大家都知道：放羊的孩子由于经常说谎，骗大家说狼来了，大家蜂拥而至去打狼，结果狼没有来，几次三番，让别人对他失去了信任，最后即使狼真的来了，也没人再相信他，结果被狼吃掉了。

人与人之间的交往，信誉是很重要的。如果一个人有信誉，那么别人就愿意跟他交往，在生意上也愿意与之合作，这对双方都有利；如果一个人不讲诚信，那么别人也不愿意和他打交道，长此以往，可能一事无成。

一个南方人在北方做生意，他做人有原则，非常讲信誉。

他的事业做得很大，建造了好几个厂区，弟弟也在自己的帮助下，成就了一番事业。在他的家乡也小有名气，由于他很讲信誉，从不拖欠工人的工资。当地的人也很愿意到他的工厂里做工，由于工资给的高，也及时，老板性格也和气，工人都很爱戴他。

然而，天有不测风云。一年的腊月二十六，这位南方老板为了从北方赶回去给家乡的工人发工资，不顾恶劣的天气，在高速公路上出了严重的车祸，一家老小六口人全部遇难。据他的弟弟回忆说，那天天气不好，劝他晚几天再走吧，他却说："我们再怎么也不能拖欠工人的工资，一年到头，就靠着打工赚这么点钱，也不富裕，过年了，大家肯定指望这点钱置办年货，过个好年呢。我要是没回去，工资没发，那不是人家年过的也不高兴。"

弟弟听了这话，也没再阻拦，就嘱咐路上小心，结果竟发生如此悲剧。弟弟很是悲痛，在车祸现场几欲昏厥，但他还是坚持着，把哥哥的遗愿做完，他回到南方的家，给那里的工人一一发完工资，才定下心来办丧事。

那天举行葬礼的仪式现场，前来吊唁的人络绎不绝，灵前跪倒了一片，哭声震天。那是工厂的工人在哀悼自己的老板。

这位南方的老板，人虽然走了，但他的信誉仍然被大家认可，相信他的事业在弟弟的接手下会做的更大，因为只要信誉还在，力量就还在。

在国学经典《论语》中关于信誉有这样讲述：

子贡问孔子治国之道，孔子说："治国要义有三，足食，足兵，民信。"

子贡问："如果不得已，要在这三者中去掉一个，那么先去哪一个呢？"

孔子答曰："去兵。"

问："再去掉一个呢？"

孔子答曰："去食。"，最后留下民信。

孔子说了句为政真谛："民无信不立。"

孔子又曰："人而无信，不知其可也。"

中国几千年的信誉文化成为人类生存的法则，祖祖辈辈的遗训，代代传承，推进了人类社会向文明发展。一个国家不讲信誉就不会有所发展，反而会造成社会动荡；一个人要是不讲信誉就不会有所作为，反而会变得孤立无援。

孔子曰："人而无信，不知其可也。"冯玉祥将军也说："对人以诚信，人不欺我；对事以诚信，事无不成。诚信乃为人之本。"高尔基如是说："走正直诚实的生活道路，定会有一个问心无愧的归宿。"而富兰克林则认为："失足，你可能马上又站起来；失信，你将永难挽回。"从上面这些至理名言中可见，信誉是何等的重要，我们在感叹当今社会信任出现危机，人人谨慎自保的同时，是否也应当反省一下自己，是否做到"一言既出，驷马难追"。

一个人可以失去财富、失去职业、失去机会，这些都可以重来，但万万不可失去信誉，失去了，想要找回来是很难的一件事。做人只有诚实守信，才能赢得别人的信任和尊敬，事业总能做成功，言而无信只能自毁前程。无论在什么时候，遇到怎样的问题，也不能失了信誉。

要时刻牢记"信誉重于泰山"。

与善人居，择善而从

古希腊哲学家毕达哥拉斯说："使你的朋友不致成为仇人，使你的仇人却成为你的朋友。"放开眼界，收起消极的心态，以一种大度宽容的方式对待周围的人，即便不能都使其成为朋友，也能避免其站到自己的对立面。

哲人霍姆曾经说过："为朋友死并不难，难在有一个值得为之而死的朋友。"人不能没有朋友，但是，芸芸众生选谁为友，需要慎重选择。一个拥有真正朋友的人，比亿万富翁更富有——即使再多的金钱也不能改变这一事实。

有一个发生在越南的故事：

几发迫击炮弹落在一所由传教士创办的孤儿院里。传教士和两名儿童被当场炸死，还有几名儿童受伤，其中有一个小姑娘，大约8岁。一名医生和护士带着救护用品赶到。经过查看，这个小姑娘伤得最严重，如果不立刻抢救，她就会因为休克和流血过多而死去。输血迫在眉睫，但得有一个与她血型相同的献血者。经过验血医生发现，几名未受伤的孤儿可以给她输血。

医生用掺杂着英语的越南语，护士讲着相当于高中水平的法语，加上临时编出来的大量手势，竭力想让这些幼小而惊恐的听众知道，如果他们不能补足这个小姑娘失去的血，她一定会死去。他们询问是否有人愿意献血。一阵沉默，每个人都睁大了眼睛迷惑地望着他们。过了一会儿，一只小手缓慢而颤抖地举了起来，但忽然又放下了，然后又一次举起来。

"噢，谢谢你。"护士用法语说，"你叫什么名字？""恒。"小男孩很快地躺在草垫上。他的胳膊被酒精擦拭以后，一根针扎进他的血管。输血过程中，恒一动不动，一句话也不说。过了一会儿，他忽然抽泣了一下，全身颤抖，并迅速用一只手捂住了脸。"疼吗？恒？"，医生问道。恒摇摇头，过了一会儿，他又开始呜咽，并再一次试图用手掩盖他的痛苦。医生问他是否针刺痛了他，他又摇了摇头。

就在此刻，一名越南护士赶来援助。她看见小男孩痛苦的样子，用极快的越南语向他询问。听完他的回答，护士用轻柔的声音安慰他。顷刻之后，他停止了哭泣，用疑惑的目光看着那位越南护士。护士向他点点头，一种消除了顾虑与痛苦的释然表情立刻浮现在他的脸上。

越南护士轻声对医生说："他以为自己就要死了，他误会了你们的意思。他认为你们让他把所有的鲜血都给那个小姑娘，以便让她活

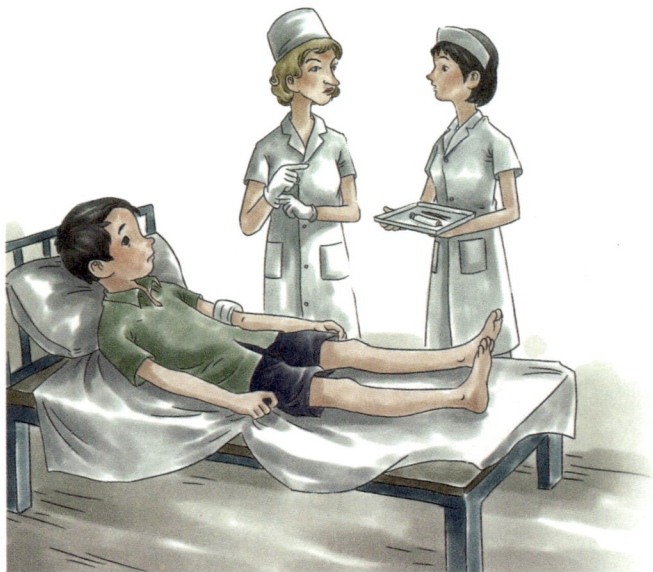

下来。""但是他为什么愿意这样做呢？"医生问。越南护士转身问这个小男孩："你为什么愿意这样做呢？"小男孩回答："她是我的朋友。"

为朋友而牺牲，为友谊而奉献一切，除了感动，留给我们的只有思考：我们为朋友做了什么？很多时候，我们所需要的仅仅是说一两句关心的话，朋友就知足了。当然，那话里包含着的是一颗真爱的心。真正的友情是我们宝贵的财富，为了友情，我们甚至可以放弃生命，这就是友情的力量。

一个人结交什么样的朋友，对自己的思想、品德、情操、学识都会有很大的影响。俗话说："近朱者赤，近墨者黑，近贤则聪，近愚则聩。"古人很重视对朋友的选择。孔子曰："君子慎取友也。"也有人说："匹夫不可以不慎取友。"品德高尚的人，历来受人推崇，也是人们愿意结交的对象。而品德低劣的人，常常被人鄙视，极少有人愿与之结交。这就告诫我们，选择朋友要选品德高尚、心胸宽广者。工作中更应如此。孔子说："与善人居，如入芝兰之室，久而不闻其香，即与之化矣；与不善人居，如入鲍鱼之肆，久而不闻其臭，亦与之化矣。"墨子有更形象的比喻，他把择友比作染丝："染于苍则苍，染于黄则黄，所入者变，其色亦变。五入而已，而已为五色，故染不可不慎也。"也许你会说自己"抗腐性"强，可为什么不"择善而从之"，反而自讨苦吃呢？与高尚的人在一起，你也会感染他的气质，何乐而不为呢？

古人的交友择友之道，我们可以借鉴，慎重择友，时刻牢记，多交朋友，但不可滥交。只有这样，在工作和生活中，才能多一些快乐，少一些烦恼。

朋友多了路好走，普通人是这样，身居高位者也是这样，足见朋友的重要。滥交朋友等于自找麻烦，滥交朋友容易交到损友，损友之于我们有百害而无一益，所以朋友可以广交而不可滥交。

另外，对待各类朋友都应该秉承着择贤人而交，然后以宽和的心去对待他们，方不失交友之道。

饮水思源，缘木思本

生而为人，不能忘本，更不能忘却自己何以生、何以乐、何以福。饮水思源，缘木思本是我们做人的根本和正道所在。

梁元帝曾派遣庾信出使北朝的西魏。在他42岁那年，西魏灭梁朝，而庾信也被扣留在长安（西魏都城），长达28年。虽然他在北朝官至大将军，但是庾信却常常思念故国和家乡，南朝也曾几次向北朝讨要庾信，却都被拒绝。于是他在《征调曲》中写道："落其实者思其树，饮其流者怀其源。"意指吃果子时不能忘了结果的果树，而喝水时要想想水的源头。如今，人们也常常用"饮水思源，缘木思本"来形容吃水不忘挖井人，怀念今日取得成功的根基，以表示不能忘本。

广州丰田公司的员工人人持有一张名片大小的彩色卡片，上面印着《广州丰田宪章》，上有"以人为本"的字眼。在"企业方针"里，也有"以人为本"的内容。不过，最让人感兴趣的是"企业精神"里那句具有中国传统的"感恩戴德，饮水思源"这句话，据说，这是广州丰田执行副总经理袁仲荣的一大主张。

袁仲荣表示，这八个字的含义非常深远。"作为一个刚步入社会的人来说，他应该对他的父母、老师心怀感恩，进入社会以后，对同事、朋友，对培养自己的企业，也需要感恩戴德。每个人要时刻怀着感恩之心，在营造团队的时候大家就会更容易互相理解，可以互相换位思考，这样就能创造一个和谐的环境气氛，对开展工作也是非常重要的。

"你知道招聘大学生的时候，我会问他们什么问题吗？我会问，你是农村来的吗？他说，农村来的。我再问，你能讲讲你的父母吗？我认为，如果一个农村孩子连自己父母都羞于启齿的话，那么这个人的道德观就有问题，这样的人我根本不会让他进公司。

"我还会问他们，第一个月的工资你打算怎样分配？如果是农村孩子有贷款助学金，我会问你打算怎么还？在这些方面，如果一个人可以显现出感恩戴德的情操，那么我相信他是一个可塑造的人才。

"当然，公司对员工也应怀有感恩之心，因为企业的发展是由每个员工来完成的，企业希望为员工提供美好的未来。为此，我们已做了许多提高员工技能和福利的事。我们公司非常尊重人性，例如工作服不一定是夏天最好的服装，所以我们就统一置办了透气吸汗的 T 恤衫。"

正是因为懂得"饮水思源，缘木思本"，广州丰田才能在日益激烈的竞争中越走越稳。而在生活中，感恩之心更是我们每一个人不可或缺的阳光雨露。无论你是何等尊贵，或者多么卑微；无论你生活在何地何处，或是你有着怎样的生活经历，只要常怀感恩的心，就必然会不断地涌动着诸如温暖、自信、坚定、善良等美好的处世品格，而这一切又必将让我们拥有一个丰富而充实的生命。

居上以仁，居下以智

春秋战国时期，很多小国为了自保和壮大，在如何治国和如何与邻国交往方面颇下功夫。齐宣王为了邻国交往之道问过孟子："交邻国有道乎？"即与邻国交往有什么好的策略吗？孟子回答说，"有。'惟仁者为能以大事小，是故汤事葛，文王事昆夷；惟智者为能以小事大，故大王事獯鬻，勾践事吴。以大事小者，乐天者也；以小事大者，畏天者也。乐天者，保天下；畏天者，保其国。'"这里孟子提出了两个原则：一种是"以大事小"，这是仁者的风范，是顺应"天地万物"的乐天心理，不欺负弱小，可以使天下太平。另一种是"以小事大"，这是明智之举，顺从比自己强大的国家，则可以保护国家臣民的安全。这里的"天"在"天人合一"的哲学上，包括人事在内。人与人之间的和谐相处也要注意这一原则。也就是说，在人之上要以人为人，在人之下要以己为人。

居上位时，一定要谦虚，切不可仗势欺人，人生总是盛极而衰的，一个人不可能永远风光无限，繁华过后总会平淡。对于真正悟透人生的仁者来说，谦卑才是应有的心态，而以恭敬心去尊重和对待每一个人，则是他们的特征。

在林肯的故居里，挂着他的两张画像，一张有胡子，一张没有胡子。在画像旁边贴着一张纸，上面歪歪扭扭地写着：

亲爱的先生：

　　我是一个 11 岁的小女孩，非常希望您能当选美国总统，因此请您不要见怪我给您这样一位伟人写这封信。

　　如果您有一个和我一样的女儿，就请您代我向她问好。要是您不能给我回信，就请她给我写吧。我有四个哥哥，他们中有两人已决定投您的票。如果您能把胡子留起来，我就能让另外两个哥哥也选您。您的脸太瘦了，如果留起胡子就会更好看。

　　所有女人都喜欢胡子，那时她们也会让她们的丈夫投您的票。这样，您一定会当选总统。

格雷西

1860 年 10 月 15 日

　　在收到小格雷西的信后，林肯立即回了一封信。

我亲爱的小妹妹：

　　收到你 15 日的来信，非常高兴。我很难过，因为我没有女儿。我有三个儿子，一个 17 岁，一个 9 岁，一个 7 岁。我的家庭就是由他们和他们的妈妈组成的。关于胡子，我从来没有留过，如果我从现在起留胡子，你认为人们会不会觉得有点可笑？

　　忠实地祝愿你

　　亚·林肯

第二年 2 月，当选的林肯在前往白宫就职途中，特地在小女孩的家乡小城韦斯特菲尔德车站停了下来。他对欢迎的人群说："这里有我的一个小朋友，我的胡子就是为她留的。如果她在这儿，我要和她谈谈。她叫格雷西。"这时，小格雷西跑到林肯面前，林肯把她抱了起来，亲吻她的面颊。小格雷西高兴地抚摸他又浓又密的胡子。林肯对她笑着说："你看，我让它为你长出来了。"

原来林肯的胡子是为一个小女孩而留。而这个女孩子他一开始并不认识。有人说，林肯是为了拉两张选票所以才留起胡子的。其实对于一场大选，两张选票能起的作用很微小。即便换位思考，如果你接到类似的信，多数人还是会一笑了之，觉得一个 11 岁的孩子不值得重视。可是林肯不但重视了一个小女孩的来信，还认真地写了回信并真的蓄起了胡子。在人之上要以人为人，林肯做到了这点，这也许就是他让人们拥护和爱戴的原因。

生活中有不少人难忍一时之气，而与人起了正面冲突，"伤敌一千，自损八百"，最后两败俱伤。但是，仔细想来，这又何苦呢？牺牲是一时的，保全却是一世的。牺牲是爆发，保全是维持。牺牲是激情，保全是平淡。浓肥辛甘非真味，真味只是淡，淡淡地融化在生活中。保全也许是一种牺牲，牺牲狂热，牺牲内心深处的原始冲动，只是用最小的牺牲来求得更多的平和与幸福。

所以，人生就是如此玄妙，人上人下间也有为人处世的大智慧，需要好好琢磨，认真对待。

过头饭不吃，过头话不说

在修建砖混结构楼房的时候，沿长度方向经常隔一定距离就会有一条断开的缝隙，这是故意设计的，叫作"伸缩缝"。是为了防止楼房"生长"的时候挤压变形。修楼如此，做事如此，为人也是如此，凡是不可做过头，说话也要留余地。

恶语伤人三冬寒，我们一定要控制自己，明白什么是应该说的，什么是不可以说的。永远别说不该说的话，否则只能是伤人伤己。

俗话说：蚊虫遭扇打，只为嘴伤人。许多人总是不加思考、滔滔不绝地讲话，很少考虑别人的感受和自己将面临的后果。有的人性情直爽，动不动就向别人倾吐苦水。虽然这样的交谈富有人情味，但他们没有想到并不是所有的人都能够严守秘密。直到这些不可与人言的隐私成为对手的把柄，他们才会幡然醒悟，追悔莫及。有的人喜欢争论，一定要胜过别人才肯罢休。结果当时确实在口头上胜过了对方，却损害了对方的"尊严"。对方可能从此记恨在心，后果不堪设想。有的人喜欢当众炫耀，陶醉在别人羡慕的眼光里。岂不知在得意忘形中，失去了人心……

所以，为人处世，需要讲究说话的艺术。

过头饭不吃，过头话不说，说话除了要给别人留余地之外，更要给自己留有余地。不要把话说得太满太死。毕竟谁也不知道以后会发生什么事，说话行事为自己留有余地就是为了避免自己将来下不来台。

因此，说话的时候一定要给自己留有余地，让自己可进可退。要知道，说话好比在战场上一样，说出去的话要进可攻，退可守，才能让自己既有了牢固的后方，出击对方又可及时地退回，从而让自己永远处于主动的地位。

要在谈话时给自己留余地，需注意以下几点：

第一，话不要说得太绝对

这个世界上没有绝对的事情，所以话也不要说得太绝对。尤其是对于一件我们自己都没有完全弄清楚的事情，就更不要用那些绝对的字眼。因为太绝对的话往往不真实，而且容易让别人反感。你可以仔细想一想，在我们的周围，是不是有很多这样的人，他们总是特别自信，即便自己没有完全的把握，他也敢在他人面前信誓旦旦地讲话，这样的人，是不是会让你从心底里反感？

老张和李庄第一次见面，两人聊得还挺投机，聊着聊着便谈起了情理与法理的关系。老张说："这是个智者见智，仁者见仁的问题，本没有定论。"但李庄却说："现在这个社会，你必须讲法理，根本不能讲情理。按我的意思呀，在现在的社会，人心不古，跟人讲情理是没用的。必须要用法律来解决问题！"这本是闲聊，但是他的话过于绝对，引起了老张的反感，老张立即反唇相讥："社会上不讲道德是不行的……"一场针锋相对的吵架就这样诞生了。

与人交谈时，即便是绝对有把握的事，也不能把话说死，更不用说那些本就没有定论的事情，太绝对的东西总是容易引起他人的反感，如果对方有意挑刺，鸡蛋里都能挑出骨头来，更何况你的一句话呢？那样，只能让你陷入尴尬的境地。与其给别人一个挑刺的借口，不如把话说得委婉一点，给自己留一个更为广阔的空间与对方周旋。

第二，话要说得圆润

话好不好听，关键就在于圆不圆润，能把话说得恰到好处，自然让别人听起来就舒服。尤其是当我们只是出于社交目的跟他人谈话时，更要把话说圆润。如果话说得太直，就会激恼对方，最后，你得不到任何好处。说得圆润一点，一方面能给我们留下一定的回旋余地，另一方面能让人产生好感。

一天中午，某家旅店的服务员犯了难，原来，她发现前一晚已经结账的高小姐仍然住在客房，如果直接去问张小姐何时起程，就显得不礼貌，但如果不问，又怕高小姐赖账。于是大家商量决定让善于谈话的大李去和高小姐谈谈。

大李很快来到了高小姐的房门口，敲了门，等高小姐开门后说："您好！请问是高小姐吗？""是啊！您是谁？"高小姐问道。"我是公关部的，听我们经理说，您身体不太舒服，不知道现在好点了没有？"这就是大李的开场白。

大李的开场白让高小姐轻松了很多"谢谢您的关心，现在好多了"。

于是，大李趁热打铁："我听说您昨天已经结账，可今天没有走成。这几天的天气不好，是不是航班取消了？您看我们能为您做点什么吗？"大李这番话说得滴水不漏，高小姐于是回答道："非常感谢！昨晚结账是因为我的朋友今天要来，我不想账积得太多，就先结了一次，大夫说，我的病还需要观察一段时间。"

"高小姐您不要客气，有什么事只管吩咐。"说完，大李就回去了。

"那先谢谢了！有事我一定找你们。"

然后，高小姐就去结账了。

大李去和高小姐谈话，目的是要弄清楚，高小姐到底是走还是不走？如果不走，就要问清楚原因。但这个问题不好开口，说得不好就会得罪人，甚至还会得罪自己的上司。但是大李的话就说得非常圆润，先是寒暄一下，然后又问高小姐需要什么样的帮助，一副非常关心的表情，而让高小姐深受感动，在不知不觉中就弄明白了事情的原委。大李成功的秘诀就在于他的说话技巧十分高超，说得十分周到，又达到了预期的目的，且没有让对方太过于难堪。

第三，说话不要信口开河，尤其不能违背常理，违背了常理，谎言就不攻自破了

有两个推销员在火车上推销自己的袜子，其中一个推销员随手拿起一只袜子，拽着袜子的两端使劲拉，怎么拉袜子都不破，目的是向大家展示袜子良好的韧性。然后他又随手拿起一根长长的针，在拉得绷直的袜子上来回划动，说："大家看看，怎么划都不会抽丝。"紧接着他又拿起打火机，在袜子下面轻快地晃动，火苗穿过袜子，但袜子却没有烧着。"大家看，这袜子根本不怕火烧。"

推销员的这番话引起了大家的好奇心，纷纷想试试这个袜子的神奇之处。于是，有一位顾客有意拿起针，只划了一下就在袜子上划了一个洞，原来只有顺着纹理划才不易划破，并不是怎样都划不破。另一位顾客更要用打火机烧，急得推销员赶忙补充说："袜子并不是烧不着，我那样做只是证明它的透气性好。"最后大家终于明白是怎么回事了。袜子的质量的确很好，但明显没有推销员说的那么夸张。最后，还是没有多少人买袜子，因为推销员的夸大其词已经影响了顾客的消费心情。

而第二位推销员就显得十分聪明了，他也是一边说一边演示，但他懂得话不能说满的技巧。

只见他一边拉扯袜子，一边用打火机穿过袜子的时候这样说道："任何事物都有它的科学性，袜子怎么会烧不着呢？我只是证明它的透气性好。当然它也并不是穿不破，但是韧性是没得挑的。"他的这番介绍就没有给人留下反驳他的空子。接下来，他一边给大家传看袜子，一边讲解促销的优惠价格。显然，比起前一位推销员，人们更愿意买他的袜子，因为他看上去更实在。

所以，说话不要太满，在考虑事情的时候，要有全力以赴的进取准备，也要注意给自己留条退路。这样才能进可攻，退可守，为自己免去后顾之忧。任何时候，给对方和自己都要留有余地，这样事情才不会陷入尴尬的境地。

不管是日常交流还是朋友之间开玩笑，都应该把握分寸。花不可开得太盛，盛极必衰；话也不可说得太过，过必有所失。把话说满了往往会掐断自己的退路，把话说过头了往往会招人反感。因此，任何时候都要记住"过头饭不吃，过头话不说"这句俗话，给自己留些余地，才不会受"失言"之害。

第十章

言行智慧：一嘴莫生两舌头

——做了再说，说了就做

学会倾听

"会听"的耳朵比"会说"的嘴更受欢迎。与其滔滔不绝地谈论自己，倒不如静下心来，听听别人说什么。我们知道，人们往往对自己的事更感兴趣，对自己的问题更在乎，更喜欢自我表现。一旦有人专心倾听我们谈论自己时，我们就会感到自己被重视、被尊重、被理解。而如果对方没有耐心地听我们讲话，或者把我们的话当耳边风，随便敷衍，我们就不会有好的感觉。知道了这些，在以后的交流中就要耐心地听取别人的倾诉，让别人觉得你是一个值得信赖的人，是一个尊重别人的人。

连平是罗宾见到的最受欢迎的人士之一。他总能受到邀请，经常有人请他参加聚会、共进午餐、担任基瓦尼斯国际或扶轮国际的客座发言人、打高尔夫球或网球。

一天晚上，罗宾到一个朋友家参加一个小型社交活动。碰巧发现连平和一个漂亮女孩坐在一个角落里。出于好奇，罗宾远远地观察了一段时间。罗宾发现那位女孩一直在说，而连平好像一句话也没说。他只是有时笑一笑，点一点头，仅此而已。几个小时后，他们起身，谢过男女主人，便离开了。

第二天，罗宾见到连平时禁不住问道："昨天晚上我在斯旺森家看见你和最迷人的女孩在一起。她好像完全被你吸引住了。你怎么抓住她的注意力的？"

"很简单。"连平说，"斯旺森太太把苏珊介绍给我，我只对她说：'你的皮肤晒得真漂亮，在冬季也这么漂亮，是怎么做到的？你去了哪里？阿卡普尔科还是夏威夷？'

'夏威夷。'她说，'夏威夷永远都风景如画。'

125

'你能把一切都告诉我吗？'我说。

'当然。'她回答。我们就找了个安静的角落，接下来的两个小时她一直在谈夏威夷。

今天早晨苏珊打电话给我，说她很喜欢我陪她。她说很想再见到我，因为我是最有意思的谈伴。但说实话，我整个晚上都没说几句话。"

由此可见，在人际交往过程中，会倾听更容易受到欢迎。威廉·詹姆士说过："人类本质里最深远的驱动力是希望具有重要性。人类本质中最殷切的需求是渴望得到他人的肯定。"因此，人际交往的一个极为重要的法则就是时时让别人感到重要。与倾诉相比，倾听就是给人一种肯定和重要的感觉。

倾听很重要，但现实生活中，许多年轻女性却不注意倾听，她们是人群中的活跃者，她们喜欢以自我为中心，在喋喋不休之中让自己占尽谈话的"风头"，而忽视了别人也有谈吐的欲望，别人也渴望交流，最终，在有意无意间，令人感到压抑和被忽视。她们伤害了别人，自己也得不到好人缘。所以，"会听"的耳朵比"会说"的嘴巴更重要，与其滔滔不绝地谈论自己，倒不如听听别人如何说。

民间有一种很有意思的说法，说人们之所以喜欢拜观音菩萨，就是因为她只听不说。虽然是一个民间说法，却说明了倾听在社会交际中的重要性。同样，在

西方也流行着这样一句谚语："上帝给我们两只耳朵，却只给了一张嘴巴，其用意是要我们少说多听。"

假如你是一个说话者，而你的交流者没耐心听你讲话，或者把你的话当耳边风，随便敷衍，你会有好的感觉吗？相反，如果对方相当重视你的谈话，你肯定更容易和对方交流。

卡耐基曾被邀请去参加了一个桥牌集会。卡耐基不玩桥牌，在场的一位金发女郎也不玩。她发现卡耐基曾是罗维尔·托马斯进入无线电业之前的经理，也发现他在准备生动的旅行演讲的时候，曾在欧洲各处转过。因此她说："卡耐基先生，我请求你把所有你去过的那些美妙的地方，以及你所见过的那些美丽景色，全部告诉我。"

坐在沙发上，金发女郎说她和丈夫最近刚从非洲旅行回来。"非洲！"卡耐基惊叹，"多么有意思！我一直想看看非洲，但除了有一次在阿尔及利亚待了24小时以外，我从没去过。真的，我多羡慕你，请把非洲的情况告诉我"。45分钟很快就过去了。她一次也没有问卡耐基去过什么地方，看到了什么。她不想听卡耐基谈论他自己的旅行，她所要的只是一个感兴趣的听众，她滔滔不绝地告诉卡耐基她去过的地方。

她与众不同吗？许多人都像她一样。我们应该聆听别人的理由至少有两个：第一，只有凭借聆听，你才能学习；第二，别人只对听他说话的人有反应。

可惜，我们大部分的人很少真正记得应用它。卡耐基说："最重要的是聆听，在你开口告诉别人你有多棒之前，你一定要先聆听。然后你才能开始认识别人，与别人交谈，千万别高人一等。多跟别人交谈，用心倾听，不要太快下决定。"简单来说，世界上任何人都喜欢别人听自己说话，只有对于听他说话的人，他才会有反应。聆听是表示尊重的一种最佳方式，表示我们看重他们。聆听他人，我们等于是在说："你的想法、行为与信念对我都很重要。"

倾听是对他人的一种尊重、一份理解、是心与心的交流，是情感与情感的互动。倾听是对他人最好的恭维，学会倾听，你才能将自己打造成人生的智者。

在人与人的交往中，每个人都希望别人能听自己的话，这是人的一种心理欲求。如果一个人在交际中一直以自己为中心，滔滔不绝地谈论自己，就会让人感到乏味和厌倦。所以，西方人常说："与人交谈，犹如弹弦一般，当别人感到乏味时，便要把弦按住，使它停止振动、发声。"当你忍不住要夸夸其谈时，请多想想这样所带来的恶果吧。

话说多了，就会让人生厌，也容易"祸从口出"，这时，最好的办法是学会静心倾听。注意听，给人的印象是谦虚好学，专心稳重，诚实可靠；认真听，能减少不成熟的评论，避免不必要的误解；善于听，能让你拥有更多的朋友。

谣言止于智者

在春秋战国时期，南子是卫国国君的宠妃，是个倾国倾城的美人，但是在外面的名声不太好。有一次，孔子去会见南子，子路很不高兴。他劈头盖脸地质问他的老师，一点儿也不给孔子留面子。急得孔子赌咒发誓说："我要是做了什么伤天害理的事，那真是要天打五雷轰！"其实，子路听说孔子去见了南子，很着急也很生气的主要原因是担心老师的声誉被毁。但是，孔子并不这样认为，他说："子路啊，你不要人云亦云。难道你不知道人言可畏吗？别人说南子不好——是个天厌之人，但是我见了她觉得她很好，并不是外面所传说的那样。"

在这里我们能看到一个智者的修养：背后不胡乱说他人是非，而且让谣言止于智者。关于这一点，古今中外的思想家空前一致。

有这样一个故事，一个人急急忙忙地跑到苏格拉底那儿，对苏格拉底说道："我有个消息要告诉你……"

"等一等。"苏格拉底打断了他的话，"你要告诉我的消息，用3个筛子筛过了吗？"

"3个筛子？哪3个筛子？"那人不解地问。

"第一个筛子叫真实。你要告诉我的消息，确实是真的吗？"

"不知道，我是从街上听来的。"

"现在再用第二个筛子审查吧。"苏格拉底接着说，"你要告诉我的消息就算不是真实的，也应该是善意的吧。"

那人踌躇地回答："不，刚好相反……"

苏格拉底再次打断他的话："那么，我们再用第三个筛子，请问，使你如此激动的消息很重要吗？"

"并不怎么重要。"那人不好意思地回答。

苏格拉底说："既然你要告诉我的事，既不真实，也非善意，更不重要，那么就请你不要说了！这样的话，它就不会困扰你和我了。"

这就是智者的胸怀，让扰乱人心的谣言到我们这里戛然而止。否则以讹传讹，后果不堪设想。谣言的危害猛于虎，它不仅伤害到一个人的声望名誉，更会使人以死正身。就如，在 20 世纪的旧上海，阮玲玉可以说是名噪一时的名角。但是这位才华卓绝的女演员却因为不堪忍受流言蜚语而自杀，在 25 岁的花样年华香销玉殒。她走得匆忙，也留给我们诸多揣测，难道她年轻生命的代价还不能让世人惊醒吗？

人在工作中，难免会遇到各色人等，也难免会遇到谣言，但是面对闲言碎语我们要有足够的理性，千万不能火上浇油，也不要轻易相信这些人云亦云的事物，要学习孔子这位千古圣人的理智。他用自身的言行给子路上了一课，也给众人上了一堂深刻的人生课。

谣言依附盲从者而生存，依靠智慧者而终止。

宋国有一个姓丁的人家，家里没有井，因此整天都要浪费至少一个人的劳力到其他地方挑水。

后来，姓丁的人家决心在后院打一口井，找了许多人来帮忙。他们下了很多功夫，花了许多钱，终于有了自己的水井！

有了这口井，姓丁的人家觉得轻松多了，挑水浇园和饮用都不必到很远的地方去；入秋时，田里还大丰收。于是，他们对邻居说："我家开了口井，等于得了个人！"

有人在一旁听到这话，非常惊讶，以为丁家真的从井中挖出一个大活人。于是，这个人把这个消息当作新闻，逢人便说："姓丁的人家开井，从井里挖出来一个人！"人们听了，都感到很惊讶，于是一传十、十传百，百传千……一时间，全国各地的人都听说了。

这话传到宋国国王的耳朵里，国王并不相信，就叫人到丁家询问这件事。

丁家的人见国王派人来查问，非常慌张。等明白了怎么回事，才松了一口气，便对那人说："我们丁家开井只能得水，怎么会得人呢？所谓开井得一人，是说因为有了这口井，我们家就节约了一个劳动力啊！"

了解了事情的真相后，国王下令禁止传扬这件事。从此，才没有人再说丁家井中得人的奇事了。

谣言止于智者，当真相大白于天下时，谣言自然不攻自破，传播谣言的人也就停息了。

那么，信息化在方便了沟通、密切了联系的同时，也为一些不准确或错误信息的快速传播提供了条件，产生不良影响甚至是严重后果。谣言止于智者。我们每一个人，都有责任和义务，学会做一个面对谣言的智者。真正的智者不一定要博古通今，不一定要历经坎坷，但一定要内心强大，有着健康平和的心态；真正的智者，一定能以柔克刚，以静制动，不能随波逐流、人云亦云；真正的智者，要有明辨是非的能力；真正的智者，要有终止谣言的勇气，还原事实真相的勇气。只有这样，才能从根本上铲除谣言生长的土壤，合力营造一个清明的世界。

藏不住事，不成大事

藏不住事的人很容易将自己的隐私泄露给他人，自己的隐私一旦被人知晓，很可能造成不可估量的麻烦。

给你的隐私加把锁，不要轻易向人"自揭短处"，如果你不想给人留下浅薄的印象，就不要轻易地让别人将你看得通通透透。

我们每个人在自己的内心里，都有一片私人领域，在这里我们埋藏了许多只属于我们自己的"隐私"。

那是自己的秘密，只可留给自己，千万不要随便说出口。

马林因为不懂保护隐私，吃了大亏。他刚入职场时，怀着单纯的想法，像大学时代对室友们无话不说一样，常将自己的经历及想法毫不设防地对同事讲。马林工作不久，就因出色的表现成为部门经理的热门人选。可他曾无意中告诉同事，他的父亲与董事长私交甚好。于是，大家对他的关注集中在他与董事长的私人关系上，而忽视了他的工作能力。最后，董事长为了显示"公平"，任命了一个能力和他差不多的职员为部门经理。如果马林保护好自己的隐私，也许就能得到这个升职的机会。老板都欣赏公私分明的员工，敬业不仅意味着勤奋工作，更意味着以大局为重，不把私事带到工作领域中。

很多人都和马林一样，有一个共同的毛病：心里藏不住事儿，有一点点喜怒哀乐，就想找人谈谈；更有甚者，不分时间、对象、场合，见什么人都把心事往外吐。

其实这也没有什么不对，好的东西要与人分享，坏的东西当然不能让它沉积在心里。要说可以，但不能"随便"说，因为你的每个倾诉对象都是不一样的，说心里话的时候一定要该说则说，不该说千万别说。

之所以处理隐私要慎重，是因为隐私会泄露一个人的脆弱面，这脆弱面会改变他人对你的印象。虽然有人欣赏你"人性"的一面，但也有人可能会因此而下意识地看不起你。

一定要给你的隐私加把锁，无论是办公室、洗手间还是走廊，只要是在公司范围内，都不要谈论私生活；不要在同事面前表现出和上司超越一般上下级的关系；即使是私下，也不要随便对同事谈论自己的过去和隐私；如果和同事已成为朋友，不要常在其他同事面前表现得太过亲密，对于涉及工作的问题，要公正，

有独到的见解，不拉帮结派。有些人喜欢打听别人的隐私，对这种人要"有礼有节"，不想说时就礼貌而坚决地说"不"。千万不要把分享隐私当作打造亲密同事关系的途径。

我们不妨学着换位思考，站在别人的角度想一想，也许更能理解为什么有些话不该说，有些事不该让别人知道。全面地看待问题，会有助于你权衡什么该说，什么不该说。

保护隐私，一来是为了让自己不受伤害，二来也是为了更好地工作。不过，也没必要草木皆兵，若对一切问题都三缄其口，也很容易让人觉得你不近情理。有时，拿自己的缺点自嘲一把，或和大家一起开自己的无伤大雅的玩笑，会让人觉得你有气度、够亲切。

会表达，易成功

会说话，拥有好的口才。如果你在社交中能侃侃而谈，用词高雅恰当，言之有物，对问题见解深刻，反应敏捷，应答自如，能够简洁、准确、生动地表达自己的思想与情感，更能表现出不同凡响的气质和风度，那么，这对于生活和工作都是大有裨益的。

2003 年 10 月 15 日"神舟五号"升空飞行之后，中央电视台《东方时空》曾专门对杨利伟和他的领导进行采访，请他们回答"杨利伟怎样成为中国太空第一人"这一广受关注的问题。

被采访的航天局领导说了 3 个原因：一是杨利伟在 5 年多的集训期间，训练成绩一直名列前茅；二是杨利伟处理突发事件的能力特别强，在担任歼击机飞行员时，多次化解飞行险情；三是他的心理素质好，口头表达能力强，说话有条理、有分寸。凭借以上 3 个优势，杨利伟最终通过了 1600 人—300 人—14 人—3 人—1 人的淘汰考验。

第三点原因令收看此节目的观众感触颇深。节目中介绍：在总结会上，杨利伟准备了充分、积极的发言，发言条理清晰，逻辑性强，再加上不慌不忙，故而给领导留下了深刻的印象。所以，当口头表达能力作为选择的一个重要条件时，天平就偏向了杨利伟。

从杨利伟身上，我们可以明白这么一点：出色的口才不但能帮你施展才华，赢得领导的赏识，更会让你的事业成功。

在职场中，工作能力差不多的两个人，语言表达能力不好的人升迁机会往往要比语言表达能力好的人少得多。有人说，干得好不如说得好，这句话虽然有失偏颇，但是在职场中，会做事再加上会表达，这样的人肯定能迅速受到领导的青睐和重用。

美国某研究所进行的一项专门调查显示，有80％以上的企业管理者经常发出这样的抱怨：员工的语言表达能力每况愈下，这主要表现在两个方面——与同事沟通出现语言障碍，向领导汇报时表述不清。

另一个数据也同样说明了这个问题。有65％以上的员工因为语言能力问题而迟迟得不到升迁，有的员工即使因为业务能力强而暂时得到升迁，但继续升迁的难度很大，究其原因就是语言表达能力不过关。

在职场中，有很多下属不善于和领导沟通，甚至害怕和领导沟通。尽管领导对自己也算不错，尽管彼此并无矛盾，甚至也明白沟通很重要，但在工作中还是会不自觉地尽量避免与领导沟通，或者减少沟通的内容。这样的下属得不到领导的赏识也是情理之中。

俗话说：会说话能当钱花。意思就是说，如果一个人善于驾驭语言，便可以不用一分一毫，得到所需要的东西。会说话可以推销，可以结好人缘，甚至可以不战而屈人之兵。

战国时期，苏秦和张仪就凭着三寸不烂之舌，跻身于中国统一的推动者之列，还并列成为一言以兴邦，一言以丧邦的纵横派鼻祖。

同样，在三国时期，刘备被曹操大军穷追猛打，眼看就要全军覆没，打出白旗投降服输，诸葛亮单舟渡江，在东吴"舌战群儒"，不花一文钱就获得了东吴这个强大的盟友，使刘备免于灭顶之灾；后来，诸葛亮又在阵前温文尔雅地说了一席话，气死了大司徒王朗，把语言直接转化为战果，传为千古佳话。

由此可见，会说话是多么的重要。尤其是在现代社会，在这个信息时代，社交成为生活中的重要组成部分，与人合作的机会越来越多，交际越来越多，推销自我的口才也越来越重要。有口才就是会说话。口才是一门艺术，话说得得体，不仅能体现出自身修养，让别人舒舒服服地接受我们的意见，使人愿意接近我们，还可以让我们了解对方的意图，或从中得到启示，增加彼此间的了解，和对方建立良好的友谊。

"会说话"不仅能当钱花，还有比当钱花更多的好处。比如说，会说话能帮助你在竞争中，转败为胜。

有一个美国人图拉德，他听说阿根廷需要在国际市场购买 2000 万美元的丁烷气体，就想做这笔生意，但他的实力远不如竞争对手。这时，他得知阿根廷牛肉过剩，就以买 2000 万美元牛肉为条件，说服阿根廷政府把丁烷生意的合同给他。接着，他飞往西班牙，找到一家因缺少订货而濒于关闭的造船厂，以定购一艘造价 2000 万美元的超级油轮为条件，说服他们购买他买下的阿根廷的 2000 万美元牛肉。然后他直奔费城太阳石油公司，以购买 2000 万美元的丁烷气体为条件，说服该公司租用他在西班牙建造的 2000 万美元的超级油轮。最终，图拉德凭借他的口才，做成了这单生意。

"会说话"还能助人把宏伟蓝图变成现实。早在 19 世纪，梦想修建美国中央铁路的 4 名加州人，自行组建了太平洋铁路公司。为了实现这个宏伟蓝图，他们亲自出马向铁路沿线的州县政府游说，不仅列举大量发展铁路事业对促进地方经济繁荣的好处，还详尽说明了他们方案的可行性和可靠性，晓之以理，动之以利，终于从沿线政府筹到大量资金。就这样，他们没出一文钱，靠自己的三寸不烂之舌，借用地方政府的经济力量，建成了美国中央铁路，并赚取了巨额利润。他们被当作美国第一代创业者和美国铁路创建人载入史册。

总之，会说话能当钱花。拥有好的口才，能够帮我们解决大大小小的问题，对于我们的生活、工作都有很大的益处。

留点余地

人们常说"满饭不能吃，满话不能说"，饭吃太饱容易伤身伤胃，话说太饱，则容易伤人伤己。说话留点余地，给别人一个出路，为自己种一片花田。

一个人做错事情是在所难免的，由此而受到批评也是理所当然。但任何一个谈话高手都知道，批评的话最好不超过三四句。会做工作的人，在对别人进行批评教育时，总是三言两语见好就收，不忘给对方一定的余地。有的人不懂这个道理，他们总是不肯善罢甘休，非把对方批得体无完肤不可，结果是过犹不及，往往把事情推到了反面。

某工厂一位李姓工人私自把仓库里的钢筋拿回了家，安装在窗户上。这事让厂领导知道了。领导抓住这一点，把李某狠狠地批评了一通。当然，李某也认识到自己的确错了，很诚恳地向厂领导认错。这件事本该到此为止，但厂领导并没有善罢甘休，非让李某写下书面保证并公开在厂中认错不可。书面保证可以写，但公开认错就有点勉为其难了。这类事本来就不光彩，如果让厂里的同事都知道了，李某觉得很难堪，思来想去，仍找不到下台的办法，于是便递交了辞呈。

去大会上检讨！

一般来说，批评应该适可而止，特别是对方已经明确认错，而事情又没有大到不可收拾，便没有必要把对方置于死地，让对方无颜面示人，因为我们批评的目的是治病救人，是为了帮助别人。

批评别人要留有余

地，自己说话承诺就更要留有余地。对于你没有十足把握的事情，不要把话说得太满，给自己留些余地和退路。逢人且说三分话，说话不说太满，把握不好会吃大亏的。说话最好留点余地，才不至于给自己带来麻烦。

有时在工作中很多人在对领导许下诺言时，是抱着一定要完成的决心的，但是总会有不确定的因素干扰我们，导致我们的工作不能如期完成。当然这并不是为不能遵守承诺找借口，而是要告诫自己——不要把话说得太死，凡事要给自己留有余地。否则一旦出现什么差错，不但领导不满，自己也会觉得很难堪。

王军是一家报社的记者，某天主编安排他去采访一个作家，这个作家是出了名的不接受采访，但是王军并不知道这件事，所以当领导问他能不能做到时，王军自信满满地说："没问题，三天搞定。"主编感到很高兴，以为王军有什么秘诀。

王军在接受任务之后才知道这个作家是不接受采访的，但是既然已经接了任务就一定要去做，就这样4天过去了，他的采访完全没有进展，主编找到他时，他只好和主编说："对不起，这次采访比较困难，我没有采访到那位作家。"

听了王军的话，主编生气地说："办不了你当初就直说，这不是耽误事吗？"

从这以后主编再也不敢把重要的采访任务交给王军了。

这里的王军就犯了话说得太满的禁忌。在与领导说话时，我们要吸取王军的教训，做到说话留有余地。具体来说，可以从以下几个方面加强：

领导布置的任务，千万不要在不了解的情况下轻易承诺，因为一旦你在事后发现自己无法胜任时，会让领导对你的评价大打折扣，认定你是一个不负责任，不可靠的人。

即使是自己熟悉的工作也不要轻易地保证没问题，而是应该用更谨慎的方式来表达自己的决心，告诉领导你会尽你最大的努力完成这项工作，或者说在没有意外的情况下一定准时完成，这样的说法会让领导明白，工作中是充满了变数的，所以工作被某些变数所干扰而导致工作不能如期完成的情况是存在的。这样即使工作没有如期完成，领导也会正确地评估你的努力，进而肯定你的成绩。如果工作如期完成了，领导一定会喜出望外，对你的评价也会随之增高。

如果领导布置给我们的工作，我们没有把握什么时候能够完成，因为制约它的因素很多，这时为了给自己留有余地，说话时一定要给工作加上限制，像是在"××前提之下"一样，这样一旦出现意外，我们能够解释工作拖延的原因。既给自己留有余地，又让领导觉得你是一个认真负责的人。另外，在与领导交谈时，要尽量选择温和的语言，不要用尖酸刻薄的话与其沟通。凡事多想多考虑，不把话说死，才能为自己留有回旋的余地。

领导作为一个特殊的职位，高高在上，我们说话要加倍小心，但是，对其他同事甚至下属，我们也同样不能马虎了事，不可把话说满。

在工作中，一旦我们选择了不留余地的说话方式，相当于走上一条不能后退的路，这样的说话方式不但吃力不讨好，还容易得罪他人，使我们日后的工作很难进行。

人生不是游戏，不能重新启动，所以失败是不能重来的，而且社会是复杂多变的，并不是只有黑白两种颜色，这就需要我们在说话时谨慎对待。给他人留有余地，给自己留有余地，才是真正的处世之道。

第十一章

为人胸怀：造房要余地，做人要余情
——眼界决定境界，气度造就高度

得放手时且放手，得饶人处且饶人

在人际交往中，得理不饶人的现象普遍存在。有些人一旦觉得自己有道理，就会揪住别人的过失，穷追猛打，非逼对方竖起白旗不可。但是，即使对方真的竖起了白旗，恐怕心里也有很多的怨气，而怨气多了，就会发泄，这样就容易冤冤相报。因此，生活中一些极具智慧的人，大多具有一颗包容的心，他们懂得得理也让人，不会因为自己有理就咄咄逼人，把对方"赶尽杀绝"，逼向绝路。

贝尼托·华雷斯是墨西哥前总统，墨西哥著名的资产阶级革命家和杰出的民主主义者。他是个纯血统的印第安人，牧童出身，连续当了四任总统。微贱的出身和他建立的丰功伟业，使他成为一个传奇人物。但是，华雷斯虽然身居高位，却没有以此来严格要求别人，他总是宽厚待人，在别人犯了错时，只要没有违背原则，他就不去计较，宽大处理。

一次，华雷斯到维拉克鲁斯视察。他被迎进了卡利州长的官邸。州长给总统安排了最好的房间，但华雷斯借口奥坎波的房间更

接近浴室，恳求和他交换。在总统的一再要求下，奥坎波让步了。第二天清晨，华雷斯走出房间到浴室去。没有水。他拍了几下手掌，来了一个名叫罗娜的女仆，她是个乡村妇女，不是很年轻，还有点脾气。

"你要什么？"这个女仆问道。

"请打一点水来。"华雷斯说。

"你要乐意，就等着吧。好个爱干净的印第安人！我总得先招待总统吧！"

华雷斯什么话也没说，就回自己房间里去了。过了一刻钟左右，总统又请她打点水来。

"你要乐意就等着，我得先伺候华雷斯先生！真不像话！没见过你这么不识相的人！这么着急，您就自己动手嘛，水龙头就在那儿！"说着指向了庭院一角的盥洗处。

华雷斯没对发脾气的罗娜说什么话，自己走去打水漱洗。

到吃午饭的时候，这个女仆穿上了她最好的衣服，心情紧张地盼着见到总统，希望有机会伺候他。

突然间，她看见那个不识相的印第安人穿一身黑色大礼服，在主人卡利的陪同下，沿着走廊穿过大厅。

"那家伙也来了。"这个敦厚的女仆想道。

当女仆看见大家一直等那个印第安人坐到他的高背椅上之后才敢入座，她吓得面无人色，浑身哆嗦，不由得惊叫一声。大家转过身来看着尴尬的女仆，她哭得悲悲切切。华雷斯站起身来，亲切地拉着她的胳臂说："别哭了，小姐。您不要担心，没有什么了不起的事嘛。如果您的工作是招待大家，那您就工作去吧，因为这里每个人都应当尽自己的本分。"

身为总统，华雷斯完全可以苛责女仆，但他没有那样做，反而在女仆自责难过时给予了安慰，他的雅量，他的宽阔的心胸，无疑是值得我们每个人学习的。

生活中，每个人都有做错事的时候，面对别人的错误我们不能一味地去责备，更不能在公众场合揭他人伤疤，这样会伤害对方的自尊，也容易留下怨恨。你可换位思考，因为你也是个普通人，也会犯错误，在你犯错误的时候难道你不希望别人能够原谅你吗？

得饶人处且饶人，在你给别人留一条路的时候，你也是在为自己铺一条路，如果把对方往绝路上逼，你的人生结局也不一定会如意。

水至清则无鱼，人至察则无徒

有一个人自命清高，看不惯尘世，去找禅师诉苦，禅师告诉他："知道'水至清则无鱼'吗？美玉还暗藏瑕疵呢，有雅量、懂包容才是大器，君子亦如是。"

古人云："水至清则无鱼，人至察则无徒。"水太清了，鱼就无法生存；对别人要求太严了，自己就会没有伙伴。这正是古人眼中与人相处的"中道"。水清当然好，但太清的水，容不了任何微生物生存，也没有任何隐蔽，因此鱼就无法存活。现实社会里，人能明察是非、分清善恶，当然好，但过分严厉，对别人太过苛刻，就变成了对人求全责备的严苛挑剔，就不能容人了。

孔子曰："君子周而不比，小人比而不周。"周是指包罗万象，好比一个圆满的圆圈，各处都统一；比则是指经常将别人与自己做比较，容不得别人有与自己不同的地方。一个君子的为人处世，就应该平等地对待每一个人，全面看待，并以公正之心待人。如果都希望别人完全和自己一样，则容易流于偏私。比而不周，如果斤斤计较，只和自己友好的、符合自己要求的人做朋友，凡事都以"我"为中心、为标准，这是不可取的作为。

事物的差异性决定了每个人都不可能是完全一样的，朋友亦是如此。更何况，人无完人，或多或少都会犯些错误。因而，我们对朋友的要求不能太过严苛，对于小的过失、缺陷，应该予以包容、谅解，并尽量欣赏、鼓励朋友，包容原谅他们的无心或情有可原的小过失，这才是应有的处世待人之道。相比之下，因为一点瑕疵就与朋友划清界限，则称不上是明智之举。

汉末魏初的名士管宁、华歆是从小到大的好朋友，恰同学少年结伴读书。一次，两人一同在园中锄菜，地上有块金子，管宁视而不见，继续挥锄，视非己之财与瓦砾无异，华歆却将金子拾起察看，仔细想过之后又将金子丢弃。此举被管宁视为见利而动心，非君子之举。

还有一次，两人同席读书，外面路上有官员华丽的轿舆车马经过，前呼后拥十分热闹，管宁依旧同往常一样安心读书，华歆却忍不住将书本丢到一边，跑出去看热闹。此举被管宁视为心慕官绅，亦非君子之举。于是，管宁毅然将两人同坐的席子割开，与华歆分坐，断了交情，说："你不再是我的朋友。"

华歆真如管宁认为的那样不是君子、不值得一交吗？事实并非如此。据史书记载：华歆自离开管宁后，便出仕为官，并且始终廉洁自奉。当初他受曹操征召将行，"宾客旧人送之者千余人，赠遗数百金"。华歆推辞不过，就暗暗在礼品上做上记号，事后一一送还。魏文帝时，华歆官拜相国，但他一直过着简朴的生活，得到的俸禄大多拿来接济穷苦的亲戚，以至于自己家一直很贫穷。

而且，两人绝交后，华歆并未因当初的难堪迁怒于管宁，而是多次向朝廷推荐管宁，鼓励管宁出仕，为社会出力，但管宁拒不接受。

从这一点上至少可以看出，华歆这个人是非常豁达、心胸宽广的。而管宁，虽然自比为君子，但显然，他只是一个不合格的、流于偏私的"君子"。

倘若我们像管宁一样不能容忍朋友的缺点，看到朋友有一点瑕疵，就否定他，那么估计也没有人愿意和我们成为朋友了。幻想所有的人都和自己一样，或者幻想所有的人都那么完美，是一厢情愿的想象。照此发展下去，我们就有可能因太过苛刻而流于偏私，从而失去真正值得结交的朋友。

交友如此，做人亦是如此。生活中，如果你以严苛、挑剔的眼光看待周围，那么你看到的将是一个不完美的世界，自己也很容易陷入其中。而如果我们善待周围的一切，以宽容、欣赏的眼光来看待这个世界，就会发现你生活的环境是多么的美好。

一位老禅师和一位老农坐在一个小城镇的道路旁下棋。一位陌生人骑马来到他们的身边，把马停下来，向他们问道："师父，请问这里是什么镇？住在这里

的居民属于哪种类型？我正考虑是否搬到这里居住。"

老禅师抬头望了一下这位陌生人，反问道："你刚离开的那个小镇上住的人，是属于哪一类的人呢？"

陌生人回答说："住的都是些不三不四的人，素质十分低下，我住在那儿感到不愉快，因此打算搬到这儿来居住。"

老禅师说："施主，恐怕你搬到这里来住也会感到失望的，因为这个镇上的人与你离开的那个镇上的人完全一样。"

过了不久，又有另一位陌生人向老禅师打听同样的情况，老禅师又反问他同样的问题。这位陌生人回答说："啊，我以前居住的小镇上的人都十分友好，我的家人在那儿度过了一段美好的时光，但我正在寻找一个比我以前居住地方更有发展机会的城镇，因此我们搬出来了，尽管我们还很留恋以前的城镇。"

老禅师说道："年轻人，你很幸运，在这里居住的人都是跟你差不多的人，相信你会喜欢他们，他们也会喜欢你的。"

一旁的老农不明白，为什么同样的问题，老禅师给出了不同的答案，甚至是两个截然相反的答案。

老禅师告诉他："念由心生，如果你以欢喜之心待人，自然看万事万物都欢喜；如果你以悲苦之心待人，自然看万事万物都悲苦。"

正如故事中老禅师所说的，如果以欢喜、欣赏的眼光看待这个世界，我们看到的将是美好的风景；而如果以悲苦、挑剔的眼光来对待，我们看到的也将是不尽如人意的景象。

虽然每个人心目中所认为应该的，或我们对每个人所认为应该的，各有不同，但包含"应该"之念是一致的。换言之，我们大多数人常以理想的眼光来看待别人，来要求这个世界的变化。然而，我们却也可能由此对别人、对世界产生了失望之情。所以，对待世间的人和事，我们应抱有客观公正的态度，既能看到他人的优点，也能包容和理解他人的不足。

"水至清则无鱼，人至察则无徒。"不妨心存厚道，多以宽容之心待人，君子和而不同，这样我们在交友与交际上也能变得更加从容。

将欲取之必先与之

永远不要吝惜对别人的帮助，在帮助别人的同时，也是在帮助自己，你将从中不断收获幸福和快乐。

有一位哲人这样说过，帮助自己的唯一方法，就是去帮助别人。

有一个盲人，在夜晚走路时手里总是提着一个明亮的灯笼。

别人见了觉得非常奇怪，问他："你根本看不见，为什么还要打着灯笼走路呢？"

盲人回答道："这个道理很简单，这个灯笼当然不是为了给我自己照路，而是为别人提供光明，帮助别人看清道路。也只有这样，别人才能看见我，不会撞到我身上，我的安全才有保证。"

当盲人无私地为他人着想、方便他人时，恰恰帮助了自己，给自己带来了安全。如果每个人都能像盲人这样学会帮助别人、关心别人，这个世界一定会变得更加美好。

帮助别人就是帮助自己，有时，只是举手之劳，就能解决别人的大麻烦、大问题，我们又何乐而不为呢？即使帮助别人需要耗费自己大量的精力、体力，耽误自己的时间，也是值得的，付出一定会有回报，你为他人所做的一切将为你赢得尊重、感激、信任等弥足珍贵的感情。

人与人之间的交往实质是一种平等互惠的关系，也就是说，你对别人怎样，别人就会怎样对你。你帮助我，我就会帮助你，正所谓"投之以桃，报之以李"，一个人只有大方而热情的帮助和关怀他人，他人才会给你帮助。所以你想得到别人的帮助，首

先必须帮助别人。

当然，帮助别人还能给自己带来精神上的欢愉和满足，能够有余力让他人从困境中解脱，这本身就是一件值得自豪的事。我们应该时时伸出热情的手，时时帮助和关怀别人，因为我们的帮助，不仅能助他人一臂之力，而且能给对方带来力量和信心，使他们有更大的勇气去战胜困难。

特别是当一个人遇到挫折、处于逆境之中时，如果我们能热情相助，将犹如雪中送炭，别人也定会有"滴水之恩，当涌泉相报"的感激。"危难中见真情"，很多人在受到别人真诚的帮助后，总能以更真诚的感激报答别人。

在这个世界上，个人的力量总是单薄的，一个人无力去解决生活中的所有问题，没有谁能够离开别人的帮助而孤立地活着。为人处世，不能仅从"一己"考虑，只有多为别人着想，人们才会给你以友善的回报。

事实上，有些人总想从别人那里获取更多的东西，自己却吝啬哪怕一点点的付出。其实，你只要主动去关照、帮助别人，你眼前的世界也许就会因此而改变。

在帮助了他人之后，你就会发现，最快乐的是你自己，并且，你还能从中提高自己处理问题的能力；在帮助别人的同时，你会收获一种十分难得的自豪的感觉，正是这种感觉激励着我们奋发图强、走向成功。

人不在大，要有本事；山不在高，要有景致

刘禹锡曾在《陋室铭》中写道："山不在高，有仙则名。水不在深，有龙则灵。"意思是说，一座山，出不出名，不在于其是否高大，一条河出不出名不在于其是否够深，如果山里有仙，不高也会闻名，如果水里有龙，不深照样为人所知。而人也一样，就像刘禹锡在后面说的"斯是陋室，惟吾德馨"。他居住的虽然是一间简陋的小房子，但是由于他的品性高尚，一样可以让这座房子闻名。

其实，这不仅是刘禹锡个人的看法，古人也早就总结出了这个道理。有句老话是这样说的："人不在小，要有本事；山不在高，要有景致。"说的也是这个道理。而且，古往今来，也确实有无数的人在用自己的实际情况证明着这个道理。

翻开史书，我们能看到很多这样的事情，一些看起来不起眼的人，却取得了很大的成就，这其中，最典型就是晏子。

晏子是春秋时齐国人，历任齐灵公、齐庄公、齐景公三朝的卿相，辅政时间长达 50 余年，是一名出色的政治家和外交家。晏子逝世后，孔子称赞他说："救民百姓而不夸，行补三君而不有，晏子果君子也！"可谓是对他非常高的肯定了。

晏子虽然有大才，但其外形并不出众，甚至可以说有些拿不出手，他个子很矮，长得也不好看。在那个以貌取人的年代里，自然会受到很多轻视，不过，晏子总能用自己的智慧来化解这些不快。

一次，晏子将要出使楚国。楚王听到了这个消息后，对手下说："我早就听说晏婴是齐国善于言辞的人，可最近一打听竟然是个矮个子，那肯定就没有什么能耐了，看来传言也未必可信。如今，他就要来了，我想要侮辱他，你们说，用什么办法好呢？"手下们马上回答说："大王，等他来时，我们绑一个人从大王面前走过。此时，您就问我们：'绑着的是什么人？'我们回答您'他是齐国人'，然后大王再问'犯了什么罪'，我们回答'犯了偷窃罪'。然后您说'哦？齐国人都好偷盗吗'，不就侮辱了他吗？"

没过几天，晏子就来到了楚国，楚王表示欢迎之后，请晏子喝酒，就在酒喝得正高兴的时候，两个小官吏绑着一个人从众人面前走过。楚王见状，问道："绑着的是什么人啊？"小吏说："大王，这是一个齐国人，犯了偷窃罪，我们押他去受刑。"楚王听后，摆了摆手，让两个小吏走了，然后看着晏子问道："先生，你们齐国人很善于偷东西吗？"晏子听了楚王的话，离开了坐席，恭敬地回答道：

"大王，我听过这样一件事：橘生长在淮河以南结出来的就是橘子，生长在淮河以北接出来的就变成了枳，两者形状相似，味道却截然不同。橘子甘甜，枳则奇苦。老农说，之所以有这样的差别，是因为水土不同。如今，这个人在齐国的时候不偷东西，一到了楚国就偷东西，莫非楚国的水土能让百姓喜欢偷窃吗？"

楚王听了晏子的话后，很尴尬，苦笑着说："圣人不是能随便开玩笑的，那是在自讨没趣。"而且，从那以后，楚王再也不以貌取人了。

相信很多人都看过这个故事，我们看故事的时候，都会为晏子的机智拍手称快，觉得痛快淋漓，而对楚王，则会觉得他是自取其辱。

而同时，我们也要从另一方面认识到，真正能够让我们不同于众人的，是能力，是智慧，而不是外貌。因此，我们在改变自己的时候也应该注重自己的修养而不是注重外貌。不要因为自己的某些外在的东西不如别人就对自己丧失信心，而是应该奋起努力，从内在上充实自己，最后取得成功。

加拿大第一位连任两届总理的让·克雷蒂安小的时候说话口吃，讲话时嘴巴总是向一边歪。

为此，克雷蒂安很伤心，一点儿也没有自信。后来，他的母亲听闻说话的时候嘴里含上一粒石子，可以纠正口吃的毛病，就决定让小克雷蒂安试试。于是，小克雷蒂安就开始了艰苦的训练。

时间长了，克雷蒂安有点懈怠，不想再练了。妈妈看出了他的抵触情绪，跟他说："每一只漂亮的蝴蝶，都是冲破束缚它的茧之后才变成的。如果你能够克服困难，也可以成为一只漂亮的蝴蝶。"

从那以后，小克雷蒂安更加认真了。终于，功夫不负有心人，经过长久的磨练，克雷蒂安能够流利地讲话了。而且，也对自己有了信心。最后，他参加了全国总理大选，并一举夺得总理的位置。在竞争演说中，他曾诚恳地对选民说："我要通过刻苦努力，带领国家和人民成为一只美丽的蝴蝶。"后来，他成功了，为祖国做了很多贡献，加拿大人民亲切地称其为"蝴蝶总理"。

我们要学习的就是克雷蒂安的这种精神，不要因为自己暂时的失意，或是外在条件的不足而对自己失去信心，记住，只要肯努力，就一定能够成功。

我想，看到这里大家已经明白了。外表，或者说外在，并不能证明一个人的真正实力，于己如此，于人亦然。我们不要因为别人外在的不如意而去嘲笑他，也不要因为自己外在的不如意而灰心。看人要看内在，做人一样要做内在。如果你做到了这些，于人来说，你必将是个受欢迎，受尊重的人；于己来说，也肯定能够实现自己的人生价值，做到不虚此生。

请牢牢记住这句话吧："人不在大，要有本事；山不在高，要有景致。"

凡事留一线，他日好相见

万事不可做绝。不留后路，就是把自己逼进了死胡同，没有变通的余地。日后即使想变、想通也无路可走了。而且，世事无常，谁都不能预料前方会发生什么，趁早给自己留条后路，出现变动时才不至于束手无策。

《红楼梦》中的平儿，是凤姐儿的心腹和左右手，但在待人处事方面，她并不唯凤姐儿马首是瞻，或者倚仗凤姐，把其他人统统不放进眼里。她始终为自己留余地留退路，绝没有犯凤姐儿所说的"心里头只有我，一概没有别人"的错误，更不像凤姐儿那样把事做绝。平儿对下人从不依仗权势，趁火打劫，而是经常私下进行安抚，加以保护。

凤姐死后，大观园一片败落，本是凤姐"党羽"的平儿却多次获得众人帮助渡过难关，终得回报。

在待人处世中，万不可把事做绝，要时时处处为自己留下可以周旋的余地，就像行车走马一样，一下子走到山穷水尽的地方，调头就不容易；留有一些余地，调头就容易多了。正如常言所说："过头饭不可吃，过头话不可讲。"

与人相处也是如此，事情做"绝"了，对方是善良人还好，对方若是恶人，反身一扑，自己就完全无路可走了。

而在猫与老虎的故事中，猫就聪明得多。传说猫曾做过老虎的老师，教它诸般发威、怒吼、卷尾、剪、扑之技，但猫思虑老虎比自己庞大，若日后它欲反扑于我该怎么办，遂保留了一手爬树的技巧，果然老虎不久就翻脸了，怒欲扑食猫老师，猫老师"嗖"地蹿上树顶，老虎抬头张望无计可施。

"凡事留一线，他日好相见"这句老话，也体现出为人处世的中庸之道。做事情不可做得太极端，话不可说得太满。就如，我国古代有个叫李密庵的学者，写过一首《半半歌》，诗云："饮酒半酣正好，花开半时偏妍。帆张半扇免翻颠，马放半缰稳便。半少却饶滋味，半多反厌纠缠。百年苦乐半相参，会占便宜只半。"就是凡事要留有余地，不要不给自己和别人留退路。凡事留有余地，则自由度就增加。进也可、退也可、亲也可、疏也可、上也可、下也可，处于一种自由的境地，体现了一种立身处世的艺术。

因而，做事之前考虑一下退路，说话之时留点回旋的余地。物极必反，极端、绝对的为人处世方法可能会伤人害己。

中国人办事讲中庸之道，不偏不倚，不左不右，折中调和，不走极端。在为人处世时，严格要求自己，办事知道节度，不走极端，可以通行无阻，马到功成。

世事无常，万事多留些余地，多些宽容。这是一条重要的做人准则。在你留有余地的同时，别人也会因此而受益匪浅。

第十二章

待人接物：敬人者人恒敬之，爱人者人恒爱之

——有礼才会有理

打人莫打脸，骂人莫揭短

俗话说："人有脸，树有皮"。自尊心是每个人都有的，因此在人际交往中，应当尽可能照顾别人的自尊心，千万不要伤害别人的自尊心，尤其不要揭人短处，戳人伤疤。

当然，人际交往中摩擦是难免的，在摩擦中，应当就事论事，才能保持双方的理智，集中精力解决问题。假如搞人身攻击，不仅问题解决不了，还会引起激烈的冲突，甚至导致双方失去理智。

解决人际交往冲突的方法很多，非原则性的争执，则谦让宽容；原则性的问题，比如对方确实存在错误缺点，则采取"理直气和"法。即在批评别人时坚持以理服人、婉转迂回的方式。

《伊索寓言》中有一篇关于太阳和风的故事：

太阳和风谁更强有力？风说："我要让你看看我的力量，看见路上穿大衣的那个老头吗？我敢打赌，我能比你更快地使他脱掉大衣。"

于是，太阳躲到云后，风开始吹起来。风越吹越猛，但它吹得越急，老人把大衣裹得越紧。

终于，风无可奈何地平息下来。太阳从云后露出脸来，以暖洋洋的光照着老人。不久，老人出汗了，不得不把大衣脱掉并躲到树荫下纳凉。

太阳对风说："怎么样，温和与友善比愤怒和粗暴更有力吧？"

从以上故事可以看出，有时候用温和的方式更容易让人做出改变或者接受我们的观点建议。所以在对人对事上，不揭人短处，不戳人痛处，用温和的语气更容易取得预期的效果。

此外，如果当你用理直气和法去指出或批评别人的缺点、错误时，需要注意以下几点：

1. 从正面称赞入手，然后再转入你要指出或批评的问题。

2. 间接友善地提醒别人的错误和缺点，启发当事人自己纠正。

3. 在指出或批评别人的错误和缺点时，要善于保住别人的面子，给别人台阶。

俗话说："良言一句三冬暖，恶语伤人六月寒。"揭人的短、伤人的自尊心是令人难堪的。在人与人之间的交往中，千万要维护别人的自尊，即使人家有错误，也应该在适当的场合婉转地指出。

明太祖朱元璋出身寒微，做了皇帝后自然少不了有昔日的穷哥们到京城找他。这些人以为朱元璋会念在老朋友的情分上给他们封个一官半职，谁知朱元璋最忌讳别人揭他的老底，认为那样有损自己的威信，因此对来访者大都拒而不见。

朱元璋儿时的一位好友，千里迢迢从老家凤阳赶到南京，几经周折才算进了皇宫。一见面，这位老兄便当着文武百官大叫大嚷起来："朱老四，你当了皇帝可真威风呀！还认得我吗？当年咱俩一块儿光着屁股玩耍，你干了坏事总是让我

替你挨打。记得有一次咱俩一块儿偷豆子吃，背着大人用破瓦罐煮。豆子还没煮熟你就先抢起来，结果把瓦罐打烂了，豆子撒了一地。你吃得太急，豆子卡在喉咙里还是我帮你弄出来的。你忘了吗？"

这位老兄还在喋喋不休唠叨个没完，朱元璋却再也坐不住了，心想此人太不知趣，居然当着文武百官的面揭我的短处，让我这个当皇帝的脸往哪儿搁？盛怒之下，朱元璋下令把这个穷哥们儿杀了。

朱元璋原本是泥腿子出身，早年当过和尚，后来又参加过推翻元朝统治的红巾军起义。这些经历在朱元璋看来都是卑微的。朱元璋因当过和尚，对"光""秃"一类的字眼十分忌讳；因红巾军被统治者说成是"贼""寇"之类的组织，朱元璋便对这些字眼也极为反感。最具有代表性的例子是，杭州徐一在《贺表》里写了"光天之下，天生圣人，为世作则"几个字，朱元璋读了勃然大怒，说："生者僧也，骂我当过和尚。光是削发，说我是秃子。则者近贼，骂我做过贼。"于是，立即下令把徐一处死。洪武年间，大兴文字狱，唯一幸免的文人是翰林院编修张某。他的作贺表文里有"天下有道""万寿无疆"两句话，朱元璋看了发怒说："这老儿竟骂我是强盗呢！"差人逮来当面审讯。张某说："天下有道是孔子说的，万寿无疆出自诗经，说臣诽谤不过如此。"朱元璋被顶住了，无话可说，想了半天才说："这老儿还这般嘴硬，放掉罢。"左右侍臣私下议论："几年来才见饶了这一个人。"

揭皇上的短，要遭杀头。即便揭平常人的短也会让人不痛快，让彼此都不愉快。

俗话说："打人莫打脸，骂人莫揭短。"中国人最爱面子，"人活一张脸，树活一张皮"。揭他人不光彩的过去是对他人的不敬重，也是自讨没趣的做法。

吃水不忘掘井人

乔治·马歇尔是美国的一代名将，在第二次世界大战中，他作为美国陆军参谋长，对建立国际反法西斯统一战线做出了重要贡献。

鉴于其卓越功勋，1943年，美国国会同意授予马歇尔美国历史上从未有过的最高军衔——陆军元帅。但马歇尔坚决反对，他的公开理由是如果称他"FieldMarshalMarshall"（马歇尔元帅），后两字发音相同，听起来很别扭。其实真正的原因是这将使他的军衔高于当时已病倒的潘兴陆军四星上将，因为马歇尔深知"吃水不忘掘井人"这个知恩图报的道理。马歇尔认为潘兴才是美国当代最伟大的军人，自己又多次受到潘兴将军的提拔和力荐，马歇尔不愿使自己崇敬的老将军的地位和感情受到伤害。

第一次世界大战中，马歇尔随美军赴欧参战。当时的美国远征军司令潘兴非常欣赏马歇尔的才能，大战末期将他提拔为自己的副官，视为得意门生。后来潘兴虽然退役，仍然多次力荐马歇尔晋升。在潘兴的有力影响下，1939年马歇尔领临时四星上将军衔出任美国陆军参谋长。

有一段小插曲足以说明马歇尔对潘兴的深厚感情。1938年春，马歇尔前往医院探望潘兴。潘兴若有所思地说："乔治，总有一天你也会像我一样当上四星将军的。"马歇尔满怀感激地回答："美国只有您有资格获四星上将军衔，绝不可能再有另一个人！"听到马歇尔的肺腑之言，潘兴顿时热泪盈眶："谢谢你，乔治！"

马歇尔拒绝当元帅后，为了表示对他的敬意，美军从此不再设元帅军衔。1944年底，马歇尔晋升五星上将——美军的最高军衔。

现实生活中，我们往往会发现这样的现象：一些取得成就的人，往往会上演一幕小人得志的丑剧，将最初的谦恭忘得一干二净，这样的人其实并不具备谦虚的美德。

伟大的人不会如跳梁小丑般，他们的谦恭是由内而外、自始至终的。越在名利的顶峰处显示出的虚心，越发显得弥足珍贵。

季羡林先生在德国留学期间，时逢战乱，生活得不到保障。此时，他得到了许多德国师友的真诚帮助与照顾，最终得以熬过难关。季先生对此一直感激莫名，晚年还曾趁赴德开会的机会特地去探望当年的师友，以示感激。

感恩是一种心态。一个人如果常存感恩之心，就会保持积极良好

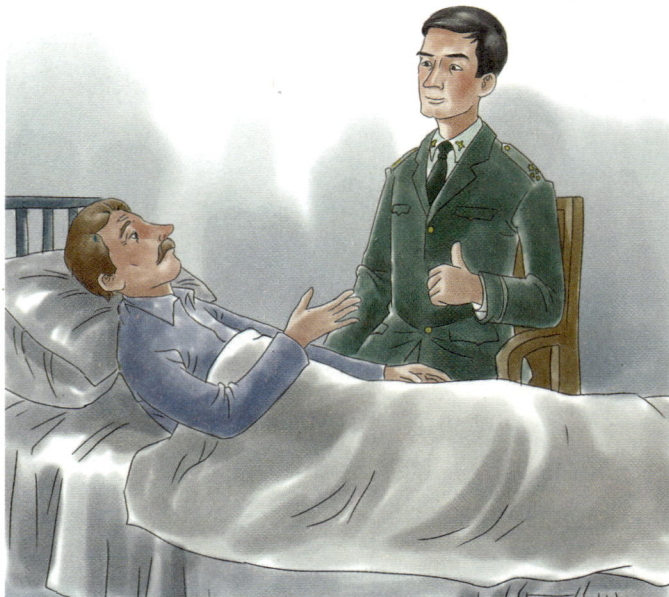

的心态，对自己的所得感到满足，而不会过多地挑剔；对自己的所失也会处之泰然，而不会过多地失落；对自己的付出会感到自然，而不会认为是吃亏。因此，一个人常存感恩之心，无论对他人、对社会，还是对自己都是非常有益的。

对于我们来说，要常存感恩之心：我们能够来到这世上，享受生活，要感谢父母赋予我们生命；如果我们身体健康，没有疾病，那么我们应该对生活感恩；如果我们从未体验过战争的危险、牢狱的孤独，那么我们应该对社会感恩；如果我们在银行里有存款，钱包里有票子，那么我们应该对政府感恩；如果我们父母双全，孩子上进，那么我们应该对家庭感恩；如果我们所在的单位发展迅速，领导关怀，同事团结，事业有成，那么我们应该对单位领导和同事感恩……

我国古代的贤哲和现代的智者都非常注重修炼感恩之心，他们留下了许多知恩图报的动人故事。

春秋时期的齐桓公能够成为五霸之首，鲍叔牙推荐管仲功不可没。当初，管仲辅佐公子纠，为了帮助公子纠争夺齐国王位而箭射公子小白（即后来的齐桓公），小白登上王位之后，不计前嫌，任用管仲为相，总理齐国朝政，终于称霸诸侯。

管仲功成名就之后，也始终未忘报答老朋友鲍叔牙的知遇之恩。当他走向生命尽头时，齐桓公请教在他之后谁能继任宰相之位，管仲问齐桓公自己有什么想法，齐桓公说准备让鲍叔牙接任宰相之位，总理齐国政务。可是管仲却建议齐桓公不要让鲍叔牙继任相位。齐桓公听得一头雾水，心想管仲既然要感激鲍叔牙，为什么又不让鲍叔牙继任宰相呢？

其实，管仲不愧是一位智者，考虑问题比一般人要远得多。作为鲍叔牙的好朋友，管仲太了解当时的局势和鲍叔牙的个性了。他不让鲍叔牙继任宰相，是真心对鲍叔牙报恩。因为管仲知道，自己一死，齐桓公也就完了，如果让鲍叔牙继任宰相，一定会死于非命，而不得善终，那他就更对不起这位好朋友了。

于是，管仲对齐桓公说："鲍叔牙是君子。即使给他一个大国，但是如果不按照他的方法来治理的话，他也不会接受的。鲍叔牙不可以做宰相，因为他喜欢良善，嫉恶如仇，只要见到恶人就会非常忌恨，并且终身不忘。这样就会树敌太多，容易陷入敌手。因此，鲍叔牙不适合继任相位。"

管仲的真实意思是不想让鲍叔牙将命断送小人手里。历史的演绎果然不出管仲所料。管仲死后不久，齐桓公也死了，齐桓公家里争得不可开交，连安葬齐桓公的人都没有，时间久了，齐桓公的尸体都生了蛆才入葬。如果鲍叔牙继任相位，肯定难得善终。

人在受人恩惠的时候，会获得温暖和动力；人在施人以恩惠的时候，会获得内心的愉悦和安慰。在这个循环过程中，个人的价值和情感都进行了一次复制和传递，由此价值倍增，彼此受益。常存感恩之心，吃水不忘掘井人是一种高尚的道德境界，是人生最大的拥有，是事业成功的源泉，也是传递人间真爱最朴素的方式。

辱人者必自辱

现实中，有些人自以为是，心中没有平等的观念，总喜欢拿别人的缺陷或长相来歧视他人，结果反被他人羞辱。

春秋末期，齐国和楚国都是大国。有一次，齐王派大夫晏子去访问楚国。楚王仗着国势强盛，想乘机侮辱晏子，显显楚国的威风。

楚王知道晏子身材矮小，就叫人在城门旁开了一个五尺高的洞。晏子来到楚国，楚王叫人把城门关了，让晏子从这个洞进去。晏子看了看，对接待的人说："这是个狗洞，不是城门。只有访问'狗国'，才从狗洞进去。我在这儿等一会儿，你们先去问个明白，楚国到底是个什么样的国家？"接待的人立刻把晏子的话传给了楚王，楚王只好吩咐大开城门，迎接晏子。

晏子见到楚王，楚王看了他一眼，冷笑着说道："难道齐国没有人了吗？"

晏子严肃地回答："这是什么话？我国首都临淄住满了人。大伙儿把袖子举起来，就是一片云；大伙儿甩一把汗，就是一阵雨；街上的行人肩膀擦着肩膀，脚尖碰着脚跟。大王怎么说齐国没有人呢？"楚王说："既然有那么多人，为什么打发你来呢？"晏子装作很为难的样子，说："您这一问，我实在不好回答。撒谎吧，怕犯了欺骗大王的罪；说实话吧，又怕大王生气。"楚王说："实话实说，我不生气。"晏子拱了拱手，说："敝国有个规矩：访问上等的国家，就派上等人去；访问下等的国家，就派下等人去。我最不中用，所以派到这儿来了。"说着他故意笑了笑，楚王只好赔着笑。

接着，楚王安排酒席招待晏子。正当他们吃得高兴的时候，有两个武士押着一个囚犯，从堂下走过。楚王看见了，问他们："那个囚犯犯的什么罪？是哪里人？"武士回答说："犯了盗窃罪，是齐国人。"楚王笑嘻嘻地对晏子说："齐国人怎么这样没出息，干这种事儿？"楚国的大臣们听了，都得意扬扬地笑起来，以为这下可让晏子丢尽了脸。哪知晏子面不改色，站起来，说："大王怎么不知道啊？淮南的柑橘，又大又甜。可是橘树一种到淮北，就只能结又小又苦的枳，还不是因为水土不同吗？同样道理，齐国人在齐国安居乐业，好好地劳动，一到楚国，就做起盗贼来了，也许是两国的水土不同吧。"楚王听了，只好赔不是，说："我原来想取笑大夫，没想到反让大夫取笑了。"

从此以后，楚王再不敢不尊重晏子了。

楚王的等级观念根深蒂固，所以轻视晏子乃至齐国。晏子知礼且据理力争，几个回合下来，楚王输给了晏子，并且心服口服。假如当初晏子不顾礼节，面对楚王的挑衅勃然大怒，那只会惹来楚国君臣的耻笑而已。

以前有一个秃子，一天他出门在外，住进一家小店，对面住了个麻子。月光照在麻子的脸上，秃子越看越有趣，就忍不住吟出一首诗：

脸

天排

糯米筛

雨洒尘埃

新鞋印泥印

石榴皮翻过来

豌豆堆里坐起来

秃子把麻子骂个痛快，很是得意忘形，就对麻子说："老兄，你能从一个字吟到七个字吗？"

麻子说："你吟罢了，我再模仿便没有味道，不妨我从七个字吟到一个字如何？"麻子就吟出一首诗：

一轮明月照九州

西瓜葫芦绣球

不用梳和篦

虮虱难留

光不溜

净肉

球

秃子一听羞得满面通红，再也说不出话来。

戏弄别人，却被他人嘲笑，这便是心怀恶意的人的下场。

卡耐基警告人们："要比别人聪明，却不要告诉别人你比他聪明。"这告诉人们，任何自作聪明的批评都会招致别人的厌烦，而缺乏感情的责怪和抱怨则更有损于人际关系的发展。

在日常生活里自以为是、动辄侮辱他人的人，往往会令人生厌且自讨没趣。

心口如一终究好，口是心非难为人

常言道："心口如一终究好，口是心非难为人。"

春秋时，楚国叶县有一个名叫沈储梁的县令，人们叫他叶公。他嗜龙如命，叶公的家里，不管是装饰物、梁柱、门窗、碗盘、衣服等，上面都有龙的图案，连他家里的墙壁上也画着一条很大的龙。"我最喜欢的就是龙！"叶公得意地对别人说。

有一天，叶公喜欢龙的事被天上的真龙知道了，真龙说："难得有人这么喜欢龙，我得去他家里拜访一下啊！"真龙就从天上飞到叶公的家，把头伸进叶公家的窗户内，叶公一看到真正的龙，吓得夺路而逃，并大喊："有怪物啊！"真龙觉得很奇怪，说："你不是很喜欢我吗？你怎么说我是怪物呢？"叶公害怕得直发抖，说："我喜欢的是像龙的假龙，不是真的龙呀。"叶公话没说完，就连忙逃走了！留下真龙一脸懊恼地说："叶公说喜欢龙这件事是假的，他内心很怕

我呢！"

后来，大家就用"叶公好龙"来形容一个人心口不一，口是心非。我们做人千万不要表面一套，背后一套，口是心非，失去大家对自己的信任，最终什么也做不成。

人的境遇、学识等因素，使得每个人对同一件事物的看法可能有所不同，所谓"横看成岭侧成峰，远近高低各不同"。我们有了想法，就要直抒己见，不要藏着掖着，造成别人的误会反而不好。你觉得他的方法不对，也可以直接告诉他，人与人都是平等的，提出中肯的意见，对谁都有利。

阿瑟是某大型公司的老板，在谈及他的成功经验时，他讲了自己小时候的一则故事：

我10岁的时候，正好遇上了那个年代的经济大萧条，为了能有自己的零花钱，我去一家糖果店干杂活。这份工作得来并不容易，我跟店主恳求了好久，他才答应让我留下来试试，因此我干得比别人更加卖力，并在闲暇的时候和店主家的同龄儿子成了要好的伙伴。

一天，店主的儿子要出去游玩，想邀请我一起同去，但是店主平时对我很严格，当天安排的活一定要干完，才能休息或自由玩耍。这次也是。我还有好多活没干完，但是我非常想去游玩。店主过来，问我："你想出去玩吗？但是你的工作没干完！"我犹豫了一阵，怯生生地回答："我想去。"我说完，内心想到："店主肯定会开除我的，因为我不勤劳，只想着玩了。"但没想到，店主听完，不但没生气反而很高兴地对我说："阿瑟，你干得很好！你是个诚实的孩子，你敢于说出自己心中所想的，而不是口是心非，随便编造一个谎言敷衍了事。这是我故意考验你的。恭喜你过关了，你可以在继续在这里干下去，直到你自己不愿意为止。"当时我高兴极了，我终于拥有了一份长期稳定的收入，但我没忘记，这一切都源于自己敢于说出心里真实话的诚实。

后来我相继又干过很多职业，但"心口如一"一直是我的人生信条，它使我赢得了良好的声誉，人们都乐于和我合作，我也就有了今天的成就。

看来"心口如一"是职场必备的一项技能。如果在与人交往的过程中，始终戴着自己的面具行事，不仅别人感觉不到你的诚意，而且别人也不会理解你的真实想法。所以，我们在与人交往的过程中，一定要"心口如一"。你的产品质量怎样，价值多少，有什么用途，都要一一对客户讲明白，这样才能取得他们对你的信任，买你的产品。如果你在推销自己产品的过程中，也是乱讲一气，故意把自己的产品说得天花乱坠，客户即使买了此产品，之后也会感觉上当，最终有可能造成退货，商家名誉上受到损失，更是得不偿失。

北宋词人晏殊，就是一个"心口如一"的人。在他14岁的时候，有人把他作为神童举荐给皇帝。皇帝亲自召见了他，并要他与一千多名进士同时参加考试。结果晏殊发现考试的题目竟然是自己十天前刚练习过的，就如实向真宗报告，并请求改换其他题目。宋真宗因此非常欣赏晏殊的诚实品质，便赐给他"同进士出身"。晏殊当职时，正值天下太平盛世。于是，京城的一些官员，便经常到郊外游玩或在酒肆饮酒。晏殊家贫，无钱出去吃喝玩乐，只好在家里和兄弟们读读书，写写文章，打发时间。有一天，真宗提升晏殊辅佐太子读书。大臣们都惊讶异常，不明白真宗为何做出如此决定。真宗说："近来群臣时常游玩饮宴，只有晏殊闭门读书，如此自重谨慎，正是辅佐太子合适的人选。"晏殊谢恩后说："我其实也是个喜欢游玩饮宴的人，只是家贫，没钱挥霍而已。若我有钱了，也想出去到处玩耍。"这两件事，使晏殊在群臣面前树立起了信誉，而宋真宗也更加信任他了。

因此，"心口如一"的精神是多么的难能可贵啊！所以为人处世一定要言行一致，切莫因口是心非失信于人，从而招人唾弃。

反驳也要给别人留面子

反驳别人的观点也是一门非常深的学问。懂得反驳技巧的人往往是反对别人的观点后还会让别人接受自己的看法，而不会反驳技巧的人总是在道出自己的观点后就得罪了别人，甚至于反目成仇。因此，学会反驳别人，在人际交往中是非常重要的。

反驳是一种技术，也是一种艺术，而如何选择最有利的突破口是反驳成功的前提。学会选择最有利的突破口，反驳便成功了一半，不但不会伤害别人，相反地还会让别人高兴地接受你的观点。

一位政治家在演讲时，遭到了当地某个妇女组织代表的激烈指责，这些代表言辞激烈地批评他作为一个政治家，竟然不考虑国家的形象，和两个女人发生过关系。顿时，所有在场的观众都屏声敛气，等着听这位政治家的桃色新闻。这位政治家并没有感到窘迫和难堪，而是十分轻松地对妇女代表说道："现在我还和五个女人发生了关系。"

这种直言不讳的回答，使代表和群众非常吃惊，迷惑不解。然后，政治家继续说道："这五位女士，在年轻时曾无微不至地照顾我，现在她们都已老态龙钟了，我当然要在经济上照顾她们，在精神上安慰她们，这五位女士就是我的家人。"

结果，那些代表无言以对，而观众席中则掌声如雷。

面对别人的诽谤，这位政治家并没有恼羞成怒，而是机智地用幽默的口气化解了尴尬，不但反驳了别人，还为自己赢得了掌声。

在说服别人时，常常要反驳对方的无理观点。反驳不是一件难事，难的是要带着微笑反驳，让对方能够心服口服地接受你的观点。反驳需要给别人留有面子，不能直截了当地反驳，而应该抓准关键点，然后用轻松幽默或者别人可以听进去的话语进行反驳，这样既可以反驳别人的挑衅，又可以让别人接受你的思想，甚至对你佩服有加。周恩来在这方面就做得非常棒。

在一次外交部举行的记者招待会上，周恩来介绍了我国经济建设的成就及对外方针后，开始回答记者的提问。一位西方记者提问道："请问，中国人民银行有多少资金呢？"这实际上是讥笑新中国成立初期的贫穷。

周恩来平静地回答道："中国人民银行货币资金嘛？有18元8角8分。"听到这个回答，全场愕然，顿时鸦雀无声。

紧接着，周恩来以风趣的语调解释说："中国人民银行发行面额为十元、五元、二元、一元、五角、二角、一角、五分、二分、一分10种主辅币人民币，合计为18元8角8分。中国人民银行是由全中国人民当家做主的金融机构，有全国人民做后盾，信用卓著，实力雄厚，它所发行的货币，是世界上最有信誉的货币之一，在国际上享有盛誉。"周恩来一语惊四座，大厅内立刻响起了听众的热烈掌声。

周恩来用自己的机智化解了尴尬的局面，更为国家赢得了尊严，反驳别人的时候没有一句言辞激烈的话语，却让与会的记者无话可说。

学会用正确的方法反驳别人，给别人留有面子，才能既不伤和气，又可以反驳别人的胡搅蛮缠。有的时候，言语激烈并不能够让别人心服口服，相反地会让别人更加固执，完全听不进你的观点；而掌握了好的反驳方法就不一样了，不但可以表述自己的立场，还可以有力地反驳别人的观点，最重要的是还不会让别人感到尴尬、窘迫。

1961 年 6 月，英国已经退役的陆军元帅蒙哥马利访问中国。有一次他在河南洛阳参观，他非常好奇地走进了一家剧院，剧院正在上演豫剧《穆桂英挂帅》。当他了解了该剧的剧情后，连连摇头，并说道："这个很不好，怎么能够让一个女人当元帅呢？"中方陪同人员连忙解释说："这是中国的民间传奇故事，人们很爱看的。"蒙哥马利立即说道："爱看女人当元帅的男人不是真正的男人，爱看女人当元帅的女人也不是真正的女人。"

中方陪同人员听后非常不服气地说："我们主张男女平等，男同志能办到的事，女同志也能办到。中国红军里就有很多女战士，现在的解放军里还有很多女少将呢。"

蒙哥马利毫不退让道："我一向对红军、解放军很敬佩，但不知道解放军里还有女少将。如果真的是这样的话，真的是非常有损解放军的荣誉啊。"

中方陪同人员又反驳说："英国女王也是女的啊。按照英国的政治体制，女王是英国的国家元首和全国武装部队的总司令，这又会不会有损英国军队的声誉呢？"

听到这话，蒙哥马利顿时无话可说了。

中方陪同人员机智地抓住蒙哥马利的心理很巧妙又毫不留情地反驳了他，不但让蒙哥马利无言以对，更让他无法生气，最后不得不作罢。

学会反驳，在反驳的时候给人一个台阶下，让其不会颜面扫地在人际交往中是非常有必要的。掌握反驳的技巧，你会在交往过程中有更多的主动权。

第十三章

自我修炼：一等二靠三落空，一想二干三成功
——人必自重，才能让他人尊重

井淘三遍吃甜水，人从三师武艺高

俗话说，"八仙过海，各显神通"。我们从事各行各业，有的人在这方面掌握了本领，取得了一定成绩；有的人在另一方面发挥了优势，取得了另一些成就；这都与努力奋斗分不开。如果一个人做事不努力，什么本领都没掌握，那么他只能是一生碌碌无为。但是一个人想取得更大的成功，成为社会的精英人才，仅仅掌握一种本领，就显得有点不够了。所谓"井淘三遍吃甜水，人从三师武艺高"说的就是这个道理。

"井淘三遍"就是多次反复将井底的泥沙挖出来，将井底的水脉疏通，如果泥沙被清理干净，井水会清澈见底，并无一丝污泥的味道，井水自然也就甘甜了许多。但若每次淘井均不仔细彻底，水还会甘甜吗？"人从三师"也是这个道理，仅跟随一位老师，只能学到一种本领，如果向多人请教，就可以掌握多种本领。"人从三师"还可以从多个角度弥补自身的不足之处，这样就可以更快地提高自身的素质，更好地发挥自身的潜能。但是如果我们"术业不专攻"地从学三师，只求师之名，不求师之艺，"画虎不成反类犬"，即便是从艺百师，自身也不可能有所提高。

"井淘三遍吃甜水，人从三师武艺高"我们可以从两个角度来理解这句话：一是，井淘三遍，精益求精；二是，人从三师，技高一筹。

启示一：井淘三遍，精益求精——"王羲之吃墨"

王羲之少时，酷爱书法，每天练字十分刻苦。几年下来，据说他练字磨坏的毛笔，堆积在一起竟成了一座小山，人们叫它"笔山"。他家附近有一个清澈的小池塘，他经常在这个小池塘里刷洗毛笔和砚台，这个小池塘的水渐渐地变黑了，

人们就把这个小池塘叫作"墨池"。

成年之后，王羲之的字有"行云流水"之势，但他还是每天坚持练字，从不懈怠。一日，他仍然聚精会神地倚靠在书桌旁练字，可谓到了废寝忘食的地步。家里的仆人端上他最爱吃的蒜泥和馍馍，催着他趁热吃，他充耳不闻，埋头练字。仆人见没法劝服他，只好去禀告王羲之的夫人。等夫人和仆人来到书房的时候，惊讶地发现王羲之正把一个沾满墨汁的馍馍往嘴里送，弄得满嘴漆黑，自己还在低头练字，仍未察觉。原来，王羲之边吃边练字，眼睛还一直盯着纸上的字，竟错把墨汁当成蒜泥了。

夫人又是气他，又是心疼他，上前对王羲之说："你一定要注意身体呀！你的字已经是很好了，为什么还要逼迫自己这样苦练呢？"

王羲之抬起头，回答说："我的字虽然算是不错了，可那都是效仿前人的技法派别，并没有自己的写法，我要自成一体，那就要下一番苦功夫。"

经过长时间的艰苦摸索，王羲之终于独创一体，造就了一种流畅的新字体。大家都称赞他的字如行云流水，像游龙那样雄劲矫健，他也成为我国历史上最杰出的书法家之一。

从王羲之吃墨的刻苦精神，我们可以明白这样的一个道理："井淘三遍吃甜水"，只有精益求精，努力刻苦，才能有所成就。

启示二：人从三师，技高一筹——"宋濂冒雪访师"

宋濂，明朝著名散文家，他自幼聪敏好学，不仅学识渊博，而且写得一手好文章，明太祖朱元璋赞其为"开国文臣之首"。

宋濂平时很爱读书，遇到不明白的地方总是要刨根问底地问别人。一次，宋濂又遇到了令其疑惑的问题，于是他冒雪徒步数十里，去请教梦吉老师。梦吉老师是有名的大学问家，不过他年事已高，早已不再收学生了。但宋濂觉得自己只

要有诚意，一定会得到接见，就匆匆上路了。不过不巧正遇到老师外出，并不在家。宋濂并没有气馁，隔了几天之后再次拜访老师，但老师并没有接见他，宋濂只能守在门外等候，深冬时节，天气格外寒冷，宋濂被冻得瑟瑟发抖，回去发现脚上都是冻疮。当宋濂第三次独自拜访的时候，不慎掉入了雪坑，所幸被人救起，没有大碍，老师被他的诚心请教所感动，耐心解答了宋濂的问题。从此之后，宋濂为了求得更多的学问，增长自己的才干，不畏艰辛困苦，拜访了很多名师，最终成为闻名遐迩的散文家，受到朝廷的器重。

我们一定要刻苦认真，有着"井淘三遍吃甜水"的精神，才能让自己更加专业，只有博学，爱问，乐于求知，有"人从三师"的意识，才能更掌握更多的知识。做到这两点，才能更好地实现自己的人生价值。

千招要会，一招要好

现在流行着这样一种说法，做人就要一专多长。顾名思义，就是首先要掌握并且精通一项技能，作为自己的核心资本；其次还要掌握多种其他技能，以适应高速发展的时代需求。老人们也常说："千招要会，一招要好。"

现今的社会竞争日益激烈，对人才的要求越来越高。一个人要立身处世，事业有成，能够做到紧紧追随时代的发展、与时俱进，仅仅有一技之长是远远不够的，要全面发展，提高综合素质，成为一名一专多长的复合型人才。有人说能做到一招精就可以，为什么还要求做到千招要会呢？

这是因为当今社会职业结构变化频繁，新的职业纷至沓来，旧的职业不断被淘汰，这是不可逆转的历史潮流。随着社会的进步，新的职业不断出现，迫使我们不得不打破长久以来的习惯思维，一个人不可能像以前那样一辈子待在某一个单位，人在一生中可能变换多个单位，也有可能变换多种职业，关键要不断掌握新技能，与时俱进。而要跟上时代发展的脚步，就要有"千招要会"的基础，再加上终身不断学习，这样才能真正做到与时俱进，而不被淹没在历史的潮流中。

根据数据我们知道，我国的旧职业已经消失约 3000 多个。每当有新的职业出现的时候，我们不禁想到那些渐渐消失在人们视线中的旧职业：几十年前，掏粪工被评为劳动模范还是一个重要的新闻，但是现如今掏粪工这个职业已经成为一个历史名词，取而代之的是现代化的专业机械设备；在电脑还没有普及的时候，抄写工也曾经是读书人的热门职业，打字员也是一项收入很高的工作，但是现在呢？还有几个人不会使用电脑、不会打字？甚至可以说语音录入的时代已经开始。再比如以前的"赤脚医生"走街串巷，也曾经为人们的健康做了很大的贡献并成为很多人谋生的手段，但是现在随着人们生活水平的提高，社会对公民健康越来越重视，"赤脚医生"已经淡出历史舞台，取而代之的是正规的医院。再比如以前的"理发员"成了现在的"美发师"，以前的"炊事员"变成现在的"营养配餐师"……这不仅仅是名字的简单改变，更反映出这些职业对从业者技能更高的要求。

但是我们也要注意到，老人们早就说过"吾生有崖，而知识无崖"。在这个知识大爆炸的信息时代，人类的智力水平是有限的，所以如果想掌握所有的知识是不可能完成的任务。因此我们在"千招要会"的前提下，一定要做到"一招要好"。

对于大多数运动员来说，一般每个人只练习一至两个项目就可以，练习全能的人是非常少的。我国著名的跳水运动员郭晶晶其实最初学习的是游泳，但是经过很长一段时间的学习都没有学会。后来她的教练就让她练跳水。没想到郭晶晶悟性很好，而且胆子也很大，教练于是看中了她，觉得她有跳水的潜质。

1996年奥运会后，郭晶晶训练时受伤，小腿骨折，等腿伤好了，离全运会只剩下短短五个月的时间。而郭晶晶却长高了5厘米，体重增加了10公斤。为了能在全运会上取得好成绩，郭晶晶开始了魔鬼般的训练。每天6点起床，训练到8点才能吃早饭。中午，当别人休息的时候，她还要去跑步，下午和晚上继续高强度的训练，最终她的体重下降并且跳水技术也达到了一个新的水平。

郭晶晶在跳水的职业生涯中，经历了连续两次奥运会的失败、骨折、改变技术等挫折，直到2004年的雅典奥运会上，才最终取得奥运冠军。坚持不懈的努力，终于使郭晶晶成为世界著名的跳水运动员。

在各个方面都有一定能力，在某一个具体的方面能出类拔萃的人，即"复合

型人才"，是最受欢迎的。这一类人的特点是多才多艺，能够在很多领域大显身手。当今社会的一大特征是学科交叉，知识融合，技术集成。这一特征决定每一个人既要拓展知识面又要不断调整心态，变革自己的思维，努力提高自身的综合素质。在这个竞争激烈的时代，社会越来越需要一专多长的人。"一专多长"也顺应了社会对复合型人才的需求。

现在大学毕业生越来越多，就业压力也越来越大，我们经常会听到身边有人感叹：自己命运不好，没有深厚的家庭背景，工作前途渺茫。如古人云"时运不济，命运多舛。冯唐易老，李广难封"。是的，社会的竞争越来越白热化，作为社会中的一员，在个人职业生涯中，一般人很难改变社会和工作的环境。但是我们能够做到的是改变自己。努力培养自己成为一专多长的人才。学习就是一个改变人生命运的武器。如果你在技术业务上钻得深一点，学得广一点，做一个一专多长的多面手，一定能够左右逢源。有很多的工作岗位会选择你，或者是被你选择。人生旅途，华丽转身，何愁没有能够施展自己才能的舞台呢？

一专多长的学习，能够让我们更加充实，拓展我们的职业生涯，拓宽我们的职业道路，提高我们的综合素质。只要能够做到"千招要会，一招要好"，那么在我们的人生旅途上，路会越走越宽、越走越广！

千般易学，一窍难通

人生短暂，须臾几十年。在这有限的几十年间，我们能做的事情很多，但是能做好的却寥寥无几。这也就是老人们常说的"千般易学，一窍难通"吧。其实，在人生道路上，接触一件事物，认识它的表面现象，懂得怎样去做这件事情并不困难，而要认识这个事物的本质，掌握它的内在规律，并不是一件容易的事。这就告诫正在人生道路上打拼的人，不要贪图"千般易学"，而要攻克"一窍难通"的困难。只有这样，我们才能从千般的行业中脱颖而出，因为我们手中掌握着别人不懂的"一窍"，有了这"一窍"，成功何难？

生活中，易学难精的例子不胜枚举。就拿大家常见的钓鱼来说，也许钓过鱼的人都有过这样的处境，和同伴并肩垂钓的时候，坐在旁边的同伴总是有鱼上钩，而自己却一味地"傻等"。还有明明有鱼上钩了，却出现竿断鱼走的遗憾。这种情况是应该怪自己运气不好，还是钓鱼工具质量不高呢？或许这都不是答案，因为这些可能都只是外因，真正的内因可能是自己的技术不到位。

钱四是一位钓鱼的资深玩家。他常说：钓鱼是件有学问的事，它涉及的知识范围很广，包括物理、地理、生物等多方面的知识。因为每到一处水域钓鱼都应该考虑该地区的环境，水的深浅，用哪一种鱼饵等。由于需要考虑的东西实在太多了，所以钓鱼本身就充满了挑战性和未知数，这正是钓鱼吸引人的地方。

人们常说只要有耐心总会钓到鱼。其实，钓鱼除了讲求耐心还得讲求方法，不是一味地等待就能成事的。钱四说，能钓到鱼不仅关乎鱼饵还关乎钓鱼者的操作技术，如果熟练的话，就不会走鱼，不会断竿断线。钓鱼需要讲求技巧。钱四总结的经验是钓鱼时应该将鱼竿竖起一定的角度，借助鱼竿的韧性卸去冲力。因为鱼在水中时，一斤的鱼有着三斤的力，所以应该把鱼弄得筋疲力尽了再用筛子去捞。鱼没力时，借着水中的浮力和鱼漂的充气上浮，十斤的鱼就相当于六七斤的鱼了。

对很多人来说，钓鱼是一件浪费时间的事，没鱼上钩还会觉得闷。钱四先生笑言他在其中获得不少乐趣。他说，钓鱼期间其实会发生不少的趣事，还经常发生一些鱼没上来人先栽进水塘的事。当一个人钓鱼钓困了，就会疏忽大意。有时候等了半天，看到有鱼上钩了，他们就会很兴奋，身体也就不自觉地往前倾，而一旦失去平衡就成了"落汤鸡"。他说即使在他们参加钓鱼比赛期间，落水的事也时有发生。因为比赛时用的竿是有长度限制的，竿不够长时，人就得尽量往前倾。人一激动，就极易落水。看到别人落水的窘态，周围人自然都会笑得不可开交。

钓鱼带给钱先生不少生活的乐趣，他说钓鱼还给予了他平静的心态。当他一坐在水边垂钓，很快就会进入忘我的境界，并将一些烦恼的事情都抛开，一心只放在钓鱼上。

故事说了这么多，都旨在证明一点，钓鱼是件难事，也是件考验人耐心的事，但只要掌握了要领，这件事不但会变得简单，还会有很多乐趣，也能对修身养性起到增益效果。所谓千般易学，一窍难通。每个人都会拿个鱼竿放上鱼饵垂钓，但这所谓的一窍就是能保证你钓到鱼的技巧了。

懂得了掌握"一窍"对于自己的重要性，那么怎么从千般的行业中找出适合自己的那一项呢？那就是靠自己的努力，比别人付出更多的努力。事情往往就是这样，你只要付出了，就一定会得到回报，要想成功就必须努力。

社会上那些成功人士，哪个不是付出百倍艰辛才有现在的成就的？所以，为了成功，为了成就一份顶天立地的事业，就不要怕吃苦，持续做下去吧，总有一天，你也会成功的。

由上可知，"千般易学，一窍难通"对我们日常生活的影响。它不仅告诉了我们一个道理，更是给我们的人生以指引。无论在学习上，自我定位上，还是日常的各种选择中，遵循这个道理，都能够让我们的价值得到更大的提升。

不担三分险，难练一身胆

俗话说："不担三分险，难练一身胆。"意思是说如果想要练就一身胆识，就应该去多经历一些风雨。在生活中，我们更是应该遵从这个原则，做任何事都要亲身经历，要敢于去尝试，而不应该畏畏缩缩，瞻前顾后，或者是只去想而不去做。

当我们想到成功喜悦的同时，应该先想到失败的可能，失败与成功可以说是一对孪生兄弟，一个人如果没有经历失败，那么他也就接近不了成功。

杨澜是我国著名的主持人。当她从北京外国语大学英语系毕业时，她和她的同学们一样四处找工作。一天，她到中外合资的长城饭店去应聘市场销售部的岗位，日本籍经理对她的回答非常满意，于是就给了她一个提问的机会，结果她的提问让经理录取了她。"如果没有这个意外的机会，今天的我恐怕已经做了什么大饭店的什么经理，也许正带着职业的微笑，坐在一张办公桌后面呢。"杨澜所说的这个"意外机会"，是泰国正大集团结束了与几个地方台的合作，转与中央电视台共同制作《正大综艺》。双方决定要挑选一位有大学学历的女主持人。当辛少英导演来到北京外国语大学选人时，杨澜已被系里推荐去应试。

　　第一批试镜的就有 50 多人。当轮到杨澜上场时，她想："这么多广播学院、戏剧学院的美女在这里，我基本上没有什么希望了，但我也不能给学校丢脸。"接着，她往灯光下一站，奇怪的是，她一点儿也不觉得紧张。试镜后，杨澜的机灵、学识、胆识给评委留下十分好的印象。导演认为她是有思想的，而且表现得很清纯。但是也有人觉得她"还不够漂亮"。于是剧组决定再从社会上公开挑选主持人。杨澜也在接下来的几天里被要求一连试了 5 次镜。

　　一个星期后，杨澜被领进中央电视台的外宾接待室，里面坐着主管节目的领导和已经敲定的男主持人、著名相声演员姜昆。当自己与一位漂亮的女孩站在一起接受考验时，杨澜的好胜心被完全刺激出来。当被问及"你将如何做这个节目的主持人"时，杨澜很坦然地把自己的想法和盘托出："我不认为主持人的主要标准是容貌，而是要看他是不是有强烈的与观众沟通的内心。我希望做这个节目的主持人，是因为我特别喜欢旅游。人与大自然相近相亲的快乐是没法用语言描述的，我要把这些感觉讲给观众听……"杨澜说得非常激动。当时，在场的人仿佛都被她镇住了，她最后也如愿以偿地当上了《正大综艺》的主持人。

　　无论是从女性角度还是传媒人身份来说，杨澜都是非常出色的。她从学生一跃成为中央电视台《正大综艺》的节目主持人，然而正当红极一时时，她又毅然辞职去美国念书，回国后，她又到凤凰卫视主持《杨澜工作室》并兼栏目制片人，再然后她又创办了阳光卫视，她的每一次转型都是在挑战自己。杨澜说："宁可在尝试中失败，也不愿在保守中成功！"

　　"不担三分险，难练一身胆。"杨澜不怕失败，不怕挑战，在一次次的尝试中挑战自己。正是她这种勇于探索，不断进取的精神才使得她不断地进步，最终成为家喻户晓的名人。

　　约·戈达德是美国历史上著名的探险家，在他 15 岁的时候，他还只是洛杉矶郊区一个没见过世面的孩子，但是，他的心中充满了梦想，把自己一辈子想做的大事列了一个表，并命名为"一生的志愿"。

　　他在志愿表上列有到尼罗河、亚马孙河和刚果河探险；登上珠穆朗玛峰、乞力马扎罗山；要骑大象、骆驼、鸵鸟和野马，等等。他列的每一个项目都编了号，一共有 127 个目标要实现。

　　戈达德把梦想认真地写在纸上后，就开始抓住每一分每一秒，然后下定决心要让目标一一实现。

　　16 岁那年，戈达德终于和父亲到佐治亚州的大沼泽和佛罗里达州的埃弗格莱兹探险，从而完成了他的志愿表上的第一个项目。

20岁时，他已经到加勒比海、爱琴海和红海里潜过水了，这年他还成为一名空军驾驶员，在欧洲的天空有33次战斗飞行经验。

21岁时，他已经去过21个国家。就在他刚满22岁时，他来到了马拉的丛林深处，还发现了一座古代玛雅文化的神庙。

同年，他成为洛杉矶探险家俱乐部有史以来最年轻的成员，接下来他筹划着实现自己最重要的目标：探索尼罗河。终于，戈达德在26岁那年，和另外两名探险伙伴来到布隆迪山脉的尼罗河之源，又一次实现了他的目标。

紧接着，戈达德积极地完成了他志愿表上的目标：他乘皮筏漂流了整个科罗拉多河，造访了长达二千七百英里的刚果河，在南美的荒原、婆罗洲和新几内亚与食人族一起生活，爬上了阿拉特峰和乞力马扎罗山，就这样，他计划中的目标一件件地被实现了。

年近60的戈达德，依然显得年轻，他不仅是一个经历无数次探险的传奇人物，还成为电影制片人、作者和演说家。

戈达德在实现自己目标的过程中，有过18次死里逃生的经历。他说："这些经历让我学会了更加珍惜生活，而且凡是我能做的都想尝试。我相信，每个人都有自己的目标和梦想，但并不是每个人都会努力去实现。"

勇敢尝试，就是迈向成功的第一步。戈达德的经历告诉我们只有经历过无数次的尝试，才会得到人生，只有无数次地尝试，才会换来想要的成功。

每个人都应该生活在希望之中，做任何事都要去尝试，去实践。相反地，如果一个人只是得过且过地混日子，心中没有任何希望，那么，他的生命实际上就已经停止了。只有担了三分险，才能换来一身的胆。

行不行，先尝试

一个人成功的关键在于尝试。只有敢于尝试，理想才能变成现实；只有在不断的尝试中，才能一步步地走向成功；只有通过艰难的尝试，你才会看到事情的结果。不要总是问自己结果会怎样，到底行不行，你得尝试过后才知道。

有很多人这样说："成功始于想法。"但是，只有好的想法，却没有进行尝试，看它是不是真的可行，结果还是不可能成功的。好的想法就像种子，不去培育它，它就只能保持最初的样貌，毫无进展；只有立即行动，它才会长成幼苗，长成参天大树，结出累累硕果。当然，在幼苗成长的过程中免不了要遭遇凄风冷雨的摧残，甚至可能在冰雹、干旱等恶劣条件下夭折。你的尝试也不一定总能成功，但你确实为之努力奋斗过，那就足够了，因为你获得了与成功同样宝贵的东西——经验。有了这种财富，你便知道如何去避免再次失败，你就已经向成功迈进了一大步，这一切的一切，都是尝试的结果，它将改变你的人生，扭转你的命运。

有多少人可以始终保持尝试的热情呢？

最伟大的发明家爱迪生为了尝试从黄金葛中提炼出橡胶，居然做了10000多次实验。我们能够知道这一点，是因为他在笔记本中记录了每一次实验的过程。在这些实验的过程中，爱迪生曾向一位记者提到，他已经进行了5000次实验。当记者大为惊讶，脱口而出："你的意思是，你已经犯了5000次错误了吗？"爱迪生摇摇头，平静地说："不是这样。我们已经成功地掌握了5000种并不适合的方法。"

对于爱迪生来说，5000次的尝试，实际上是5000次的成功，因为他证明了5000种不能从黄金葛中提炼出橡胶的方法。然后他才能继续尝试下去，直到成功。

以这样惊人的勇气和毅力，爱迪生取得了1093项专利，包括电报、现代化的打字机、实用的电话、第一台留声机、家用白炽电灯泡、第一台发电机、电影、储备式电池、混凝土搅拌机、录音机、油印机等改变人类生活的伟大发明。我们可以想象得到，每一项成果的问世都经历了多少次艰难的尝试，可以肯定地说，正是因为这些尝试，才能创造出这一个又一个伟大的奇迹。

很多人在尝试做一件事的时候，总是希望得到一种保证，希望一次就能成功，其实这是不可能的。在条件不成熟的情况下，失败在所难免。但是如果你有一种学习的态度，每次的失败都会让你变得更加聪明。事实上，每一次尝试、每做一件事对我们都是好的，因为从失败中可以学习到很多经验。重要的不是你尝试做什么，而是你怎么去想。你所尝试做的事情都能让你得到教育，让你能够有正确的思考方式，让你变得更聪明。当你尝试成立一个公司时，你可能已经知道会失败，但当你失败的时候，你已经变得更聪明了。尝试失败可能是让我们更聪明的方法，因为我们都不是天才。

你一定要让自己振作起来，要敢于去尝试，不要想想就算了。一件事情的背后往往会潜藏着很多新的机遇，而这些机会不去尝试是不会遇到的。你所跨出的每一步，往往会给你下一步的人生带来很大的改变。

人生就像我们蹒跚学步时一样，每一次尝试，每跨出一步都是一种改变，都是一种新感觉，都会有一种意外的收获和喜悦。不去尝试就没有机会。

只要你始终保持尝试的热情，成功就不远了。

忍得一时，风光一世

一个人能"忍"的程度也是他可"负"的程度，屈辱使他们百忍成金，磨砺似钢，挑起常人挑不起的重担，走上成功之路。

范雎是战国时期政治舞台上一位十分著名的政治家、外交家，而他走上政治舞台却历经了坎坷。

他原是魏国人，早年有意效力于魏王，由于出身贫贱，无缘直达魏王，便投靠在中大夫须贾的门下。

有一年，他随须贾出使齐国，齐襄王知范雎之贤，馈以重金及牛、酒等物，范雎辞谢没有接受。须贾得知此事后，以为范雎一定向齐国泄露了魏国的秘密，便将此事报告给魏国的相国魏齐。魏齐不问青红皂白，令人将范雎一顿毒打，直打得范雎肋断齿落。范雎装死，被用破席卷裹，丢弃在茅厕中。须贾目睹了这一幕，不置一词，还往范雎的身上撒尿。

范雎强忍着一时之气。待众人走后，从破席中伸出头对看守茅厕的人说："公公若能将我救出，以后定当重谢。"守厕人便去请求魏齐，允许让他将厕中的"尸体"运出。

范雎历经千辛万苦来到了秦国都城咸阳，并改名换姓为张禄。此时的秦国正是秦昭王当政，而实际上控制大权的却是秦昭王之母宣太后以及宣太后之弟穰侯、华阳君和她的另外两个儿子径阳君、高陵君。这些人以权谋私，秦昭王完全被蒙在鼓里，形同傀儡。

但范雎看出秦国是最具实力的国家，秦昭王也不是一个无所作为的国君。几经周折，范雎终于见到了秦昭王。他以其出色的辩才向秦昭王指出秦国政策的失误，并提出了自己内政外交等一系列主张。

秦昭王立即采取果断措施，废太后，驱逐穰侯、高陵、华阳、径阳四人于关外，将大权收归己有，并拜范雎为相。

范雎所提出的外交政策，便是闻名于后世的"远交近攻"，而他所要进攻的第一个目标，便是他的故国魏国。

魏国大恐，派使臣须贾来向秦国求和。不过，须贾只知道秦的相国叫张禄，而不知他就是范雎。

　　范雎得知须贾到来，便换了一身破旧衣服，也不带随从，独自一人来到须贾的住处。须贾一见大惊，问道："范叔别后还好吗？"范雎道："勉强活着吧！"须贾又问："范叔想游说于秦国吗？"范雎道："没有。我自得罪魏国的相国以后，逃亡至此，哪里还敢游说。"须贾问："你现在干什么呢？"范雎道："给别人帮工。"须贾不由得起了一丝怜悯之情，便留范雎吃饭，说道："没想到范叔贫寒至此！"同时送给他一件丝袍。

　　席间，须贾问："秦的相国张禄，你认识吗？我听说如今天下之事，皆取决于这位张相国，我此行的成败也取决于他，你有什么朋友与这位相国认识吗？"范雎道："我的主人同他很熟，我倒也见过他，我可以设法让你见到相国。"

　　第二天，范雎赶来一辆驷马大车，并亲自当驭手，将须贾送往相国府。进入相府时，所有人都避开了，须贾觉得十分奇怪。到了相府大堂前，范雎说："你等一下，我先进去替你通报一声。"

　　须贾在门外等了好久，也不见有人出来，便向守门人问道："这位范先生怎么这么半天也不出来？"这时才明白刚才拉他进来的"范先生"就是他要找的相国。

　　须贾大惊失色，于是脱衣袒背，一副罪人的打扮，请守门人带他进去请罪。范雎雄踞堂上，身旁侍从如云。须贾膝行至范雎座前，叩头道："小人有必死之罪，

请将我放逐到荒远之地，是死是活都由大人安排！"范雎问："你有几罪？"须贾说："小人之罪多于小人之发。"范雎道："你有三大罪：我生于魏，长于魏，至今祖先坟茔还在魏，我心向魏国，而你却诬我心向齐国，并诬告于魏齐，这是你的第一大罪。当魏齐在厕中羞辱我时，你不加阻止，这是你的第二大罪。不止如此，你还乘醉向我身上撒尿，这是你的第三大罪。我今天之所以不处死你，是因为你昨天送了我一件丝袍，看来你还没忘旧情，我可以放你回去，不过你替我转告魏王，赶快将魏齐的脑袋送来！要不然，我就要发兵血洗魏都大梁城！"

魏齐吓得仓皇出逃，可赵、楚等国畏于秦国的兵威，谁也不敢收留他，魏齐最终被迫自杀。

忍人之不能忍，方能成别人所不能成之事。人生难免会遇到困难和挫折，只要你能忍受挫折中的屈辱和痛苦，将挫折当作成功来临前的磨砺，并以此自勉，一旦东山再起，就会爆发出巨大的力量。

第十四章

社交生活：岁寒知松柏，患难见真情

——做好自己，提高情商

礼多人不怪，多笑惹人爱

做事并不是有"理"就够。很多人因为有"理"在身，所以"理直气壮"地办事情，结果往往适得其反。这其实是因为他们的做事方法太直接了，往往会让人感到不舒服，所以即使有"理"也要变通行事，再多一些"礼"，这样才能顺利方便，百试不爽。

无论是"有'礼'走遍天下"，还是"伸手不打笑脸人"，都是在强调"礼"的重要性。时时不忘以"礼"待人的人，人际关系才能良好。

一个刚刚走出大学校门的女孩，接到一家大企业的面试通知，她在兴奋之余又非常紧张。在面试那天，尽管做了充分的准备，她还是没能表现出自己应有的水准，她实在太紧张了，说话结结巴巴、语无伦次，对面的几个考官都皱起了眉头。这时，一位中年男士走进办公室和考官耳语了几句，在他离开时，女孩听到人事主管小声说了句"经理慢走"。那位男士从女孩身边经过时，给了她一个鼓励的眼神，女孩非常感激，立刻站起来，毕恭毕敬地对他说："经理您好，您慢走！"她看到了经理眼中些许的诧异，然后他笑着点了点头。等她再坐下时，她从人事主管的眼中看到了笑意……

一个星期后，她竟然获得了这份宝贵的工作。就是因为她对经理那句礼貌的称呼，让人事觉得她对行政客服工作能够胜任，所以才改变了对她的印象，决定给她一个机会。

一句礼貌的称呼为女孩赢得了一次难得的机会。这看起来很简单，每个人都能做到，但很多人却忽略了它。

正是因为"礼"在长期规范和维系着人与人的交往。礼在某种意义上就是情，礼少了，情也就淡了。所以，不管是做人还是处世，多些礼数总没有错，正如那句老话所言"礼多人不怪，多笑惹人爱"。

在商界，有很多成功的经商之道就是打"微笑牌"。

阿尔米公司是美国钢铁公司和国民制酒公司的一家子公司，是一家生产钛产品的联合企业。几年前它的经营业绩低于一般水平，生产效率和利润都很低，但近5年来，阿尔米公司获得了引人注目的成功，究其原因是"大块头"吉姆·丹尼尔出任总经理时实施了"微笑计划"。

《华尔街日报》把这项计划形容为"一个由感人肺腑的口号、相互交流和满脸堆笑组成的大拼盘"。丹尼尔的工厂里到处贴着告示，上面写着："倘若你看到有谁脸无笑容，那就请对他报以微笑吧。"用心微笑才能让你的工作充满活力。

阿尔米公司的标志就是一张笑脸，信笺上、厂门口、厂徽、工人的安全帽上，这张笑脸无处不在。"大块头"吉姆·丹尼尔花费大量时间用于骑车巡视工厂，他和工人们打招呼，相互微笑，倾听他们的意见，彼此称兄道弟。此外，他也很关心工会，当地的工会主席充满敬意地说："他让我们出席各种会议，让我们了解工作的发展情况，这在别的行业真是前所未有的。"这样做的结果是，在最近

3年里，阿尔米公司几乎未追加任何投资，生产率却提高了80%。

无独有偶，同样打"微笑牌"的，还有美国的希尔顿酒店。它创立于1919年，在不到90年的时间里，从一家酒店扩展到一百多家，遍布世界五大洲的各大城市。几十年来，希尔顿酒店的生意如此之好，财富增长如此之快，其成功的重要秘诀就是要求员工用心微笑，让顾客有宾至如归的感觉。

希尔顿在创业之初对员工的要求就是："微笑，记住了，我们要让顾客有回家的温暖，微笑是很重要的，以后我检查你们工作的重要标准就是，今天你对客人微笑了吗？"

1930年是美国经济萧条最严重的一年，全美国的酒店倒闭了80%，希尔顿酒店也一家接着一家地亏损，一度负债达50万美元。希尔顿并不灰心，他召集每一家酒店的员工，向他们特别交代和呼吁："目前正值酒店亏空靠借债度日时期，我决定强渡难关。一旦美国经济恐慌时期过去，我们希尔顿酒店很快就能进入云开日出的局面。因此，我请各位记住，希尔顿的礼仪万万不能忘。无论酒店本身遭遇的困难如何，希尔顿酒店服务员脸上的微笑永远是属于顾客的。"事实上，在那纷纷倒闭只剩下20%的酒店中，只有希尔顿酒店服务员的微笑是美好的。经济萧条刚过，希尔顿酒店就领先进入了新的繁荣期，跨入了经营的黄金时代。

不管是做事要懂礼数，还是要微笑待人，它反映的不仅是一个人的教养问题，还反映出一个人的生活态度问题。

人生在世，我们无法阻止岁月的流逝，却可以阻止活力的消失。很多人在年轻时就已经进入夕阳般的衰老疲惫的工作状态，这都是因为他们忘记了用心微笑。奥利弗·霍尔姆斯80岁的时候，人们问他活力依旧的秘诀是什么，他回答说："要保持愉快的态度，要对自己满意。我从来没有感到愿望得不到满足的痛苦……躁动、野心、不满、忧虑，这些都使皱纹过早地爬上了额头。皱纹不会出现在微笑的脸庞上。微笑是年轻的讯息，自我满足是年轻的源泉。"

如果一个人随时保持乐观的微笑状态，保持心灵永远年轻，那么即使他进入老年也能够像年轻人那样充满活力。"老骥伏枥，志在千里；烈士暮年，壮心不已。"年龄不是区分衰老与否的主要标志，"笑一笑，十年少；愁一愁，十年老"，无论处在什么年龄阶段，只要永远保持微笑，你就比别人活得更快乐、更幸福，也更有工作热情。所以，从今天开始用心微笑吧，你会发现原来周围的一切都那么可爱，工作是那么愉快的事情。

话多不如话少，话少不如话好

女人的唠叨对丈夫来说一场不折不扣的灾难，同样，在人际交往中，爱唠叨的人也是不受人欢迎的。

在现实生活中，很多人都是人群中的活跃者，喜欢以自我为中心，夸夸其谈，当然不会有好人缘。还有一些人，总是将自己的生活泡在"苦水"里。无论大事还是小事，他们都像"祥林嫂"一样，不遗余力地向人倾诉，向人抱怨。然而，这样做，不仅不会换来同情，还会惹来别人的厌弃。

俗话说："话多不如话少，话少不如话好。"话多的人不一定有智慧，话少倒有可能更让人接受。下面这个案例就是最好的说明。

开始，王艳向别人推销时总是赖在别人面前不走，直到把对方累垮，业绩却毫无起色，久而久之，她对自己的推销能力也产生了怀疑。后来在别人的帮助和指点下，她决定："并不一定要向每一个我拜访的人推销保险。如果超过预订的时间，我就要转移目标。为了使别人快乐，我会很快离开，即使我知道如果再磨下去他很可能会买我的保险。"

谁知这样做竟然产生了奇妙的效果："我每天推销保险的数目开始大增。还有，有些人本来以为我会磨下去的，但当我愉快地离开他们之后，他们反而会到另一间办公室来找我，并且说：'你不能这样对待我。每一个推销员都会赖着不走，而你居然不再跟我说话就走了。你回来给我填一份保险单。'"

沟通不是一件容易的事情。人是复杂多样的，各有各的癖好，各有各的脾性。

在与人相处时，或许你会有这样的感触：当有人想用言辞来引起你的重视的时候，反而他说得越多，在你看来这个人就越是平淡无奇，或者越是觉得他啰唆惹人讨厌。

这是因为，说得越多，说出愚蠢的话的可能性也就越大。很多时候，如果能保持缄默，或者把话说得简洁一点，直观一些，或者保留一些，给对方留一点儿遐想，可能更受欢迎。

常言道："言多必失"，也是指说话太多的害处。清朝刘墉就曾体验到这样的害处。

提起"刘罗锅"刘墉，人们脑海里立刻会出现一个聪明机智、正直勇敢、不

失几分幽默的人物形象。他凭着自己的正直和聪明周旋于危机重重的官场，左右逢源，游刃有余。但很少有人知道，刘墉也曾遭遇重大转折，受到乾隆皇帝的申斥，本该获授的大学士一职也旁落他人。

究其原因，不过是刘墉守口不密，说话不周，酿成了祸患。一次乾隆谈到一位老臣的去留问题，说若老臣要求退休回籍，乾隆也不忍心不答应。刘墉便将这话泄露给了老臣，而老臣真的面圣请辞。乾隆大为恼火，认为这是刘墉觊觎大学士的明证，是谋官的明证，因而训斥一通，将大学士一职改授他人。

因此，足见言语谨慎对于一个人在职场生存立足具有很重要的意义。职场处世戒多言，多言必失。刘墉由于说话不慎，将到手的大学士丢了，就是最好的明证。

当然了，与人相处，话要少说更要说得好。在我们的一生中，不但要学会适时地沉默，还要学会优美而文雅的谈吐。少说话固然是美德，但是在该说的时候，要注意所说的内容、意义、措辞、声音和姿势，要注意到什么场合说什么话。无论是探讨学问、接洽生意还是交际应酬、娱乐消遣，都要尽量使自己说出来的话突出重点、具体而生动。

古语说：兵不在多而在精，说话也应以"精"为好。《墨子闲话》中记下这样一个故事：

子禽有一次问他的老师墨子："多言有什么好处吗？"

墨子回答说："青蛙日夜都在鸣叫，弄得口干舌燥，却不为人们所爱听。而晨鸡黎明按时啼，天下不都被叫醒了！多言有什么好处？话要说到点子上才好。"

事实正是如此。要把话说到点子上，说到对方的心坎里，这样才能给交际架起绚丽的彩桥。

主雅客来勤

古人说："人和天地阔，主雅客来勤"，说的就是做人和待客之道。"人和天地阔"表示主人家与人的相处之道，意思就是为人和善，注重和谐，能与客人和平相处，宽容待人，正所谓家和万事兴就是这个道理。而"主雅客来勤"讲的就是主人气节高雅、品德高尚、文雅大方，对待客人热情周到，那么不用自己到处宣扬，自然就可以吸引各方宾客前来。

这里所说的雅，指一个人有品位，有学问或者素质高，别人与之交往能够感到心情愉悦，或者在谈话交往的过程中能学到一些知识或者在其他方面有所收获。对于这种人，人们也常用"与君一席话，胜读十年书"来表达对他们的赞美与喜爱。

战国时期，齐国的相国孟尝君就是一位雅士，广交天下贤士，共同商讨强国富民的政策。因其名声而前去投奔他门下的门客最多的时候有三千多人。在那个战乱纷纷的时期，正是在这些门客的出谋划策之下，孟尝君在齐国当了几十年相国，没有受到丝毫的祸害。

孔子曰："有朋自远方来，不亦乐乎？"说的是有志同道合的朋友自远方而来，不是很高兴的事情吗？每当有客人前来拜访的时候，作为主人应该以诚相待，热情地接待客人，这样客人一定会心情愉悦，也愿意再来拜访。而尊重是待客时最起码的礼貌，如果没有了尊重，也不会有勤来的客人。

美国曾有一对老夫妇，穿着简单朴素的衣服去见哈佛大学的校长。因为没有事先约好而且夫妇二人穿着又比较朴素，校长秘书就武断地认为这二人不会与哈佛有什么业务上的往来，于是很不高兴地说："我们的校长是非常忙的。"女士说："没关系，我们可以等。"过了几个小时，实在没办法，校长只好很不情愿地出来见了夫妇二人。这对老夫妇告诉校长："我们的一个儿子曾经在贵校读过一年书，他非常喜欢这所学校，他在这个学校的生活非常开心。但不

幸的是他去年因为在意大利游玩时不幸染病离开了我们，所以我们想在学校为他留一个纪念物，以纪念我们的儿子。"

哈佛大学的校长非但没有被这对老夫妇的举动和他们儿子的不幸而感动，反而非常不屑地说道："我们可是世界名校，每年有无数的优秀学生在这里学习。我们不可能为每个学生都建立一个纪念碑，否则我们这里不就成了墓地了吗？"这对老夫妇说："我们不是那个意思，我们只是想为学校捐一个教学楼，以我们儿子的名字为这个教学楼命名。"

校长看了一眼穿着朴素的老夫妇，觉得这对老人是在开玩笑，然后轻蔑地说："你们这对没见过世面的人，还想捐个教学楼，知道在我们学校建一座教学楼要花多少钱吗？我们学校的建筑物价值现在可是超过了 750 万美元。"于是夫妇二人默默地离开了哈佛大学。校长当时还很高兴，以为自己打发走了这对讨厌的夫妇。

但是这对老夫妇默默离开之后，用自己的钱在美国加州投资建立了一所私立学校，并用自己儿子的名字为学校命名，这就是后来的斯坦福大学。现在斯坦福大学已经是世界著名的大学之一，每年为美国加州带来无数的财富，也为世界培养了无数的人才。

仅仅是一次对别人的不尊重，不仅使哈佛失去了一次大大提升自己实力的机会，还因为这次的不尊重从此多了一个实力强劲的竞争对手。这就是不尊重别人付出的代价。

如何才能广交四方好友呢？"主雅"是关键，那么关键中的关键又是什么呢？那就是要学会尊重，否则勤上门的朋友也会因为不被尊重而离你远去。

蚊子遭扇打，只因嘴伤人

俗话说："蚊虫遭扇打，只为嘴伤人。"意思是说，以尖酸刻薄之言讽刺别人，只图自己一时痛快，殊不知会引来意想不到的灾祸。人与人相处原本没有那么多的矛盾纠葛，可是常常因为有的人逞一时之快，说话不加考虑，只言片语伤害了别人的自尊，让人下不来台，引发了事端。

三国名将关羽，过五关，斩六将，温酒斩华雄，匹马斩颜良，偏师擒于禁，擂鼓三通斩蔡阳，"百万军中取上将之首，如探囊取物耳"。然而，这位叱咤风云、威震三军的一世之雄，下场却很悲惨，居然被吕蒙一个奇袭，兵败地失，被人割了脑袋。关羽兵败被斩的最根本原因是吴蜀联盟破裂，吴主兴兵奇袭荆州。吴蜀联盟的破裂，原因很复杂，但与关羽其人的骄傲有着密切的关系。

诸葛亮离开荆州之前，曾反复叮嘱关羽，要东联孙吴，北拒曹操，但关羽对这一战略方针的重要性认识不足。他瞧不起东吴，也瞧不起孙权，致使吴蜀关系紧张起来。关羽驻守荆州期间，孙权派诸葛瑾到他那里，替孙权的儿子向关羽的女儿求婚："求结两家之好""并力破曹"，这本来是件好事。以婚姻关系维系补充政治联盟，历史上多有先例。如果放下高傲的架子，认真考虑一番，利用这一良机，进一步巩固吴蜀的联盟，将是很有益处的。但是，关羽竟然狂傲地说："吾虎女安肯嫁犬子乎？"

不嫁就不嫁，又何必出口伤人？试想这话传到孙权那里，孙权的颜面何存？又怎能不使双方关系破裂？关羽的骄傲，使自己吃了一个大大的苦果，最终被自己的盟友结束了性命。

有句话说得好："说出去的话就像泼出去的水，那是收不回来的。"那么，要想不为说出的话而感到后悔，那就管好自己的嘴。特别是在做人做事时，应和和气气，不做有损脸面的事情，不说有损别人脸面的话，这样，才能和平共处，共赢互惠。

语言的伤害力不可小视，随口说的一句话可能给人以巨大的创伤，或者使人痛苦不堪。语言不是枪或刀等利器，但残忍的言语比利器还要厉害，它会抹杀人的精神，给人留下无法磨灭的心灵创伤。肉体的伤害容易愈合，但精神的创伤却难以抚平。

语言是引起风波的罪魁祸首，简短的一句话，能使你的职场步履维艰，能使姻缘断绝，能使友情破裂。语言的威力可谓惊人，如若语言含有毒物，

它可以毁灭人生；如若语言含有芳香，它可以愉悦生命。

正所谓："好言一句三冬暖，恶语伤人六月寒。"所以，不要取笑或言语伤人，说者无心，听者未必无意。和气之道、避祸之道表现为是言语的和气。以和气的言语、富有爱心的言语对待他人，自己也会有美好的人生。

花香不在多，室雅不在大

评价一个人的标准有很多，品格，绝对是其中最重要的一个。一个有良好品格的人，必定是热心的，能够急人之困，同时肯定也是正直的，能够坚持自己的操守，看到别人遭遇不公时会挺身而出，去维护正义。他们更能起到表率的作用，不仅让自己的人生更加精彩，还能照亮别人。好品格就像一朵鲜花，花朵不多，但香气浓郁；也像一间屋子，面积不算大，但是却十分雅致。也就是人们常说的"花香不在多，室雅不在大"。

"花香不在多，室雅不在大"这句话是郑板桥说的，指的就是一个人只要有好品格，那么，他不需要有多么高的地位，也不需要有多么多的财富，一样能够得到人们的尊重，受到别人的赞美。事实上，郑板桥不仅是这样说的也是这样做的。在他的为官生涯中，做了很多好事，为很多穷苦的人伸张正义，主持公平，他用自己的行动证明了自己的品格，让人们知道，他是一个言行合一的人。

我们要学习的就是郑板桥这样的人，做一个有品格，有道德的人。哪怕我们只是人海中普通的一员，也要有不俗的气质，坚守自己，影响他人。做一个平凡但香气浓郁的花朵，做一个不大但雅致的居室。

孔融是东汉末年的大学问家，小时候才思敏捷，聪明好学，反应很快，大家都夸他是神童。孔融 4 岁时，就已能背诵许多诗赋，并且懂得礼节，父母兄长都非常喜爱他。

这天，父亲的朋友来孔融家做客，带了一盘梨子，送给孔融和兄弟们吃。父亲接过篮子后，就交给了孔融，叫孔融分梨。孔融挑了一个最小的梨子给自己，其余的按照长幼顺序分给了兄弟们。父亲和朋友都很惊讶，就问孔融为什么要这样分。小孔融说："我年纪小，是家里的小弟，就应该吃小的梨，把大梨让给哥哥们。"父亲听后十分高兴，又问道："可是，弟弟也比你小啊？为什么也要给他大的。"孔融回答："因为弟弟比我小，所以我才应该让着他啊！"这便是家喻户晓的孔融让梨的故事。

如今，孔融早已作古，但他的这种懂得谦让的品格，却早已融入我们的文化和传承中，被我们一代又一代所铭记。之所以这样，就是因为他的品格。由此，也可以看出品格之于人的作用，它可以穿越千古，让后世铭记一个人的所为所行，通过传承让品格高尚的人得到千代万代的称颂。同时，也能让一个人的价值得到升华，让人脱离低级趣味，超越自我。

我国有五千年的文明，在这文明长河中，有很多品格高尚，为民族，为他人奉献自我的人，这些人就是文明历程中的花朵，虽不多，但香气浓郁。在这其中，还有一个是值得大书特书的，就是王昭君。

王昭君，名嫱，字昭君，汉朝人，生于南郡兴山县。因聪慧机敏，貌美知礼，汉元帝时被选入宫中做"待诏"。

西汉晚期，汉王朝和匈奴议和，停息了长期的战乱，恢复了"和亲"关系。汉元帝竟宁元年，西汉王朝答应匈奴呼韩邪单于的要求，派王昭君出塞和亲。从此出现了汉匈和好、互不侵害的局面，王昭君在其中起到很大作用，也因此受到历代人民的称赞。

王昭君自愿出塞，远嫁异族，为两族的和平做出了巨大的贡献。她还从西汉带去了很多农作物的种子，并亲自教给匈奴人耕种的方法，让他们在牲畜不够吃

的时候，还能存有一定的食物，以解生计之困。同时，王昭君还大力在匈奴推广汉文化，增加匈奴人对汉人的了解，这也为两族的和平共处起到了很大的作用。

王昭君的一生都是在匈奴度过的，可以说是为了两族的和平贡献了自己的全部青春。但她始终无怨无悔，从未抱怨，也从未想过要逃避，始终兢兢业业，真正尽到了一个"使者"的责任。她之所以能做到这样，靠的就是其个人的品格。正是这种品格的支撑，才让她在没有亲人，习俗也不同的异乡度过了自己那漫长而又波澜壮阔的一生。也正是这种品格，让她成为家喻户晓的名人，为历史所铭记。

通过这些古人的言行和事迹，我们看到品格对一个人的重要性。一个有良好品格的人，不仅能让自己的价值得到彰显，更能影响别人，成为别人的榜样。我们的民族正是因为有千千万万个这样的人，才会有辉煌灿烂的五千年文明，才会有悠久的历史文化传承。作为一个现代人，我们要做的就是继承古人的遗志，以他们为榜样，向他们看齐，并努力超越前人，为民族的复兴贡献自己的一份力量，同时也让自我价值得到最大的体现。

人人都喜欢鲜花，都喜欢雅室，但光喜欢是不够的，更重要的是，变喜欢为拥有。只有通过自己的努力，提升自己的品格，才能变成社会中的鲜花和雅室，才能得到更多人的认可，也才能让我们的人生更有意义。而想要做到这些，就要从日常的小事开始，慢慢积累，功夫到了，境界自然就到了。

当然，我们也必须要看到，在这个过程中，肯定是会有很多困难的，我们会经受各种各样的干扰。不过不要怕，只要坚持住了，自然就能成功。到那时，你将会感受到品格给你带来的益处。那不仅是自我的愉悦，更有别人的赞扬和鼓励。所以，从现在开始，努力提高自己的品格吧，努力做一朵鲜花，一间雅室。虽然你可能只是一朵，只是一间，但并不影响你散发香气，散发雅致。

第十五章

工作态度：活着一分钟，战斗六十秒

——节制但不保守，进取但不冒进

窍门满地跑，就看找不找

在工作和生活当中，普遍存在着解决问题的小窍门。因为解决问题的方法多种多样，如果我们能找到比较快捷灵巧的方法，那么解决问题的时候就显得简单方便得多了。正应了一句老人言："窍门满地跑，就看找不找。"

在英国美丽的乡下，有一条小溪蜿蜒地流过农场。有一天，两个小男孩想去小溪的对岸去摘果子吃，可是，小溪水挡住了他们的去路。其中一个高个子的男孩，径直走到小溪边，脱下鞋子，想试着趟过去，可是溪水有点深，他试了几次都退了回来。另一个矮小的男孩却站在岸边思索了片刻，决定绕道去，因为一公里开外的地方有一座独木桥。

半天的工夫，这个矮小的男孩绕过了小桥，去到对岸，摘到了红红的果子，开心地吃了起来。而另一个高个子男孩还在那里坚持趟水。

其实，很多时候，成功并不是仅仅有了勇气、坚持不懈就能达成，多动些脑筋，多用些智慧，就能少跑些冤枉路，成功比想象来得容易得多。在我们日常的工作中，做事的态度很重要。同样的工作，用不同的态度去做，会有不同的效果；而做同样工作的人，也会有不同的收获。

杰克和约翰同时在一家店铺做学徒工，一样的勤劳工作，拿着一样的酬劳。可是一段时间后，约翰被提拔做了分店铺的主管，而杰克却仍在原地踏步，做着学徒工。

杰克很不满意老板的不公正待遇，他觉得自己在工作上比约翰卖力多了。终于有一天，他到老板那儿发泄自己的不满。老板一边耐心地听着他的抱怨，一边在心里盘算着怎样向他解释他和约翰之间的差别。

"杰克，你听着，"老板说话了，"你去集市走一趟，看看今天早上有什么新鲜的蔬菜在卖。"

不一会儿，杰克从集市上回来向老板汇报说："今早集市上有个农民拉了一车土豆在叫卖，土豆看着很新鲜。"

"土豆有多少斤？"老板问。

杰克一愣，赶快又跑到集市上，然后回来告诉老板说一共有40袋土豆。

"价格是多少？"

杰克第三次跑到集市上问来了价格。

"好吧，"老板对他说，"现在你坐在那里，别说话，看看约翰是怎么做的。"

约翰也从集市上回来了，对于老板问的同一个问题，他向老板汇报说，到目前为止只有一个农民在卖的土豆是最新鲜的，一共40袋，价格是40美分一袋；土豆的表皮光滑，色泽圆润，是上好的土豆，并且他还带回来一个让老板看看。这个农民说，下午他还会运来几篮子西红柿，价格也会非常公道。约翰还说，昨天老板铺子的西红柿销量很好，库存已经不多了。他想这么便宜的西红柿老板可能想要买几篮子，所以约翰不仅带回来一个西红柿做样品，而且把那个卖土豆和西红柿的农民也带来了，他现在正在外面等着跟老板面谈呢。

此时老板转向杰克，对他说："现在你知道为什么约翰能胜任主管的职位了吧？"

我们在平时工作中，也要多思考，少蛮干。工作遇到难以处理的问题，多与同事和前辈们沟通，多想一些合理解决问题的方法和途径，不要一味地埋头苦干，那样不仅会弄得自己身心疲惫，而且还会事倍功半。

在社会上，但凡有点成就的人，都懂得"找到最有效的工作方法"对成功的重要性。

在美国，一个年轻人在一家石油公司工作，他所做的工作很简单，也很乏味，就是巡视并确保石油罐盖有没有自动焊接好。石油罐从输送带上缓慢移动到旋转台上，在那里，焊接剂便自动滴下，并沿着油罐盖四周转动一圈，流程结束。接着，下一个油管移过来，同样重复这道工序……

这项工作做得久了，年轻人感到枯燥无味，心里厌烦极了。他希望自己能做一项有意义的事业，可是自己没有其他的本事，也没经济基础，于是，也就作罢，坚持做着这项工作。

一天，他发现油罐旋转一次，焊接剂滴落39滴，焊接工序就算完成了。他觉得，在一系列简单的工序中，有没有可以改善的地方？他观察了很久，后来发现，能不能让焊接剂少滴落几滴，但还能达到一样的效果呢？

于是，在工作之余，这位年轻人仔细钻研，终于研制出了37滴型焊接机。但是，试用一段时间之后发现，利用这种型号焊接出来的油罐，偶尔会漏油，并不是很完美。他再接再厉，经过一番努力，研制出了38滴型焊接剂，这次发明很成功，公司对他发明的这种机型很关注，不久之后，就采用了这种机型用于焊接工序中。虽然只节省了一滴焊接剂量，但"一滴"却为公司带来了5亿美元的新利润。

这位年轻人，就是后来的石油大王——约翰·D·洛克菲勒。他找到了改善焊接工序的窍门，使自己的人生发生转变。我们在生活中也应该如洛克菲勒一样，勤于思考，善于发现，才能有所创新，有所成就。

刀不磨要生锈，人不学要落后

一只蜜蜂要酿造一千克的栀子花蜂蜜，需要采集100万朵栀子花的花蜜，假若采蜜的花丛与蜂房之间的平均距离是1.5公里，它就得累计飞行45万公里，差不多等于地球赤道总长的11倍。这正体现了"勤奋"。

一只蜜蜂要酿造一千克的油菜花蜂蜜，也需要采集100万朵油菜花的花蜜，只是油菜花丛距离蜂房更远，已经越过小河的对岸了，可这只蜜蜂仍然像往常一样飞行1.5公里，在小河这边的枯萎的栀子花丛中寻找油菜花。结果这只蜜蜂没有完成采蜜任务，失望地错过了整个油菜花采蜜季节。这就不仅仅是"勤奋"二字能够解决的问题了。

蜜蜂的错误有二：

其一，栀子花丛已经枯萎，已经不可能采到花蜜，采蜜光靠勤劳是不行的。

其二，这只蜜蜂安排的任务是采集油菜花花蜜，它没有探索新的路线，结果还是按照自己旧的思路去做，必定是要失败的。

正如一个人，虽然懂得勤奋对于一个人成长的重要性。如果不时刻保持清醒的头脑，与时俱进，就不能掌握最新的科学技术，就会对周围环境反应迟钝，不能适应环境的新变化，最后会被社会所淘汰。因此我们不能放松自己，应时刻保持旺盛的学习劲头。

列夫·托尔斯泰说过："要有生活的目标，一辈子的目标，一段时期的目标，一个阶段的目标，一年的目标，一个月的目标，一个星期的目标，一天的目标，一个小时的目标，一分钟的目标。"

总之，人生就要有目标。我们在执行目标的时候，也不要一味固守先前的经验或已获得的知识，要按照时代或环境的需要，不断学习和实践，这样才能在完成自己目标的道路上，时刻保持与时俱进的头脑，成功才不事倍功半。

罗德岛围墙已经存在一个多世纪，这堵墙是由大理石一块一块砌成的，之所以有名，不仅在于它坚固的外观，更多的在于它的艺术价值。一块块大理石在能工巧匠的手中，变成了精美的雕像，直到现在仍然令人惊叹。这堵墙是住在罗德岛的一个人耗费大量时间砌成的，挑选的每一块大理石都是经过他自己考虑、研究，最后斟酌着把它们放在最佳的位置上。等到砌成后，他又对这堵墙进行不同角度的观察分析，最终倾尽后半生才最终完成这项巨大的"作品"。

石墙完成之后，吸引了世界各地的人，前来一睹石墙的艺术魅力，他也很乐意为大家讲解每一块石头的来历，似乎每一块石头都有它们特有的生命力。

他用自己的双手，为自己赚来了很多的财富。他认为，以后他的孩子继承的不应该是这些财富，而是自己这种隐含在财富之中的技巧、洞察力和创新的思维。因为财富是可以用尽的，可是这种创造财富的精神是取之不竭的。

上面这位罗德岛的人，他在雕琢这些雕像的时候，要是仅仅关注每一块雕像的特点，没有在砌成石墙之后，再整体上把握每块石头在石墙中的合适位置，那也是不能有这么完美的作品问世的。因此我们在做每件事情的时候，不能觉得一开始完美，就始终是完美的，我们要用发展的眼光看待周围的世界，要不断地学习。因为"刀不磨要生锈，人不学要落后"。

工作宜赶不宜急

工作是忙不完的，所以工作要"赶"，但不要"急"，应该忙中有序地赶工作，而不要紧张兮兮地抢时间。任何事积累到一定程度都会形成压力，心中背负着太多东西的人往往容易乱了分寸，无法静下心来理清思路，所以容易焦躁、抱怨，甚至愤怒。与其被忙不完的工作所驱使，不如在自己的能力范围之内，坦然面对，做得到的去做，做不到的不强求。

积极的职场人，总是能够将手头的工作理出大小内外，轻重缓急，从而按部就班，有次序地一件一件解决，这样做，既可以保证工作速度，又能保持从容不迫的心情。

有一个农夫挑着一担橘子进城去卖。天色已晚，城门马上就要关了，而他还有二里地的路程。这时迎面走来一个僧人，他焦急地赶上前去问道："小和尚，请问前面的城门关了吗？"

"还没有。"僧人看了看他担中满满的橘子，问道，"你赶路进城卖橘子吗？"

"是啊，不知道还来不来得及。"

僧人说："你如果慢慢地走，也许还来得及。"

农夫以为僧人故意和自己开玩笑，不满地嘀咕了两声，便匆匆上路了。他心中焦急，索性小跑起来，但还没跑出两步，脚下一滑，满筐橘子滚了一地。

僧人赶过来，一边帮他捡橘子，一边说："你看，不如脚步放稳一些吧？"

农夫急于求成，一味求快，结果却恰恰相反。工作亦是如此，积极与速度并非同义词，速度与效率也往往不成正比，与其在手忙脚乱中浪费时间，不如张弛有度，井然有序地设计好每一步要踏出的距离。一味求快，往往会造成恶果。

"涓流积至沧溟水，拳石垒成泰华岑。"这一出自宋代陆九渊《鹅湖和教授兄韵》的诗句劝喻人们：涓涓细流汇聚起来，就能形成苍茫大海；拳头大的石头垒砌起来，就能形成泰山和华山那样的巍巍高山。只要我们一步步勤勉努力地往前赶，就能到达梦想的彼岸。

有一个小和尚，在树林中坐禅时看到草丛中有一只蛹，蛹已经出现了一条裂痕，似乎能看到正在其中挣扎的蝴蝶了。

小和尚静静地观察了很久，只见蝴蝶在蛹中拼命挣扎，却怎么也没有办法从里面挣脱出来，几个小时过去了，小和尚依然坐在那里静静地看着。

这时候，护林人家的孩子跑了过来，看到地上挣扎的蛹，不由分说地捡起来将蛹上的裂痕撕得更大了，小和尚甚至来不及阻止。

小孩子数落着和尚："师父，你是出家人，怎么连点慈悲心也没有呢？"

小和尚无奈地叹了口气，说道："你为何这般性急呢？蝴蝶还没有着急，你为什么这么鲁莽地改变它的命运呢？"

果然，蝴蝶出来之后，因为翅膀不够有力，变得很臃肿，飞不起来，只能在地上爬。

孩子本想帮蝴蝶的忙，结果反而害了蝴蝶，正是"欲速则不达"。由此不难看出，急于求成只会导致最终的失败。所以，我们不论是在工作，还是在生活中，都不妨将眼光放长远，注重积累，厚积薄发，自然会水到渠成，实现自己的目标。

很多人在工作中都会像那个孩子一样，急于求成，急于看到结果，恨不得揠苗助长，最后导致工作做得一塌糊涂。

现代人，并非高速运转的现代机器，莫不如以一种骑士精神尽展潇洒，纵横驰骋于纷乱的生活，却保持一种美丽的心情，采一柱大漠的孤烟映照黄昏的落日，捉一轮浑圆的清月放飞自由的心灵！

三分苦干，七分巧干

人们常说：一件事情需要三分的苦干加七分的巧干才能完美。意思是行事时要注重寻找解决问题的方法，用巧妙灵活的方法解决难题，胜于一味地蛮干。也就是说，"苦"的坚韧离不开"巧"的灵活。一个人做事，若只知下苦功，则易走入死胡同，若只知用巧，则难免缺乏"根基"，三分苦干加上七分巧干才能达到自己的目标。

王勉是一家医药公司的推销员。一次他坐飞机回家，竟遇到了意想不到的劫机。通过各界的努力，问题终于得以解决。就在要走出机舱的一瞬间，他突然想到：劫机这样的事件非常重大，应该有不少记者前来采访，为什么不好好利用这次机会宣传一下自己公司的形象呢？于是，他立即从箱子里找出一张纸，在上面写了一行大字："我是 ×× 公司的 ××，我和公司的 ×× 牌医药品安然无恙，非常感谢救了我们的人！"他打着这样的牌子一出机舱，立即就被电视台的镜头捕捉到。他由此成为这次劫机事件的明星，很多家新闻媒体都争相对他进行采访报道。

等他回到公司的时候，受到了公司隆重的欢迎。原来，他在机场别出心裁的举动，使得公司和产品的名字家喻户晓。公司的电话都快被打爆了，客户的订单更是一个接一个。董事长当场宣读了对他的任命书：主管营销和公关的副总经理。之后，公司还奖励了他一笔丰厚的奖金。

王勉的故事说明了一个非常深刻的道理，就是做任何事情都要将"苦"与"巧"结合起来。"苦"在卖力，"巧"在灵活地寻找方法，只有这样，才最容易找到走向成功的捷径。

陈良出生在一个穷困的山村，从小家里就很困难。17岁那年，他独自一人带着8个窝窝头，骑着一辆破自行车，从小山村到离家100公里外的城里去谋生。他好不容易在建筑工地上找到了一份打杂的活儿。一天的工钱是2元钱，这对他而言只够吃饭，但他想尽法每天省下1元钱接济家人。尽管生活十分艰难，他还是不断地鼓励自己会有出人头地的一天。为此，他付出了比别人更多的努力。2个月后，他被提升为材料员，每天的工资加了1元钱。

靠着自己的不懈努力，他逐步站稳了脚跟。他认为：要想得到大家的认可，就不能只靠苦干默默地付出，更要靠巧干努力地寻找办法，以尽快地得到提升。那么，怎样才能做到这点呢？冥思苦想之后，他终于想到了一个点子：工地的生活十分枯燥，他想，能不能让大家的业余生活过得丰富一点呢？想到这点，他拿出自己省下来的一点钱，买了《三国演义》《水浒传》等名著，认真阅读后，讲给大家听。这样一来，晚饭后的时间，总是大家最开心的时间。每天，工地上都

洋溢着工友们的欢声笑语。

一天，老板来工地检查工作，发现他的口才非常好，于是决定将他提升为公关业务员。

一个小点子付诸实践后就能有这样的效果，他备受鼓舞。于是，他便将主动找方法的特长，运用到工作的各个方面。

对工地上的所有问题，他都抱着一种主人公的心态去处理。夜班工友有随地小便的习惯，怎么说都没有用，他便想尽各种方法让大家文明上厕；一个工友性格暴躁，喝酒后要与承包方拼命，他想办法平息矛盾，做到使各方都满意……

别看这些都是小事，领导都看在眼里。慢慢的，他成为领导的左膀右臂。

由于他经常主动找方法，终于等来了一个创业的良机。有一天，工地领导告诉他，公司本来承包了一个工程，由于各种原因，难度太大，决定放弃。

作为一个凡事都爱"三分苦干，七分巧干"的人，他力劝领导别放弃。领导看他充满热情，突然说了一句话："这个项目我没有把握做好。如果你看得准，由你牵头来做，我可以为你提供帮助。"

他几乎不敢相信自己的耳朵：这不是给自己提供了一个可以自行创业的绝好机会吗？他毫不犹豫地接下了这个项目，然后信心百倍地干了起来。不久，他便成立了自己的建筑公司，并且事业做得越来越大。

世上没有什么事是只凭蛮劲就能成功的，要加入自己的聪明才智，这样才能取得自己想要的结果。工作之中也是同样的道理，要想使自己的工作得到同事的赞赏、老板的表扬，就要多用智慧。

不怕百事不利，就怕灰心丧气

人的一生会经历很多的挫折，每个人都会遇到这样或者那样的困难。当我们遇到挫折时，不应该感到灰心丧气，知难而退；而是应该积极面对挫折，努力去战胜挫折，从而让成功降临。

每个人的一生或多或少、或大或小都会遇到磨难和坎坷，而每一个人面对这些磨难和坎坷时都会有不同的态度，有的人百折不挠，一往无前，有人则犹豫不前甚至退避三舍。不同的人生态度则会导致不同的人生道路，甚至于会塑造完全不同的个人命运。

"我的人生中只有两条路，要么赶紧死，要么精彩地活着。"这是无臂钢琴师刘伟的励志名言。刘伟10岁的时候，因一场事故而被截去双臂。在他12岁那年，他在康复医院的水疗池里学会了游泳，2年后，刘伟在全国残疾人游泳锦标赛上夺得了两枚金牌；16岁学会了打字；19岁学习了钢琴，一年后就达到了相当于用手弹钢琴的专业七级水平；22岁他勇敢地挑战了吉尼斯世界纪录，一分钟打出了233个字母，成为世界上用脚打字最快的人；23岁时他登上了维也纳金色大厅的舞台，让全世界都见证了中国男孩的奇迹。当袖管两空的刘伟走上舞台时，所有人都知道他要表演什么，但是没人能想象他究竟要怎样用双脚弹奏钢琴。当他坐到特制的琴凳上之后，优美的旋律就从他的脚下流了出来，他的十个脚趾在琴键上灵活地跳跃着，顿时，全场陷入了一片安静，每个人都在用心聆听这用毅力演奏的天籁之音。当刘伟表演结束后，所有观众都起身为他鼓掌。刘伟的身后，站着他伟大的母亲。一个普普通通的家庭妇女，识字不多，但是懂得一个最基本的道理：这个世界没有什么可以依赖，除了自己。刘伟没有让母亲失望。

令人欣慰的是，刘伟的自述《活着已值得庆祝》已经出版。而根据他的真实经历创作、由他和倪萍等主演的电影《最长的拥抱》已经杀青，倪萍说："我要买十本送给那些有胳膊的人看。"

感动中国推选委员易中天这样评价刘伟："无臂钢琴师刘伟告诉我们：音乐首先是用心灵来演奏的。有美丽的心灵，就有美丽的世界。"

推选委员陆小华是这样评价刘伟的："脚下风景无限，心中音乐如梦。刘伟，用事实告诉人们，努力就有可能。今天的中国，还有什么励志故事能赶上刘伟的钢琴声。"

而感动中国组委会授予刘伟的颁奖辞是这样说的："当命运的绳索无情地缚住双臂，当别人的目光叹息生命的悲哀，他依然固执地为梦想插上翅膀，用双脚在琴键上写下：相信自己。那变幻的旋律，正是他努力飞翔的轨迹。"

刘伟面对生命给他的挫折，面对人生对他的严酷考验，面对没有双臂的缺憾，他没有选择低头，没有惧怕挫折，没有退缩。相反，他勇敢地面对上天带给他的不公，他勇敢地回击了命运对他的折磨考验。面对人生的痛苦，他没有灰心丧气，他用自己的坚毅诠释了生命的重量。

一个人不怕起点低，不怕遭遇失败，就怕消极，怕灰心丧气。一个人千万不能被困难和挫折吓倒，相反地要鼓励自己去奋斗，要用实际行动来改变别人的看法。万事不利，不应该成为甘心平庸的托词，相反，应以此激励自己加倍的努力、要奋发向上，活出一个人样来。能改变自己人生的只有自己，而不是别人。无论处于何种生活境地，假如自己乐观开朗，积极上进，努力学习和工作，那么人生也会变得五彩缤纷、绚丽多彩；假如自己悲观消极，失望落后，无所事事，不肯好好地学习和工作，那么人生会变得漆黑一片，苦不堪言。每个人都不要让自己生活在黑暗当中，而应该生活在阳光之下。

发明大王爱迪生出生于一个普普通通的劳动人民家庭，虽然他只读了3个月的书，但是他却非常喜欢发明。有一次，爱迪生在火车上做实验。因为他的不小心，很多化学物品都倒在了地上，化学物品遇到空气导致火车起火。因此，火车司机给了他一个重重的耳光，把他的耳朵打聋了，并且把他的化学物品全部扔了。但他并没有因为这样而放弃发明，经过许许多多的失败，经历多次的困难，终于成为一名发明大王。其中，爱迪生仅发明电灯就经历了多达1600次的失败才最终成功。

他从白炽灯开始着手试验。他把一小截耐热的东西装在玻璃泡里，当电流把它烧到白热化的程度时，便由热而发光。他首先想到碳，于是就把一小截碳丝装进玻璃泡里，可刚一通电马上就断裂了。

经过思考，爱迪生又想到用白金进行试验。紧接着，爱迪生和他的助手们用白金试了好几次，可这种熔点较高的白金，虽然使电灯发光时间延长了，但不时要自动熄掉再自动发光，仍然很不理想。

爱迪生并不气馁，继续着自己的试验工作。他先后试用了钡、钛、铟等稀有金属，效果都不是很理想。

接下来，他与助手们将这1600种耐热材料分门别类地开始试验，发现还是采用白金最为合适。由于改进了抽气方法，使玻璃泡内真空。灯的寿命已延长到2个小时。但这种由白金为材料做成的灯，价格太昂贵了，谁愿意花这么多钱去买一个只能用2个小时的电灯呢？

爱迪生看到用棉纱织成的围脖，脑海里突然萌发了一个念头：棉纱的纤维比木材好，能不能用这种材料呢？

他急忙从围巾上扯下一根棉纱，小心地把这根棉纱装进玻璃泡里，效果果然很好。爱迪生非常高兴，制造了很多棉纱做成的灯丝，进行多次试验。灯泡的寿命延长到13个小时，后来又达到45小时。

但是爱迪生仍旧没有满足，他的目标是亮1000个小时，最好是能够亮16000个小时，于是爱迪生不停地试验，终于让电灯亮的时间更长了。

就像爱迪生一样，做事一定要勇往直前，不怕艰苦，不怕困难，不管经历了多少次失败，都不放弃，最后你才能获得成功，并从中获得经验。在遇到同样的事情时，才能完成得更好，更出色。

"不怕百事不利，就怕灰心丧气"，各种挫折不可怕，可怕的是一颗屈服的心。面对各种困难时不要丧气，勇敢地去面对，你会发现只要有毅力不灰心丧气，困难终会被踩在脚下。

时间就是金钱，效率就是生命

在所有的资源中，时间不同于其他资源，它没有弹性，找不到替代品，而且永远是短缺的。时间既不能停止，也不能保存。如何合理利用时间将成为每个人一生的必修课。

有人认为自己是时间的奴隶，有人埋怨时间过得太快，在每天都差不多结束时，才发现应该做的事情还没有做完……

张路和刘波是同一家企业的两个部门主管。他们每天都要工作八九个小时。

张路离开办公室时总要带着一公文包文件，他要利用自己的业余时间继续完善自己未完成的报告。他总是觉得很累，基本没有时间可以用来放松和休息。

与张路相反，刘波坚守一个原则：绝不把任何工作问题带回家。在上班的8小时，他尽可能认真地做好当天的工作。当然，时间总是有限的，他会首先完成最重要的工作，其余琐碎的小事要么不做，要么就授权下属去做。

一段时间以后，两人的业绩差别变得非常明显。张路越来越力不从心，最悲哀的是，他做了很多无用功，真正重要的事情却没有做好。刘波还是那幅轻松自得的样子，周末还有时间和家人一起出去游玩，他所分管的业务增长很迅速，获得了上司的嘉奖。

张路和刘波在能力上并没有特别大的差异，然而，能否对时间合理利用让两人有了高下之分。

简单的往往是有效的，让我们忙得晕头转向的往往并不是所谓的巨大的劳动量，而是我们不知道自己有多少工作，该先做什么。这就是因为我们还没有掌握安排时间、利用时间的艺术。

时间是一种资源，善于利用时间就能节约成本、提高效率，带来巨大的业绩。

掌握了时间安排的艺术，时间便会生机无限。

有一位著名的科学家，他把自己的每个工作日都分成"三天"。"第一天"是从早晨到下午 2 点，他认为这是最宝贵的时间，用来安排做最重要的工作。"第二天"是下午 2 点到晚上 6 点，这时身体已经比较疲倦，这段时间用来安排做些比较轻松的工作。"第三天"是从晚上 6 点到午夜，这段时间是身体的低效期，可以用来参加会议、看书，等等。

我们虽然不一定要把一天当作三天去用，但至少也要学会有效地利用时间，全力地生活。

你可以为自己制订一套时间计划。经常检查某一短期目标是否如期完成，用工作日记将完成每件事花费的时间记录下来。只要拥有成熟的计划、行程表，原本凌乱不堪的工作，就会显得条理井然起来。在你每天早上走进办公室的时候，就开始计划一天的工作，把所有事项按重要性程度进行排列，然后尽可能一有时间就去做最重要的工作。

当你开始学着合理利用时间的时候，你会发现，你的时间宝藏还有很大的潜能等着你去发掘。

效率就是生命。集中你的时间做最核心的、最有生产力的事情，把重要的事情摆在第一位是时间管理的要诀所在。而所谓重要的事情，是指真正有助于达到我们目标的事情，是让我们的工作与生活更有意义、更有成就的事情。

成功者总是从容不迫地做着最重要的事情，很多人却急急忙忙做着紧急而不重要的事情。你必须学会如何把重要的事情变得很紧急，这时你就会立刻开始做最重要、最有生产力的事情了。

第十六章

行思之道：休将我语同他语，未必他心似我心

——思而不行则无用，行而不思则无功

伤人之言，深于矛戟

　　老人言："与人善言，暖于布帛；伤人之言，深于矛戟。"意思是说：出自好心的话，会令人感觉比布帛还要温暖；伤人的话，比用矛伤人还要厉害。人在与别人相处的过程中，也一定要注意自己的言行，一定不要戳到别人的痛处。说话避开别人的要害，不仅是技巧，也是一种修养。

　　杰克是一个坏脾气的孩子，他的父亲给了他一袋钉子。告诉他，每当他发脾气的时候，就自觉地钉一个钉子在后院的围栏上。

　　第一天，杰克就钉下了37根钉子。慢慢的，每天钉在围栏上钉子的数量减少了，因为他发现控制自己的脾气比钉那些钉子容易得多。

　　终于有一天，杰克再也不会失去耐性，乱发脾气。他把这件事告诉了父亲，父亲说，从现在开始，每当他可以控制自己脾气的时候，就拔出一根钉子。一段时间之后，杰克告诉父亲，他终于把所有钉子都拔了出来。

　　父亲很高兴，拉着杰克的手，来到后院说："你做得很好，我的孩子，但是你看看围栏上那些被钉子戳的洞，又深又丑陋。这些围栏将永远不能回复到从前的样子了。这就如你生气的时候说的话，就像钉子一样会在别人的心里留下疤痕。如果你拿刀子捅了别人一刀，不管你说多少次对不起，那个伤口将永远留在身上。话语的伤痛，有时候比真实的伤痛更令人无法承受。因为身体的疼痛是存在一段时间，那么言语的伤痛可能是一辈子。"

　　人与人之间可能会造成一些不必要的伤痛，有些可能是无意识中的一句话，有些可能是一时冲动，但造成的伤痕，可能都会永远记在心里。如果我们从自己做起，试着宽恕和原谅他人的过错，不要说一些过激的言语，别人可能也同样如

此待你。世界是公平的，你为别人打开一扇窗的同时，别人也会为你开另一扇窗，这样我们就可以看到更广阔的世界了。

很多年前，有位老人还是一个正当壮年的年轻人。他像那个年代的农民一样，祖祖辈辈生活在山脚下的村子里，靠山吃山，靠水吃水。但他也继承了农村的相对保守的思想。他一辈子没走出过大山，不知道外面的世界是怎样的，只能遵守父辈们传承下来的一些东西，他以为这就是绝对的真理。

他们村里有一位去山外学过艺术的医生。这个医生为人很好，待人接物总是客客气气，好像从来没有烦恼似的。村里人生病了，没钱给，他也不计较。为此村里人都很敬重他。

有一次，老人最小的儿子半夜突然发起了高烧，哭闹得厉害。他心里很着急，于是，就半夜去敲医生的门。但是很久之后，他听见医生的老婆喊："医生没在家，去镇上进药品去了，没回来。"

没办法，他只好回家了。眼看着儿子脸蛋烧得红彤彤的，嘴唇干裂，心里很是难受，好不容易熬到天亮，又去了医生家里，看看医生回来了没有。到了之后发现医生正在吃饭，他顿时火冒三丈地说："我的儿子烧得那么厉害，就等着你回来救命呢，你反倒吃起饭来了？真是事不关己不着急啊！"

医生听完这话，愣了一下，也没说什么，放下碗筷，背起药箱，就跟着他来到了家里。医生给孩子打完针，烧很快就退了，还嘱咐几句，不要吃生冷的，多穿衣服等，就回去了。

后来，他才知道，是医生的老婆没有告诉医生孩子生病的事，以为吃完饭再去也不晚，结果造成这个误会。从此之后，他每次见了医生都很尴尬，但是也没那个脸前去道歉。关系就这么一直尴尬地悬着，医生还和没事人一样照样和和气气的，但是他的心里可是愧疚死了。不几年，医生的老婆得了癌症，不治而亡，医生从那以后，就很消沉。过了几个月，医生全家搬到了大城市的大女儿家去了。

老人自从医生搬走就一直想："医生要是回来探亲，我一定向他道歉，可是等到现在，他也没回来过……"这已经成为老人一生的痛，他当时用言语戳伤了别人，到头来伤的最深的却是自己。

我们在工作中，一定要养成宽以待人的好习惯，不说伤害别人的话，不随意嘲笑不如自己的人，要多一些耐心和和气。

一个篱笆三个桩，一个好汉三个帮

俗话说："一个篱笆三个桩，一个好汉三个帮。"还有句古话说得好："三个臭皮匠，胜过一个诸葛亮。"个体不同，各有各的优势和长处，所以一定要善于发现别人的优势和长处，取之所长，补己之短。

一个人不能单凭自己的力量完成所有的任务，战胜所有的困难，解决所有的问题。须知借人之力也可成事，善于借助他人的力量，既是一种技巧，也是一种智慧。

很多事情就是这样的，当我们无力去完成一件事时，不妨向身边可以信任的人求助，也许对我们来说费力不讨好的事情，对他们来说不费吹灰之力就能轻松搞定。与其自己苦苦追寻而不得，不如将视线一转，呼唤那些有能力解决问题的人。

所谓孤掌难鸣，独木不成桥，这个世界上没有完美的人，你不完美，他不完美，但如果你们可以完美地结合在一起，就能取得意想不到的成功。

我们时常看到有些没有血缘关系的人，结成亲兄弟般的友谊，互相帮助、互相提携，也可称之为"调和"的一种关系。

"调和"不是一个丑恶的东西，而是互帮互助。一个人，无论在工作、事业、爱情和休闲哪方面，都离不开这种人与人之间的互帮互助。因为各人的能力有限，人际关系有所不同，所以必须相互帮助。借他人之力，正是一个人高明的地方。

一个人在社会中，如果没有他人的帮助，他的境况会十分糟糕。普通人如此，一个成就大事业的人更是如此。如果失去了他人的帮助，从而不能善用他人之力，任何事业都无从谈起。

善于借助别人的力量和智慧，广泛地接受多家的意见，多和不同的人聊聊自己的构想，多倾听别人的想法，多用点脑子来观察周遭的事物，多静下心来思考周遭发生的一些现象，将使你受益匪浅。

忍一时风平浪静

中国传统理念所强调的"忍"，是针对人的品性修养而言的。因为人活在世上，难免会遇到各种问题。如果我们能很好地控制自己，就会少一些麻烦，多一些包容。"猝然临之而不惊，无故加之而不怒"，就是说问题出现时，人应该具备的个人修养。

欧玛尔是英国历史上著名的剑手。在他 30 年的职业生涯中，有一个与他势均力敌的强劲对手，两个人决斗了很多年也不分胜负。

在一次决斗中，对手从马上摔了下来，欧玛尔持剑跳到他的身上，按照剑术规则，一秒钟就可以刺死他。

但是正在欧玛尔犹豫的时候，对手却往他脸上吐了一口唾沫，按照常理，一般人都不会再犹豫，直接结果了他。可欧玛尔此时，却做了一个惊人的举动，停住了，说："你今天处在劣势，我们明天再打。"

欧玛尔自己也说："30 年来，我一直在克制自己，修身养性，让自己不带着怒气作战，所以，我才能常胜不败。刚才你吐口水的瞬间，我动了怒气，但我多年培养的修养，使我克制住了。如果在那时杀了你，我就失去了一个好的对手，成功对我还有什么乐趣？"

对手很感动，从此甘拜下风，做了欧玛尔的学生。

苏洵在《心术》中说："一忍可以支百勇，一静可以制百动。"由此可见，能够自我克制的人才能真正把握好自己的生活。志之难也，不在胜人，在自胜。战胜自己是人的意志所不容易做到的事，而一旦做到了，就意味着掌控了自己的

人生航行。如果达到这个境界，世上还有什么难事我们不能解决？

能做大事者，一般不拘小节。有可能此人欺负到自己的头上，还会笑脸相迎，黎元洪正是做到了这一点。忍者无敌，那些在历史上有所作为的人，绝不会做因小失大、得不偿失的事。

韩信是汉朝初期的一员大将，很小的时候就失去了父母，主要靠钓鱼换钱维持生计，因此也经常受到周围人的歧视和冷遇。有一次，一群街头恶霸当众羞辱韩信，其中有个屠夫说："你虽然长得又高又大，也喜欢佩剑到处招摇，但其实你胆子很小。有本事的话，你敢用你的佩剑来刺我吗？如果不敢，就从我的裤裆底下钻过去。"韩信自知势单力孤，硬拼可能会吃亏。于是，当着众人的面，从屠夫的裤裆下钻了过去，这事一直被许多人所耻笑。不过后来韩信跟着刘邦成就了一番大事业，史书上将这段故事称为"胯下之辱"。

有人分析说：韩信若想保住自己的人格尊严不受胯下之辱，只有三条出路可供选择：一是拔剑拼杀，可能因此惹上官司；二是装作若无其事，可能被毒打一顿；三是夺路而逃，但对方不会善罢甘休。这样看来，只有忍辱负重，才是相安无事之道。

常言道："忍一时风平浪静，退一步海阔天空。"韩信只是不与胸无大志的人一般见识罢了。心怀大志的人，都是善于冷静地处理问题，能够权衡轻重，以最小的代价换取最大利益的人。

在工作中，我们要克制自己，凡事先"忍"之后，再仔细谋略，而后行动。这样我们做事才能想得更全面周到，从而把事情不好的影响降到最低。

试想，我们工作不就是为了能有一个更好的生活吗？美好生活的前提就是有一份自己喜欢的工作或事业，能实现自己的人生价值。这些达到了就够了，至于那些烦恼事情的出现，都是其中的小插曲，我们完全没必要计较太多。

无声胜有声

如果想成为一个讨人喜欢的人和一个成功的人，应该学会在说话之前先倾听别人的意见。

有一位美国管理学专家说过，高效经理人的秘诀之一，就是先倾听别人的意见。这一方面体现了对别人的尊重。作为下属，如果他的老板能够专心倾听他说话，他会感到幸福。作为合作伙伴，如果对方给他首先说话的机会，他会对其马上产生好感。另一方面只有听了别人的意见，才能知道他心里想的是什么，也就能相应地做出反应，有利于决策的优化。而如果不愿意倾听别人的话，则会让人非常不快，弄不好还会产生冲突。

在职场上应该遵循先倾听别人说话的原则，在日常生活中也是一样。人们都喜欢别人认真倾听自己讲话，然后根据听到的来表达自己的意见。是否在说话之前先倾听，在处理人际关系上差别是非常大的。

格林先生从商店买了一套衣服，很快他就失望了，因为衣服掉色，把他的衬衣领子染成了黄色。他拿着这件衣服来到商店，找到卖这件衣服的售货员，想说说事情的经过，可他在失望之上又加了一层愤怒。售货员根本不听他的陈述，只顾自己发表意见。

"我们卖了几千套这样的衣服，"售货员申明说，"从来没有出过问题，您是第一位，您想干什么？"她的语调似乎表明：你是在撒谎，你想诬赖我们。

他们吵得正凶的时候，另一个售货员走了过来说："所有深色礼服开始穿的时候都多多少少有掉色的问题，这一点儿办法都没有。特别是这种价钱的衣服。"

"我气得差点跳起来，"格林先生后来回忆这件事的时候说，"第一个售货员怀疑我是否诚实，第二个售货员说我买的是便宜货，这能不让人生气吗？最气人的还是她们根本不愿意听我说，动不动就打断我的话。我不是去无理取闹的，只是想了解一下怎么回事，她们却以为是上门找碴的。我准备对他们说：你们把这件衣服收下，随便扔到什么地方，见鬼去吧。"这时，商店的负责人沃特女士过来了。

首先，沃特女士一句话都没有讲，先听格林先生把话讲完，了解了衣服的问题和他的态度。这样，她就对格林先生的诉求做到了心中有数。然后，

她对格林先生道了歉，说这样的衣服有些特性没有及时告诉顾客，请求他把这件衣服再穿一个星期，如果还掉色，她负责退货。当然，对被染色过的衬衣，她送给了格林先生一件新的。

艾萨克·马科森大概是世界上采访著名人物最多的人之一。他说，许多人没能给别人留下好印象，是由于他们不了解别人的意见，只是自顾自地发表意见。"他们如此津津有味地讲着，完全不听别人对他讲些什么。许多知名人士对我讲，他们重视首先听别人意见的人，而不重视只管说的人。然而，看来人们听的能力弱于说的能力。"

每个人都有强烈的表达欲，但是要想让别人对自己更有好感，同时让自己的表达更有针对性、更能被别人接受，一定要暂时压抑这种表现欲，听听别人是怎么想的。

三思而后行

人生就像一盘棋，一着不慎，满盘皆输。棋局可以重新来过，人生却没有再来一次的机会。请重视你的每一个决定，要用心地再三思考，不要因为草率行事而滑入命运的深渊。

一个人无论做什么事都需要"三思而后行"，否则就会出现不堪设想的后果。与其为了日后的不如意而痛悔，何不在行事前谨慎、再谨慎一些？

赵兵大学毕业后不久便顺利地找到了一份比较理想的工作。公司负责人口头承诺为他报销出租车发票，赵兵抓住这个"难得的"机会，能"打的"就"打的"，半年下来，居然累积了数额达几千元的出租车发票。他将发票拿到财务科报销，却被告知公司有报销额度限制，而且新员工不享受这项待遇。赵兵勃然大怒，认为公司领导言而无信，他连招呼也不打，就愤怒地离开了公司。

令赵兵万万没有想到的是，这一时的"潇洒"会让他付出惨痛的代价。他自以为能很快再找到一份新工作，事情却没有他想象得那么顺利。相对应届大学毕业生，许多工作单位更青睐具有3年以上工作经验的"老手"，而赵兵那段不太光彩的辞职经历也成为他的"致命伤"，每当一些单位问到他辞职的原因，他都不知道如何回答。在经历多次求职失败后，他自嘲已成为职场上的"弃儿"，至今也没有找到合适的工作。为什么当初不先考虑周全再做决定呢？他常常这么问自己。

赵兵之所以会有这样的遭遇，是因为他还缺乏容纳社会、完善自我的心态，盲目贪图"便宜"，出了问题就一走了之，根本不去思考这样做会给自己带来什么样的后果。这是一种缺乏经验和历练的典型表现，是一种不成熟的处世作风。

如果赵兵在做每一件事之前，留些思考的时间和余地，问问自己什么能做，什么不能做，就不会走到这么困窘的地步。

"三思而后行"的古训出于《论语》，这句话的意思非常明确，就是说我们要养成做事前多思考的好习惯。

"三思而后行"并不是胆小怕事、瞻前顾后，而是成熟、负责的表现。做事比较冲动的人，往往凭第一感觉，凭一时的冲动，结果很多时候考虑问题不周全。比如有的事，是自己找当事人去说，还是让领导出面去说，效果就有很大的不同。

因此决定做一件事的时候，特别是面临重大问题时，必须要进行全方位的考虑，拿不准的时候多听听旁人的意见，也很有好处。

在行动之前，必须用心地观察和思考，选准自己的方向。否则，盲目行事，见到利益就上，只会因小失大。

"三思而后行"对问题的解决有很大的帮助。但是在这个快速多变的社会中，稍一犹豫，机会便会瞬间错失。有时候考虑得太多也不好。正如鲍威尔曾经讲过的：在做决策的时候需要在掌握40%至70%信息的时候做出你的决策。

信息过少，风险太大，不好决策；信息充分了，你的对手已经行动了，你就出局了。

　　但你必须清楚一点，"三思而后行"与快速地把握时机并不矛盾，做事情要学会把握时机，同时在决策的时候还要多思考。这样的人才有希望达到成功的彼岸，才能立于不败之地。

第十七章

放下得失：智者千虑必有一失，愚者千虑必有一得

——锁住目标，有的放矢

疑人莫用，用人莫疑

中国有句颇为人称道的关于用人的老话，叫作："疑人不用，用人不疑。"这句话里的"疑"意思是对所要使用之人不确定，不相信或者是有疑心。大概意思就是：感觉靠不住、没把握、不放心或者认为有问题而信不过的人不能任用；而对人才一旦使用，对被启用的人，则需要给予充分的信任，大胆使用，令其能放开手脚，不必怀疑他会干坏事、错事。这句话，作为传统的用人观被长期推广。在今天看来，在企业管理中或者在项目合作中仍然有其积极意义。

美国通用电气公司前 CEO 杰克·韦尔奇对公司管理的最高原则就是："管理得少"就是"管理得好"。这是管理的辩证法，也是管理的一种最理想境界，就是对自己的员工充分放权，给予他们最大的信任和支持，做到最大限度的"用人不疑"。中国有句古话："士为知己者死。"只有对士人充分的信任，士人才会为报知遇之恩而竭尽全力。

用人不疑是管理者用人一个非常重要的标准。领导者若想在自己的事业上大展宏图，若想不断壮大发展自己的事业，就必须学会用人。因为事业越来越大，不可能每件事情都事必躬亲，所以必须用人不疑。领导者不可能样样事情都过问，这时候，他需要委托自己信得过的人来协助他去办理事情，而"用人不疑，疑人不用"就显得十分必要。

这点也是商人胡雪岩用人的一个重要原则。

胡庆余堂新招的伙计里有一个姓李的伙计表现得特别出色。此人反应迅速，动作麻利。他被安排去做药材采购工作。此人善于交际，工作十分出色，连采购总管都认为他是个可以栽培的好苗子。

但是过了一段时间，店铺里开始流传这样一条消息。原来前几年这个姓李的伙计因为盗窃在大牢里待过一段时间。这个消息一传出，姓李的伙计的身价一下子大跌。总管也不再器重他，一些重要的药材根本不让他插手。伙计们也开始用另一种眼光看他，使他非常苦恼。

随后，胡庆余堂急需一笔重要的药材，需要派人将货款亲自送到商家手里，并且当场一手交钱、一手交货。恰巧这个时候，采购总管身体不适，根本无法支撑这样远的路程。店铺掌柜开始发愁，不知道派谁去好。派去的人首先要懂得如何辨别药材，还要善于和商家讨价还价。所以此番任务十分艰巨。

胡雪岩知道了此事，问及哪个伙计的表现突出，掌柜算来算去，也只有姓李的伙计表现比较突出，他的业务水平是可以肯定的。但是考虑到其有过前科，所以掌柜就将他排除了。

胡雪岩听完之后，说："将那人带过来我见见。"

胡雪岩见到姓李的伙计之后，问他："如果让你去验收这笔药材，你可有信心？"

姓李的伙计听了大为震惊，他知道因为自己有过盗窃前科，谁都不愿意相信他，但是胡雪岩却委以重任，他感动得不知道该说什么好。他坚定地说："大人您放心，我一定完成任务。"

掌柜很是疑惑，他担心这其中会出纰漏，但是胡雪岩说："用人不疑，疑人不用，既然他都进了胡庆余堂，那就没什么好担心的。该用就要大胆地用。此人也是一个人才。"

果然，姓李的伙计不但顺利地完成任务，还以比之前低很多的药价将药材顺利运了回来。从此，再没有人怀疑姓李的伙计的能力和人品，他很快成为采购方面的优秀人员。

胡雪岩信任伙计的故事和三国时期刘备托孤的故事如出一辙。东汉末年，永安宫里，刘备临终前躺在病榻上安排着自己的后事。他对诸葛亮说："你的才能是曹操的十倍，我相信你一定可以平定蜀国，最终成就一番大事业。如果我的儿子刘禅有当皇帝的能力，可以治理国家，你可以辅佐他。如果刘禅没有这方面的才能，你就自己取了这个皇位，治理这个国家。"人们都说"人之将死，其言也善"，刘备这一段托孤的话包含了一份怎样的信任？举国托孤于诸葛亮，在那样一个乱世中，又有几人可以做到如此的"用人不疑"呢？面对这份"用人不疑"，诸葛亮也不曾辜负刘备，以"鞠躬尽瘁、死而后已"来报答刘备对自己的信任。试想如若不是刘备托孤于诸葛亮，刘阿斗在那个尔虞我诈、战火纷飞的乱世中恐怕早就"乐不思蜀"了。

同样是三国中的人物，曹操则生性多疑、奸诈，故人们称他为"奸雄"。比如，误杀他父亲的老友吕伯奢全家老少八口，比如"梦杀"侍从。但生性多疑的曹操称得上是一个非常会用人的好老板，他十分清楚"争天下必先争人"，他也懂得"疑人不用，用人不疑"的道理。官渡之战当许攸反水投靠曹操时，曹操军粮不足，早已心生退意。许攸献计火烧乌巢，曹操相信了这个刚从敌营投靠过来的谋士，而许攸回报他信任的便是这场战争的胜利。这也成为以少胜多的战争典范。

曹操对待降将和投降的文人策士的态度更加表现出了他的"疑人不用，用人不疑"的态度。曹操最初起家靠的是父老乡亲，比如夏侯惇、夏侯渊、曹仁、曹洪、当然还有早期的乐进、李典。但是后期曹氏集团中的中坚力量绝大部分都是投降过来的降将。比如张辽，原来是吕布的人马；徐晃，原来是杨奉的人马；臧霸本是陶谦的旧将，后降吕布，投降曹操后，官渡之战时曹操居然把青、徐二州交给他，如此大任交给一个名不见经传的降将，体现出曹操用人之大胆；张绣，是杀害曹操长子曹昂、爱将典韦的敌人，投降过来后一样得到重用，而出此计杀人的贾诩最后居然做到了尚书令。曹操手下两大最为杰出的天才谋士荀彧、郭嘉，原来是侍奉袁绍的。到了曹操这里，曹操每每对他们的智慧赞叹不已，从来不怀疑他们还念旧主之情出坏主意害自己，要知道荀彧可是受到袁绍的非凡礼遇和重用的。郭嘉也是看到袁绍昏庸而弃袁投曹的，甚至事后还作出了著名的"十胜十败论"来比较袁和曹，郭嘉对袁、曹二人的比较可谓入木三分。郭嘉每出奇计，曹操都能依计而行。

从上述例子中可以看出，只有摘掉有色眼镜，心平气和地任用人才，疑人不用、用人不疑，才能出现人尽其才、才尽其用的局面，事业才能不断地展现新局面。在现实环境中，只有这样才是对人才价值利用的最大化，是人尽其用的人才观。

吃一堑，长一智

人生不是一盘棋，不至于因为走错一步而痛失全局；人生更像足球赛，即使最强的球队也有失手的时候，即使最差的球队也有扬眉吐气的一天。

人的一生就是这样，充满着成功与失败、顺境和逆境、幸福与不幸。挫折是一个人迈向成功的基本课题。

俗话说："吃一堑，长一智。"一面回视过去，吸取教训；一面展望未来，充满希望。勇敢面对挫折，在挫折中增长人生智慧。绝处尚有逢生的机会，风雨过后就是灿烂的彩虹。没有迈不过去的坎儿，只有过不去的人。在哪里跌倒就应该在哪里站起来。

在美国，有一个渔夫的儿子，叫作麦西，15岁出海跑船，后来厌倦了海上的生活，带着500美金的积蓄，独自来到波士顿，开了一家卖针线和纽扣的小店。由于这些东西利润薄、销量也小，小店没开多久就被迫关门。等把货物全部顶出去，本钱也损失了一大半。这是麦西生意上的第一次失败。

尽管失败，但麦西很乐观："至少我明白了一个教训，做日用品生意，一定要卖热门货。"

没多久，麦西积攒了些钱，又开了一家布店。这次开店，麦西自认为已经驾轻就熟，万无一失了，结果，他错了。

布店生意以妇女为对象，她们一般喜欢光顾老店，因为跟店里的人熟悉了，有安全感，用不着担心受骗。而麦西不仅是外乡人，又是新开的店，而且货色不全，所以光顾者很少。生意清淡，货物卖不出去，资金周转不开；没有钱进新货，没有钱做广告，顾客自然更少。如此恶性循环，小布店也不得不关门。这是麦西的第二次失败。

生意失败的麦西来到旧金山，几番思量，再次重操旧业。这次，他吸取了前两次的教训。当时有一种淘金用的平底锅很畅销，麦西就以低于别人一成的价格出售，并告诉买锅的人，请他们转告其他的人来买他的锅。这种廉价多销的创意，让麦西赚了一笔钱。

一年后，麦西带着赚到的钱盘回了当年兑出去的布店。这次，麦西是有备而来，推出了一系列的销售策略：第一，每天都在当地的各种报刊轮流刊登广告；第二，每个季节都会挑出几样热门货，低价促销，让每位顾客都能买到真正的便宜货；第三，增加货品种类，除了经营布，同时还销售肥皂、拖把、衣服、袜子之类的日用品；第四，明码标价，这算是麦西最成功的创意。一来省去了讨价还价的麻烦，二来也消除了消费者怕上当的心理。不管什么商品，顾客认为价格合适货色满意了就买，毫不勉强。

可是，出人意料的是，麦西的廉价商店还是倒闭了。而且这次更惨，几乎把老本全部赔光了。当他陷入绝望的时候，他的大舅子荷顿找到了他，并主动提出与他合作，表示愿意出资入股。麦西百思不解时，荷顿说："你这次失败的原因在于这地方太小，水浅养不住大鱼。

但你学会了经营，这比什么都重要。"

就这样，麦西再次开始创业，这次他决定到美国最大的城市纽约开创自己的事业。到了纽约之后，麦西如鱼得水。起初，他在十四街买下了一个店面，开设了他的第一家百货店。10 年之后，麦西百货公司的规模几乎占了半条街。在这10 年当中，麦西在百货业界所向披靡，处处领先，经营的货品从吃的、穿的到用的，几乎无所不包。很多人想超越他，最终也只能望其项背。

这就是"吃一堑，长一智"的麦西。麦西成功了，几经挫折、沉浮，最终取得巨大的成功。

仅就麦西的才能而言，他对经营企业并没有多少天才，但他能接受失败的教训，终于成为美国百货业创始人之一。

跌倒，爬起，再跌倒，再爬起。这是麦西百货商场经久不衰的秘诀所在。而这一宝贵财富却来之不易，是麦西一生积累的结果。

智慧的增长，不但可以从成功的经验，也可以从失败的教训里学到，它们的价值都是绝对的。成功太容易让人得意忘形，而失败却总是刻骨铭心。

面对挫折和失败，应该保持乐观积极的心态；积极向上的心态，能让人头脑清醒；只有头脑清醒，才能找出问题症结；发现问题的症结，才会有解决问题的办法。

挫折和失败像一块磨刀石，磨刀石能让刀剑锋利，挫折能帮助人们提高发现问题、解决问题的能力。

失败是学习的机会。失败一次就有了一次的经验和教训，就有了处理相似问题的能力。如果不能从一次又一次的失败中总结出可以指导下一次实践的经验，同样的错误，还会照样再犯，也就根本谈不上什么成功。

戴高乐曾经说过："困难，特别吸引坚强的人，因为他只有在拥抱困难时，才会真正认识自己。困难越多，危险越大，我们通过战胜困难和危险获得的成功也就越大。""锲而舍之，朽木不折，锲而不舍，金石可镂。"人生有成败，恰如硬币有两面，正面是成功，反面是失败。苦难和挫折能培养我们坚忍不拔的意志。

我们渴望成功，但是没有人能保证硬币落下来的时刻都是正面，因此遭遇失败，要懂得成功不远；获得成功，要记住失败在旁边。

不要羡慕别人的成功，更不要鄙夷别人的失败。而是应该学会分析和总结现象背后的本质，找出别人失败或者成功的全部原因。取其长，补其短，做你自己该做的事情。

做事要分轻重缓急

你应该找到那件最重要、最关键的事情，去做好它，而不是被纷繁芜杂的假象所蒙蔽，因小失大，酿成祸患。

有一个笑话，说的是一对馋嘴的夫妻一起分3个饼，你一个，我一个，最后还剩下一个，两人互不相让，于是决定从现在起都不说话，谁坚持的时间长，就能得到最后的饼。

两人面对面坐下，果然都不开口。到了晚上，一个盗贼溜进屋里，看见夫妻俩，先是有点害怕，看他们毫无反应，就放心大胆地搜罗起财物来。盗贼将家中稍微值钱点的东西一件一件地搬出门去，妻子心里虽然着急，看丈夫一动不动，便只好继续忍耐。盗贼有恃无恐，干脆连最后一个米缸也搬走了。妻子再也坐不住了，高声叫喊起来，并恼怒地对丈夫说："你怎么这样傻啊！为了一个饼，眼看着有贼也不理会。"丈夫立刻高兴地跳了起来，拍着手笑道："啊，蠢货！你最先开口讲的话，这个饼属于我了。"

在这个笑话中，这对愚蠢的夫妇就是没有分清事情的轻重缓急，没有找到当前最重要的问题，结果因小失大，闹出了笑话。当两人打赌争饼时，遵守赌约、闭口无言是双方的主要问题，应着力解决。可是，当盗贼进屋盗窃财物时，如何联手赶走盗贼，保护家中财产，则成为新的主

要问题，赌饼约定已经不再重要。此时此刻，夫妇二人应该抓住最主要的问题，齐心协力，抓住盗贼，保护财产。然而，夫妇二人因为牢记赌约，对盗贼不予理睬，让盗贼有了可乘之机，将财物盗走，从而丧失了抓贼的大好时机，为了一只饼失去了全部财产。

古人常说："射人先射马，擒贼先擒王。"想问题、办事情，就应该牢牢抓住最主要的问题，不能主次不分，因小失大。在实际工作中，我们也必须弄清当时当地客观存在的最重要的问题是什么，从而采取正确的解决方法，以达到事半功倍的效果。

英国前首相撒切尔夫人对抓住重点有深刻而简洁的见解。有人问她："在日理万机的情况下还能照顾好家庭，你的秘诀是什么？"她回答说："把要做的事情按轻重缓急一条一条列下来，积极行动，做好之后，再一条一条删下去就成了！"

真理是朴素的，也最容易被忽视。加强计划，抓住重点，积极突破，这就是各个领域普遍、适用的重要方法，也是常被忽视的重要方法。

一个人每天都有很多事情要做，有大事、有小事，有令人愉快的事，有令人心烦意乱的事。但是哪些事才是你最重要的呢？不弄明白这个问题，你就会浪费许多精力，空耗许多时间，结果给你带来痛苦，使你身心疲惫。

当然，所谓"重要"，必须是出自你自己的想法、感觉，你认为什么对你才是重要的。在某种意义上，人生就是选择对自己最重要的事情，然后去努力完成它、实现它。

如果你不希望被纷繁芜杂的大小问题弄得手忙脚乱，你就必须学会合理有序地安排事务处理的次序。根据事情的"轻重缓急"，你可以将自己的行动分成四个层次：

1. 重且急

这些是最优先处理的，应当高度重视并且立即行动。

2. 重但缓

可以稍后再做，但也要进入优先处理的行列，一定不要无休止地拖延下去。

3. 急但轻

这些看起来非常紧急的事务，往往会被错误地列入优先行列，使真正重要的工作被拖延。

4. 轻且缓

其实大量的工作是既不紧急也不重要的，我们却常常由于各种原因，本末倒置，耗费了不必要的时间和精力。

当你依照这个程序执行一段时间之后，你就会获得有形的成果及回馈，最终，你将拥有所有你想要的东西，甚至更多。

十个空想家，抵不上一个实干家

成功就像爬山，不要妄想着飞到顶峰，要靠一滴滴汗水加上一个个脚印地去攀登，一蹴而就只能是一厢情愿的臆想。那些不想付出却幻想坐享其成的人永远是被讽刺的对象。一个人如果只会想，却不能做，那他永远不可能成功。

梦想在任何时候都是一种支持生命的力量，失去它，生命就会枯竭。梦想是每一个奋斗者的热烈企盼和向往，是每一个奋斗者为之倾心的宿愿。在它的推动下，人能够被激励、鞭策，处于一种昂扬、激奋的状态下，去积极进取，向着美好的未来挺进。

人应当志存高远，但梦想的价值是指引行动，从而使梦想成为现实。梦想如果缺乏行动的支持，就会成为空想。满脑子空想的人是最可悲的，穷尽此生，他们将一无所获。

一位乡下小伙子登门拜访一位老诗人。小伙子自称是诗歌爱好者，从7岁起开始进行诗歌创作，但由于地处偏僻，一直得不到名师的指点，因仰慕老诗人的大名，故千里迢迢前来寻求文学上的指导。

这位青年诗人虽然出身贫寒，但谈吐优雅，气度不凡。老少两位诗人谈得非常融洽，老诗人对他非常欣赏。

临走时，青年诗人留下了薄薄的

几页诗稿。

老诗人读了这几页诗稿后，认定这位乡下小伙子在文学上将前途无量，决定用心指点他，于是，他们开始书信往来。

但是，这位青年诗人却再也没有寄诗稿来，信却越写越长，奇思异想层出不穷，大谈特谈文学问题，语气越来越傲慢。

老诗人忍不住在信中提出想看看年轻人有什么新作问世，但年轻人总是含糊其辞，说自己正在创作一部长篇史诗。几个月过去了，这部"巨作"似乎还只是停留在他的脑海里……

转眼间，一年过去了。

青年诗人继续给老诗人写信，但从不提起他的大作。信越写越短，语气也越来越沮丧，直到有一天，他终于在信中承认，长时间以来他什么都没写，以前所谓的大作根本就是子虚乌有之事，完全是他的空想。

很久以来他一直渴望成为一个大作家，周围所有人都认为他是个有才华、有前途的人，他认为自己是个大诗人，必须写出大作品。在想象中，他感觉自己和历史上的大诗人是并驾齐驱的。空想似乎已经耗尽了他的激情，他现在什么也写不出来了。

从此后，老诗人再也没有收到这位青年诗人的来信。

十个空想家也抵不上一个实干家，因为空想家将生命浪费在构建空中楼阁的时候，务实的人早就一步一个脚印，开始创造属于自己的一切了。两者的区别显而易见。幻想写出长篇巨作的年轻人，从未真正开始着手实现自己美好的愿望，最终贻误了自己的一生。空想对于我们的人生是多么危险，由此可见一斑。

这个世界上有太多思想上的巨人，行动上的矮子。行动面前，自己的空想就已经把自己打败了。而那些"思想单纯"的人呢？他们绝没有这样丰富到多余的想法。他们想到一件事，而且想去做，便做了，边做边想，有了问题修正，有了经验总结，原本 20% 的希望，却成就了 100% 的结果。

天地如此广阔，世界如此美好，我们不仅仅需要一对梦想的翅膀，更需要一双踏踏实实的脚，去开创我们的未来。

清谈者坐而论道，百无一用；空想者原地踏步，一事无成；唯有行动，才能让自身不断超越，变得越来越优秀。

再精巧的算盘，也有算错的时候

古今中外，耍小聪明误事的，甚至丢掉性命的人比比皆是。

和珅由一名当差的升为户部郎兼军机大臣，官至文华殿大学士，封一等公。和珅为官，弄权耍奸，朝野骂声不绝。故而当他的靠山乾隆帝死后不久，就被嘉庆皇帝宣布 20 条罪状，令其自裁，抄没家产约值八亿两，等于朝廷一年的收入。这"八亿两"乃种种祸国殃民、巧言令色的诸般"前事"的积累和"物化"。"百年原是梦，卅载枉劳神"，总结得何等正确。恋生惧死，人之常情，和珅"伤感"于"前事"，他身陷囹圄之际，最终才明白正是他的那以权谋私的作为，"误了自身，罪有应得，没什么冤枉的"。

《红楼梦》中的王熙凤才智过人，手腕灵活，口才出众，大权独揽，营私舞弊，并且纵欲，结果是聪明反被聪明误，送上了卿卿性命。

观古可以鉴今。到头来感伤嗟叹，恨"才""误"身，那份欲说还休的复杂心绪，是何等地悲哀与无奈。

聪明之人拥有令人羡慕的资本，但聪明也应审慎用之，聪明用于邪则误入歧途，机关算尽必有一失，有才是好事，但也别"身死因才误"。

做人必须要吃透很多学问，例如"聪明反被聪明误"，即为其一。"聪明"是一个带有限定性的词，处理不好，即会被聪明误，因为物极必反，任何事情都有一个限度。

常言道：聪明一世，糊涂一时。不可否认，胡雪岩是个聪明人，可是在替清政府跟洋人借钱的时候，他这个聪明人却干了一件糊涂事。

一个人发展越顺的时候，越应该更加小心。正因为发展得太顺了，人们

常常会掉以轻心，觉得世间就只有自己聪明，只有自己的如意算盘打得响。所以，越是聪明的人，越容易栽大跟头，越是艺高的人，就越容易酿成大祸。

正如胡雪岩所说："再精巧的算盘，也有打错的时候。"所以，在现实中，一定不能以为自己聪明，就对什么事情都掉以轻心。

灾难常常是在我们最不经意的时候来临的，所以做事情一定要小心谨慎，不能费尽心思，到头来承担恶果的是自己。

只有大意吃亏，没有小心上当

在任何时候，对那些看似容易，充满诱惑的事情都应小心，因为你的任何一个不注意都可能会让你掉进陷阱。

如果不小心做事，不但做人做事会吃亏，还有可能危及人身安全。

林风是一名煤矿工人，每逢阴雨天，他的右胳膊都会隐隐作痛，这是 18 年前的一次违章留下的后遗症。他常想，如果当时能按安全操作规程去敲帮问顶，可能事故就不会发生了。

18 年前，他在山西的一家煤矿工作。一天夜班，林风与工友们和往常一样进入工作面，进行了"四位一体"的安全检查，班长安排工作时让他们一定要敲帮问顶，看看单体支柱有没有打结实，小心炸帮煤等。检查时，林风发现在距离工作面 2.8 米高的地方，在单体支柱的空隙处有一块顶板突出，他用工具敲了敲，还算结实，就没有找撬棍把它撬下来。当时，林风只想着早点开机，

多割几刀煤，多挣点工分。

在林风操作割煤机割到第二刀时，有几块大煤块卡在了转载运输机上，他上去把皮带溜子停了，拿起大锤走了过去，还没抡起锤来，就听见顶板响了一声。林风下意识地想，不好！赶快躲！但已经来不及了，垮落的一小块矸石正好砸在了他的右胳膊上，很快，鲜血顺着袖筒流了出来。这时，还有更多的矸石不停地往下掉，他想，要是再垮一次顶，自己就没命了。

后来，林风被送到医院，医生诊断右胳膊两处骨折。林风在病床上整整躺了半年。班长到医院看望时对他说："安全生产不能心存侥幸，那么多的安全操作规程都是用血的经验总结出来的，在井下工作一定要养成按安全操作规程办事的习惯。"

这起事故和班长语重心长的话语让林风牢记至今。十几年过去了，林风现在不管做什么工作，都牢牢记住班长那句话：一定要养成按安全操作规程办事的习惯。

"只有大意吃亏，没有小心上当"是一句金玉良言。我们做事情一定要严谨认真，不能抱"差不多"或"应该没事儿"的侥幸心理，对自己，也是对他人负责。

第十八章

机遇把握：君子藏器于身，待时而动

——善于捕捉时机，敢于果敢出手

逢强智取，遇弱活擒

在战争中讲究的是："逢强智取，遇弱活擒。"在为人处世中也是如此，面对不好惹的人，就得多动动脑筋，用最有效的方法将他"制服"；遇到问题时，一定要仔细地分析问题，从而找到最好的解决办法。

只要肯想，办法总是有的。但是办法一定要对路，要见招拆招。只有开动脑筋，逢强智取，遇弱活擒，在不同的情况下想出不同的可以解决问题的好方法，才能够真正地解决问题，最终助你达到成功。

暑假来了，张平想要出去打工，一来可以锻炼自己，二来还可以缓解家里的经济危机。张平买了一份找工作的报纸，他在广告栏上仔细寻找，终于选定了一个很适合他专长的工作，广告上说工作的人可以拿着简历在第二天早上 8 点钟到达他们公司设定的面试地点。张平很想试一试，于是就在第二天的 7 点 45 分到了那儿。可是他看到居然已经有 20 个男孩排在那里，而他则排在队伍的最后面。

看到这种形势，他非常郁闷。他心里想："这样下去的话，我面试上的概率非常小，我得想个办法，怎样才能引起面试官的特别注意而竞争成功呢？"张平就是有一股不服输的劲头，他始终相信只要认真思考，办法总是会有的。终于，他想出一个办法。

张平拿出了一张纸，然后在上面写了一些东西，折得整整齐齐，走向面试官，然后恭敬地说："先生，我希望您可以看一下。"

面试官看到纸条后突然大笑起来，因为纸条上写着："先生，我排在队伍中的第 15 位，在你没看到我之前，请不要早早地做决定。"

最终，张平得到了这份工作。

张平开动了自己的脑筋，他想到自己排队面试成功的概率非常小的情况，没有同别人一样好好地排队，而是想出了一个非常高明的办法，从而使自己如愿以偿地获得了工作。

李小龙是我国著名的功夫大师、功夫电影明星。他曾自创了截拳道，为我国武术的发展做出了杰出的贡献。他是一个非常善于思考、精于谋划的人，因此他在处事时，总是能够分清局势，成功地绕开危机，并最终获得成功。

有一次，李小龙去宣传自己的截拳道，在表演前他首先做了一番讲演，仔细阐明了截拳道的优势，同时也分析了其他武术门派的弊病。李小龙的言论立刻激起了一名在场的日本武师山本的强烈不满，这名武师属日本空手道黑带三段，在另一所大学就读。听了李小龙的演讲，他立即不服气地走到场边，然后以污言秽语羞辱李小龙，他戳着李小龙叫道："你的截拳道既然如此厉害，那么你敢不敢接我的空手道呢？"

李小龙原本想将他的截拳道招数表演完毕再和他理论，见此情景不得不中止，终于他忍无可忍地接受了对方的挑战。李小龙对山本说道："空手道是由中国武术演变而来的，我哪有怕空手道的道理呢？"

于是，双方摆下了架势，李小龙立刻闪电般地贴近山本跟前，他的攻势迅猛凌厉，在短短的11秒内就结束了这场比武。再看山本，则被李小龙打得满脸鲜血，倒地不起。

后来李小龙得知这名日本武师的功夫属于上乘，名气也非常大。然而李小龙还是轻而易举地将他击败，从此李小龙声名鹊起，名声大噪，这次比武为他自己做了一次非常成功的广告。此后，慕名投奔李小龙门下的学生也越来越多，他的武馆从此大见起色。

李小龙是聪明的，他认真分析了局势，考虑到对方是练习空手道的武师，而空手道是由中国武术演变而来的，且自己的截拳道也吸收了空手道的经验，于是很自信地认为自己可以打败他，这样也可以为宣传自己的截拳道起到非常好的效果。于是他立刻凭借自己的能力打败了那名武师。

做事情时一定要多思考，多分析。逢山开路，遇水搭桥；兵来将挡，水来土掩；只有这样才能使问题更好地、更有效地解决。

东汉末年，魏、蜀、吴三分天下。蜀国丞相诸葛亮受到刘备托孤的遗诏，立志北伐，以重兴汉室。然而，蜀国南方的孟获又率兵来犯，诸葛亮当即点兵南征。双方首战诸葛亮就大获全胜。他亲率主力大军进入益州。这时雍闿已被高定的部下杀死，孟获代替雍闿为主，召集雍闿余部抵抗诸葛亮。

孟获虽然有勇无谋，但是在当地民族中的威望很高，所以诸葛亮根据自己的既定方针，决定生擒孟获，使他心服归降。

于是他下了一道命令，只许活捉孟获，不能伤害他。于是诸葛亮七次抓到孟获，又七次把他放掉，最终让孟获降服。

诸葛亮七擒孟获平定南中，不仅解除了蜀汉的南顾之忧，稳定了后方，而且从南方调拨了非常多的人力物力，从而充实了蜀汉的财政力量，让其可以专心于北伐。

诸葛亮平定南中后，命令孟获和各部落的首领照旧管理他们原来的地区。有人对诸葛亮说："我们好不容易征服了南中，为什么不派官吏来，反倒仍旧让这些头领管理呢？"

诸葛亮说："我们派官吏来，没有好处，只有不方便。因为派官吏，就得留兵。我们如果要留下大批兵士，那么我们的粮食就会接济不上。再说，刚刚打过仗，难免死伤一些人，如果我们留下官吏统治，一定会发生祸患。现在我们不派官吏，既不留军队，又不需要运军粮。让各部落自己管理，汉人和各部落相安无事，岂不是更好？"

诸葛亮想到了战后的统治问题，因此不能杀死孟获，而应该让其归顺，然后令其臣服蜀国，一举两得。

因此，做事情千万不能盲目地去做，而是应该结合具体的情况，想出一个可以对症下药的方法来，只有这样事情才会被很好地解决。

将计就计，其计方易

每个人的一生都会遇到敌手，为了胜利一定要多动脑，多努力。虽然"消灭自己敌人的最好办法就是把他变成你的朋友"这句话说得很好，但是我们并不能把每一个对手都变成好朋友，这就要求我们学会去面对他们，去战胜他们。

并不是每个对手都会和你光明正大、堂堂正正地竞争。面对对手的小伎俩，我们应该学会将计就计，借力打力，才能更好的回击。"将计就计"如果能够圆满完成，不仅能让自己摆脱困境，更能让对手的计划落空，甚至让对手返过头来落入自己的圈套，从而使他也陷入困境。

当你和他人斗智斗勇时，难免会棋逢对手，双方会处于胶着的状态，谁也不能占到对方半点便宜。如果这样相持下去，只会使得双方元气大伤。就算是一直耗下去最终获得了成功，也只能留下一个难以让人接受的烂摊子。这样的胜果，代价实在是太大了。如果我们懂得将计就计，利用别人的计谋有针对性地制订计划，就会很快地粉碎别人的计谋，从而让自己更轻松地获得胜利。

1941 年秋，侵华日军华北总司令冈村宁次调集了数万日伪军，集中力量对晋察冀边区进行了大规模的扫荡行动。面对这种情况，晋察冀军区的司令员聂荣臻立即决定，由军区直属机关留在中心地区以牵制敌人，同敌人周旋。主力部队则跳到外线打击敌人，从而一举粉碎了敌人的大扫荡。

按照这个部署，聂荣臻率军区直属机关开始向安全地带转移。在转移的途中却遭到了敌方飞机的狂轰滥炸，随后很多敌军在飞机的引导下尾随而来。军区机关换了很多的地方，就是摆脱不了敌军。大家都觉得非常奇怪，为什么军区机关转移到哪里，敌人的飞机就出现在哪里呢？聂荣臻经过反复的分析，认为敌人之所以能对军区机关迅速转移做出快速反应，是因为敌人掌握了军区机关电台的信号。于是，他决定将计就计，命令一个小分队携带着一部电台赶往距军区机关驻地几里外的一个电台点，然后用军区的呼号不断地发报。果然，敌机就开始猛烈地对那个电台点狂轰滥炸，各路敌军也不断地扑向那个电台点。从而为机关和军队的转移赢得了宝贵的时间。

聂荣臻及时洞悉了敌人尾随军区机关的原因，然后将计就计，调虎离山，最终粉碎了敌人对军区机关的重点进攻。

将计就计就是要利用对方的计策向对方实施一个计策。要想将计就计，首先就得识破对方的计谋，知道他的意图所在，然后才能"就计"而行，从而战胜对手。

《三国演义》里，贾诩也曾搞了一次将计就计，当时曹操发兵攻打张绣，张绣在南阳死守。曹操攻打了很久也没有打下来，于是曹操便骑马围着南阳城转了3天。不久，他发现南阳城的东南城墙非常不坚固，于是便公开传令让兵将在城西北堆积柴薪，接着会集诸将，摆出了从西北处攻城的架势，而暗地里却命令军中秘密准备攻城的器具，企图从东南角攻入城内。

谁料，张绣的谋士贾诩识破了曹操"声东击西"之计，经过分析，他决定将计就计，他让饱食轻装的精壮士兵全部藏在城东南的房屋之内，让老百姓假扮成军士，登上城墙西北角，不断地摇旗呐喊。曹操以为张绣中计，于是白天在城西北进行佯攻，到了晚上则悄悄带着精兵从东南角爬入城内，结果却反中了贾诩的计谋，最后被杀得丢盔弃甲，损失了几万兵力。

贾诩正是在识破了曹操的计谋后，又根据曹操的计划制订了一个可以击败他的计划，从而把曹操打得一败涂地，进而解决了曹操围城的困境。

将计就计的关键就在于能否看透第一个"计"，如果看透了，你就可以认真地想出一个得当的方法来对付它，如果你看不懂对方的意图，就无法将计就计，只能中计了。

韩襄毅名雍，谥号襄毅，一次，有个郡守准备了丰盛的酒宴进献给他，这酒宴用一个大盒子包装，并且有一个美女也被装在盒子里，然后直接进献到韩襄毅所住的营帐中。

这必定是当地的郡守想借此来窥探韩公的。韩襄毅知道这里面一定有不可见人的东西，但是他又不好违背郡守请他饮酒的好意，更不能若无其事地处理他派来的窥探者。思来想去，他决定将计就计。于是请郡守进入军帐，然后打开盒子，让盒子里的美女献完酒之后，依旧放回盒子里，最后又把盒子还给了郡守，让美女随着郡守一起出去。

韩襄毅识破了郡守的意思，但又碍于情面无法拒绝，于是他将计就计地让美女敬了酒，然后又把美女完好地送回，不但接受了郡守的好意，也表明了自己的态度，实在是高啊。

因此在与对手斗法时，不能仅仅借助于自己的蛮力，更要开动脑筋，努力了解对手的计划，然后根据他的计划，布置一个自己的计划，让他在实施原计划的过程中不知不觉地进入自己的计划之中，从而化险为夷。

机会从来不等人

"机会从来不等人"。当你做了充分的准备，机会来临时就是你的；如果你没有做好准备，任何机会都不会是你的。

机会不会向每个人冲过来，有时机会来到我们身边仅仅是短暂的瞬间。谁错过了这一瞬间，它绝不会再恩赐第二遍。

机会从来不等人。在通往失败的路上，处处是错失了机会、坐等幸运到来的人。

抓住机会，见机而动，这个道理并不难理解。但许多人却令人遗憾地失去了机会。错失良机的原因可能出现在以下两个环节上：一是识机，二是择机。

时机来到，有的人能及时发现，有的人却视而不见，有的人虽然有所发现，但认识不清，把握不准。

致使良机丢失的另一个原因，是多谋少决，不敢决断，不能当即择机。这固然受到对时机认识不明的制约和影响，但与决策者的心理素质也有很大关系。有的人天生意志软弱，缺乏决断力，面对几种互相矛盾的选择方案，不知取舍，无所适从。

可见，机遇并不是每个人都有的。无论是社会生活还是社会斗争中，机遇只偏爱有准备的人，只垂青深谙如何追求它的人，只赐给自信必能成功的人。机遇稍纵即逝，犹如白驹过隙，常言道，机不可失，时不再来。在进退之间，不能把握时机者，必将一事无成，蹉跎岁月。

机会总是来去匆匆，它从不为

任何人稍作停留，但这并不是说，机会可遇而不可求。机会可遇亦可求。所谓可求，就是说每个人都可以为自己制造机会。机会常常会出现在你面前，你完全可以把握住机会，将它变为有利条件。而你需要做的事情只有一件：行动起来。

软弱和犹豫不决的人，总是找借口说没机会，他们总是喊：机会！请给我机会！

弱者等待机会，强者创造机会。即使做不成强者，至少也要抓住机会。

事实上，你缺乏的不是机会，而是辨别机会的慧眼和抓住机会的双手。

世界上最小的门是机会之门，只要你关闭，拒绝接受，就是连一根针也插不进去；世界上最大的也是机会之门，只要你打开，就可以创造无数奇迹。其实，一个人生活中的每时每刻都充满了机会。学校里的每一堂课是一次机会；每一次考试是一次机会；每一个工作任务是一次机会；每一次都是展示你聪明与才智，果断与勇气的机会，更是表现你诚实品质的机会。

在这个世界上生存，本身就意味着你拥有奋发进取的特权，你要利用这些机会，充分展示自己的才华，去追求成功，那么这些机会所能给予你的东西，要远远大于它本身。

磨刀不误砍柴工

做一件事的准备活动是非常重要的，一个良好的准备过程可以让事情做起来更加得心应手，甚至会达到事半功倍的效果。"磨刀不误砍柴工"，不要去吝啬那短短的磨刀时间，殊不知就是这短短的磨刀时间能给你带来更多的惊喜。

"磨刀不误砍柴工"表面的意思是在刀很钝的情况下，会严重影响砍柴的速度与效率，在砍柴前虽然会浪费一些时间来磨刀，而致使不能立即去砍柴，但一旦当刀磨得很快，砍柴的速度与效率就会大大提高，砍同样多的柴反而用时比钝刀少。

从前有一个年轻人，他与一个经验丰富的师傅搭档，每天都一起进山砍柴。在每天上山砍柴之前，老师傅都会把斧子磨一磨，并教育他砍柴之前最好把斧子好好地磨一下。但是这个年轻人总是太心急，他认为磨斧子是一件浪费时间的事，他认为如果把磨斧子的时间用在砍柴上就能够砍更多的柴。于是他抱着这个思想每天都和老师傅一同上山砍柴。

刚开始，他的确比老师傅砍得快，还砍得多。他心里沾沾自喜，觉得自己比老师傅还厉害，他觉得自己认证了磨斧子是没有用的想法。

第二天，他还是不磨斧子，早早地进山了，并且劝老师傅也不要再浪费时间磨斧子，快点一起进山。老师傅却不为所动，依然认真地磨着自己的斧子。

结果，这一天年轻人和老师傅砍的柴一样多。回到家以后，年轻人很不服气，他认为自己之所以砍得少是因为自己今天没有力气的缘故，并暗下决心明天一定要比老师傅砍得多。第三天，年轻人起得很早，在老师傅刚刚起来，还没有磨斧子的时候就进山了，并加倍地努力砍柴，他想要砍得比老师傅多，于是砍得比前两天还要卖力。但遗憾的是，他累了一整天，却比前一天还少。

回到家里以后，他觉得非常沮丧，甚至连饭也吃不下去。老师傅看到他的困惑，就过来开导他。对他说："年轻人，你想知道为什么你砍的柴越来越少吗？你想知道你砍柴为什么越来越吃力吗？"

年轻人非常想知道其中的原因，于是很认真地听着。老师傅语重心长地对他说："年轻人，干事情不能那么急躁，砍柴之前一定要磨好斧子，不要害怕浪费磨斧子的那点时间，当你把斧子磨好之后你就能更快地砍柴了，这就叫作'磨刀不误砍柴工'。"

年轻人听完将信将疑，于是他决定听一次老师傅的话，并在明天验证一下。

于是，第四天早上，他没有早早地出发，而是和老师傅一起磨斧子，直到把斧子磨得又快又光之后才去砍柴。

结果令他欣喜的是，他又恢复了第一天的水平。

在现实生活中，每个人都应该充分重视准备活动的重要性。所谓"工欲善其事，必先利其器"就是这个道理。如果平时不勤奋地"磨刀"而只是迫不及待地去做事情，等机会来临时就会发觉自己的能力远远不够，基础非常不扎实，这样的话再怎么临时抱佛脚，恐怕也已经晚了。

因此，我们应该注重平时的积累，注重做事前的准备活动，为接下来做事情打下一个良好的基础。

一对隐居山野的夫妇，长年以来，他们都过着远离都市，自由自在的生活。

一天中午，妻子突然想吃鱼，于是吩咐丈夫利用下午的闲暇时间去河边钓鱼，这么一来，晚餐时就可以吃到新鲜、美味的炖鱼了。

妻子在家里盘算着鱼的做法，一面做准备，一面催促着丈夫赶紧去钓鱼。

丈夫早早地拿着渔竿去钓鱼，傍晚时，丈夫才垂头丧气，两手空空地回到了家里。妻子看到丈夫一副狼狈的模样，就焦急地问："你怎么一条鱼也没带回来呢？"

丈夫一边擦汗一边说："别提了，现在的鱼实在是太狡猾了，我在河边等了一个下午，不但没有钓到半条鱼，鱼饵还被吃光了，简直把我给气死了。"

妻子听了半信半疑，这条河的鱼非常多，怎么突然间一条鱼也钓不上来呢？

于是，她拿起渔竿，仔细地看了看后说："难怪呢，鱼钩都已经直了，怎么可能钓到鱼呢？你怎么连这都没发现呢？怪不得蹲了一下午一条鱼也没钓到，这个鱼钩根本就没有用了，你还是赶紧换一个新鱼钩吧，这样就能钓到鱼了。"

丈夫没有找出问题的症结，因此忙碌了半天，只是徒劳无功。纵使付出了再多的力量，他也不会钓到鱼。

要办成一件事，不一定要立即着手，而是先进行筹划、进行可行性论证和步骤安排，做好充分准备，创造有利条件，这样会大大提高办事效率，做事情前一定要事先做好充分的准备，只有做好充分的准备才能使工作效率更高，做事速度更快。正所谓"兵马未动，粮草先行"，有了可靠的保障后，做事情就会胸有成竹了。

求人不如求己

每个人都会遇到这样或者那样的事情，每个人都会有求于别人，但是我们不能总是靠着别人的力量来完成一件事，而且别人也不会帮助我们完成每一件事。这就要求我们做事情时仍要靠着自己的力量去努力完成，而不是一遇到问题就寻求别人的帮助。所谓"求人不如求己"，别人不可能帮你做好每一件事，事情终究是你的，最终仍要凭借自己的能力去完成。

别人的帮助有的时候可以为我们开辟一条新的道路，让我们更加顺利地渡过难关，解决问题，但我们绝对不能过分依赖着别人的帮助，别人的帮助只能起到辅助作用，而真正起到主导作用的是我们自己。一个人如果把别人的帮助看得太过重要，久而久之，他的做事能力就会严重下降，而每当出现问题时，他首先想到的不是靠自己的智慧和力量去解决问题，而是去寻求别人的帮助。慢慢地，他就会严重依赖别人的帮助了，这样他就对自己更没有信心了。

佛印禅师和苏东坡是至交，他们两个人经常在一起参禅论道、游山玩水。

有一天，他们出去游玩，在路过杭州的中天竺寺时，两人便进去参礼。

当他们礼拜完毕后，苏东坡看着千手观音菩萨手中持着的念珠，就问佛印道："禅师，观音既是菩萨，为什么还要数手里的那串念珠呢？"

禅师答道："她也像凡夫们一样在祷告啊。"

苏东坡很是不解地问道："她向谁祷告呢？"

禅师笑着答道："呵呵，她当然在向观音菩萨祷告呀！"

东坡又追问道："她自己不就是观音菩萨吗，为什么还要向自己祷告呢？"

佛印接着笑了笑，说道："求人不如求己嘛！"

另一则关于观音菩萨的故事是这样说的：

有一个人在路上行走着，突然下起了大雨。于是这个人就在屋檐下躲雨，这时他看见观音打着雨伞在雨中走着。于是他对打着雨伞的观音说："观音度我一度。"观音说："你在屋檐下，我在雨中，谁能度谁呢！"这个人听观音这样一说，就从屋檐下走入雨中。然后他对观音说："现在我也在雨中了，请观音度我一度吧"。观音说道："你在雨中，我也在雨中，只不过我手中有伞，你手中没伞。你应该要伞度你，而不是叫我度你。"

这个人听了观音的话后非常郁闷，无奈地回家去了。

连一向普度众生、救苦救难的观音菩萨都在向自己祷告，这则故事劝诫大家要靠自己的力量做事，可见人最终还是要靠自己啊。

求人不如求己，做事情的时候，我们应该先问一问自己是否可以做，然后再努力地靠自己完成，而不是一有问题就去寻求别人的帮助，请求别人伸出援助之手。如果一个人，从来都不相信自己可以磨练自己、发展自己，让自己做自己的

救世主，那他还能做什么呢？对自己都没有信心的人，还能指望别人能帮得了多少呢？一味地否认自我，寄希望于他人，这个人就永远无法在竞争中占据主动，而只能受制于人。

海伦·凯勒来到这个世界才 16 个月，猩红热就夺去了她的视觉、听觉和语言能力。失去了思维依托的海伦智力十分低下，她既看不到五光十色的世界，也听不到山鸣谷应，更无从表达她内心的忧郁，但她凭借着惊人的毅力，踏踏实实、一点点地学习，终于有所成绩。她不仅练就了正常人的思维能力，还创造了常人难以达到的辉煌。她掌握英、法、德、希腊和拉丁语，还发表了大量的文学作品，使她成为全美国最受尊敬的文学家、教育家。

当有人问她："是什么让你坚持下来的？"她只是淡淡地说道："因为我一直告诉自己，不管遇到多大的困难，只有自己才能拯救自己。"

海伦·凯勒从来都没有向命运低头，她没有乞求别人的帮助，而是靠着自己的力量一点点地让自己走向成功，从而使自己的人生绽放出夺目的光芒。

从美国哈佛大学毕业的女学生布露柯·艾莉森成为哈佛大学第一位四肢瘫痪的学生。

21 岁的艾莉森在 7 年级开学的第一天就发生了严重的车祸，在那次车祸里她险些失去性命，但她在医院昏迷 36 个小时后竟然奇迹般地苏醒过来，然而她的四肢却全部瘫痪。她醒后首先想到的不是关心自己怎么样了，而是急切地询问什么时候可以去上学，她甚至还在担心功课是否会被落下。尽管她已经瘫痪了，但是不服输的精神点燃了她希望的火焰。此后，她以优异的成绩从哈佛大学毕业，并取得心理学和生物学两个学士学位。面对四肢瘫痪这种常人难以想象的痛苦，她仍无比坚毅地说："这就是我的生活，我一直觉得，不管我所面对的情况如何困难，我都应该坚持下去，只有自己才可以拯救自己。"

因此，我们应该借助自己的力量与智慧不断提高自己，脚踏实地地做好每一件事，为自己去奋斗，努力挖掘出自己最大的潜力，只有通过不断地努力与磨练，才能让自己在面对问题时信心百倍，并自信地达到成功。求人不如求己，一定要树立信心，坚定信念，变被动为主动、寄希望于自我才是最可靠、最有利的成功法则。

给自己一点信心吧，要坚定自己的信念。遇到困难时咬紧牙关对自己说："我能做到，我可以的，我不能依赖别人的帮助，我可以帮助自己……"只有这样，才能在困难面前面不改色，自信十足。人的潜力是巨大的，相信自己，把自己潜藏的力量激发出来吧，你会发现，没有别人的帮助，每一件事情依然可以凭借自己的力量很好地完成。

车到山前必有路，船到桥头自然直

挫折几乎贯穿于每个人的一生，从小时候的努力练习走路到老后做任何事都非常困难，困难如影随形。面对困难时，有的人灰心丧气，自暴自弃，不思进取。而有的人却加倍努力，相信"车到山前必有路，船到桥头自然直"，保持着乐观自信的精神面貌。

困难其实是我们的朋友，所以面对困难时我们大可不必惊慌失措，失败是成功之母，只有经过了无数的困难，我们才能看见胜利的曙光。面对困难我们一定要保持乐观的心态，要相信天无绝人之路，只有保持积极向上的态度，才会最终成功。

有一位作家名叫刘侠，笔名杏林子，她12岁时就得了风湿性关节炎，40年来，她几乎每天都在与病魔搏斗。后来甚至发展到连讲一句话都要喘息不止。然而面对这样的困境，她竟然能够很乐观地去面对，而且还跟主治医师幽默对话，谈笑风生，让主治医师非常佩服。

最令人感动的是，她在这样的情况下，竟然还用3年的时间，录制完名为《生命之歌》的录音带。她就是想把自己所经历的困境、奋斗的过程及她对

生命的感受，留传给代后的人，让他们也能够积极地去面对类似的困境。由此可见，她是一个乐观向上、有使命感的人。

面对困境要有积极乐观的心态，要不屈不挠，勇敢地去面对，而不是避而远之。在自己的内心深处一直提醒自己：天无绝人之路，车到山前必有路，船到桥头自然直。只有具备了这样的心态，才能真正地坚持到最后，并最终成功。

一位商人一生向佛，天天都在行善。后来有一次做生意被同伴欺骗了。于是有一天，他怀着无比绝望的心情来到当地一座寺庙，找到了一位高僧并对他说道："师父，我除了自杀没有路可以走了。我没有别的要求，只求您看在我一生信佛的份上，在我死后收养我那 8 岁的女儿。"

高僧不动声色地问道："施主活得好好的，为什么张嘴是死，闭嘴也是死呢？"

商人痛哭流涕地说："师父啊！我在经商的时候诚心诚意地对待别人，可是别人却对我落井下石，以至于我现在负债累累，现如今被债主们逼得无路可走，只有一死了之！"

高僧道："难道你就没有别的财产了吗？"

商人痛苦地说道："没有，我除了有一个年幼的女儿以外，已经是一无所有了！"高僧这时眼中一亮，高兴地对商人说道："你的女儿就是你最大的财富！"

商人迷茫地问道："师父，我不明白您的意思！"

高僧接着说道："这样吧，如果你把女儿嫁给我，我就帮你还债，怎么样？"

商人一听，大惊失色道："师父，您不是在和我开玩笑吧？"

高僧却笑着说道："相信我吧，我能帮助你把问题解决。"

这位商人平日里非常敬重高僧的为人，也十分虔信高僧的智慧，于是他回家后立刻宣布：这个月的十五，高僧要到家里来做他的女婿。

消息不胫而走，全城人都为之轰动。大家都在翘首以待，等待这个如此特殊日子的到来。到了迎亲的那一天，看热闹的人把大门口挤得水泄不通，高僧到达后，吩咐在门前摆上一张桌子，上置文房四宝，高僧则开始挥毫泼墨，高僧的文字写得龙飞凤舞让大家拍手称赞。围观的人们争相欣赏、购买，没用多长的时间，买书画的钱就装满了箩筐。

高僧问商人说："这些钱够你还债了吗？"

商人急忙拉过女儿跪在地上，长跪不起说道："谢谢您救了我们的命。"

高僧淡淡一笑说："阿弥陀佛，债帮你还完了，我也就不做你的女婿了！"说完就走了。

"车到山前必有路，船到桥头自然直"这句话说得很有道理。人生的路很长，但也很多。我们总会被环境所迫，为条件所困，为生活所累。有些事情是我们无法改变的，然而我们却可以换一种思考方式。生活中，我们有时在一条路上不断地行走，走久了，走累了，走厌了的时候，就会觉得脚下的路越走越难，甚至到了山穷水尽的地步，于是就再也没有勇气继续往前迈动步子了。实际上，不是路太狭窄，而是我们的眼光太狭窄了。其实，许多时候堵死我们的不是路，而是我们自己狭隘的心态，没有坚强的心更没有乐观的心态。我们只是止步在即将迈进成功的前一刻，最终使得成功与我们擦肩而过。

一位经营农场的农场主，他与家人的生活只能达到温饱。他的身体非常强健，工作也认真勤勉，但他却从来不敢妄想财富。突然有一天，他瘫痪在床，躺在床上动弹不得。亲友们全都认为他这辈子完了，然而事实却没有朝着人们想象的那样发展。

他的身体虽然瘫痪，但是他的意志却丝毫不受影响，他依然可以进行思考和计划。于是他决定要让自己活得更加充满希望、乐观、开朗，让自己做一个有用的人，继续养家糊口，而不要成为家人沉重的负担。

他对家人说道："我的双手已经不能工作了，我要开始用大脑工作，而由你们代替我的双手。我们的农场要全部改种玉米，然后用收成的玉米养猪，趁着乳猪肉质鲜嫩的时候灌成香肠出售，这样一定会很畅销的。"

他的家人决定全力支持他，于是就按照他的构想实行起来。没过多久，乳猪香肠果然一炮而红，成为家喻户晓的美食。

每个人的一生都会遇到这样或者那样的困难，这就要求我们要时时刻刻激励自己。

有一位哲人曾经这样说道："一个人如果不能追赶太阳，就应该选择月亮。"这句话是非常有道理的，当我们在原来的道路上不能进退的时候，我们应该学会正视现实，做一些必要的改变，往旁边挪动几步，就会出现别的路，这些路会指引我们用另一种思路去思考问题并且最终会引领我们走向新的希望。只要自己的眼光不过于窄小，眼皮不过于厚重看不清远方，每个人都可以在走不下去的时候发现新的路。只要自己的认识不那么肤浅，懂得人生有顺境逆境，有成功失败，有祸福得失，我们就可以一定可以冲破迷雾看到阳光的。

请相信"车到山前必有路，船到桥头自然直"这句话吧，当你就遇到困境的时候，拿出来激励自己，你会发现再大的困难也会被解决掉的。

第十九章

成功创业：人凭志气虎凭威

——经营自己，创造无愧无悔的事业

不怕无能，就怕无恒

人的一生会遇到各种各样的困难，同时人与人的能力也是有差别的，这就决定了每个人做事情的方法和思路是不同的。智商较高的人能够轻而易举做成的事情，也许对稍微笨一些的人来说就是非常棘手的问题。有的人常常会抱怨自己比别人笨，别人能做好的事情自己却怎么也做不

241

好。其实大可不必这样想。古人曾说，"勤能补拙"，如果你比别人笨的话，那么你就要付出比别人更多的努力，坚持不懈，奋战到底。"不怕无能，就怕无恒"。

有恒心的人往往能够获得别人不能获得的成就，他们也许并不聪明，甚至比别人差很多，但是他们相信只要努力就会有回报，只有努力才能够让自己成功。传说太阳神炎帝有一个小女儿，名叫女娃，是他最钟爱的女儿。炎帝不仅管太阳，还管五谷和药材。他工作很忙，每天一大早就要去东海，指挥太阳升起，直到太阳西沉才回家。炎帝不在家时，女娃便独自玩耍，她非常想让父亲带她出去，到东海太阳升起的地方去看一看。可是父亲总是忙于公事，没有时间带她出去。女娃挨不住寂寞，终于有一天，女娃便一个人驾着一只小船向东海太阳升起的地方划去。不幸的是，海上起了风暴，像山一样的海浪把小船打翻了，女娃被无情的大海吞没了，永远回不来了。炎帝十分痛惜自己的女儿，但却不能用医药来使她死而复生，也只有独自神伤嗟叹了。

女娃死了，她的精魂化作一只小鸟，发出"精卫、精卫"的悲鸣，所以，人们又叫此鸟为"精卫"。精卫痛恨无情的大海夺去了自己年轻的生命，她要报仇雪恨。因此，她一刻不停地从她住的发鸠山上衔一粒小石子，或是一段小树枝，展翅高飞，一直飞到东海。她在波涛汹涌的海面上飞翔，悲鸣，把石子树枝投下去，想把大海填平。精卫飞翔着、鸣叫着，离开大海，又飞回发鸠山去衔石子和树枝。她衔呀，扔呀，成年累月，往复飞翔，从不停息。

姑且不谈精卫有没有可能把大海填平，她的这份决心就足以让人对她肃然起敬。只要有恒心，世界上就不会有什么可以阻挡一颗勇敢的心。

不要再抱怨自己没有别人聪明了，更不要把自己不如别人当作自己做不好事情的借口，再聪明的人也需要去努力奋斗，去不断提高自己。

如果你比别人笨，就更应该去努力，只有用你的勤奋去弥补你的不足，你才能跟上别人的步伐。如果你只是每天抱怨着各种事情，那么你与别人的距离就会越来越远。不怕自己无能，只怕缺少恒心。虽然聪明但是却没有毅力，最后仍会一事无成。而如果你有坚持不懈的精神，即使再笨，你也会凭着自己的努力实现你的目标。

大胆天下去得，小心寸步难行

做事情就应该大胆地去做，而不能畏首畏尾，缩手缩脚的。事情的变化往往会超过计划的预期，当面对预料之外的情况时，你是选择犹豫不前呢，还是选择抓住时机、当机立断呢？请记住这句话："大胆天下去得，小心寸步难行。"

武则天是中国古代的唯一一位女皇帝。她自幼聪慧伶俐，善于表达，胆识超人。父亲深感她是可造之才，于是就教她读书识字，使她通晓事理。

贞观十一年（637年），14岁的武则天因为长相俊美而被选入宫中，受封为"才人"。入宫之后，武则天行事干练，非常善解人意，再加上她姿色娇艳，颇得唐太宗的欢心，被赐号"媚娘"。不久后，太宗又发现武则天学识非常好，并且懂礼仪，便把她从侍穿衣着的行列，调入御书房侍候文墨。这一变化使武则天开始接触皇家公文，了解了一些宫廷大事并能让她读到许多不易得见的书籍典章，她的眼界越发的开阔了，她也日渐通晓官场政治和国事了。

贞观二十三年（649年）太宗驾崩，按照当时宫廷的规矩，武则天被送进感业寺（供奉太宗灵位之处）出家，不许再度婚配。李治为太子时，曾与武媚娘私情甚笃，太宗忌日时，李治到感业寺上香和武媚娘不期而遇，于是旧情萌发。适逢宫内王皇后正与萧淑妃争宠，武则天意外受益，成为王皇后对付萧淑妃的一张牌而得以进宫，并得到李治宠爱。高宗即位两年后，把武则天从尼姑庵接出，封为昭仪。

没过多久，高宗害了一场病，成天感觉头昏眼花，他看武则天非常能干，又懂文墨，索性就把朝政大事全交给她管了。

由于武后处理政务有章有法，不像高宗那样犹豫不决，因此让群臣非常佩服。

公元683年，唐高宗李治病故，武则天先后把两个儿子立为皇帝——中宗李显和睿宗李旦，但是两人都没令她满意。于是她就废了中宗，软禁睿宗，自己则以太后的名义临朝执政。

太后执政立刻遭到大臣和宗室的反对，但是都被武则天一一镇压平息，全国恢复了安宁，从此也没有人再敢反对她了。武则天巩固了统治之后，又不满足太后执政的地位。于是她决心称帝。

公元690年，武则天自称圣神皇帝，改国号为周。至此，她成为中国历史上唯一的女皇帝。这年她 67 岁。

武则天前后执政近半个世纪，上承"贞观之治"，下启"开元盛世"，历史功绩昭然于世，但是过失错误也不可忽视，总的来说她的成绩是值得肯定的。

武则天改唐为周长达 15 年。神龙元年（705），武则天被迫让位给庐陵王李显，由于特殊原因，又恢复了唐王朝统治，其想当王朝创始人的志愿就此落空。

这个中国历史上唯一的女皇帝，给自己的身后立了一块"无字碑"，她不愧是杰出的政治家，她明白历史功过自有历史去做出评判。

中国的皇帝都是男性，这也是中国古代男尊女卑思想的重要体现，但是偏偏出现了武则天这样一位大胆的女性，她敢于做大事，敢于打破常规，敢于用自己的力量去治理一个广阔的国家。就是因为她敢于做事，才使得唐朝出现了盛世的局面。如果她害怕别人的质疑而不去称帝，那么中国历史上就缺少了她的壮丽诗篇。

胆量是气魄、是勇气的象征，它不以性别，更不以年龄为分界线。

在一次拍卖会上，有大批的脚踏车等待出售。当第一辆脚踏车开始竞拍时，站在最前面的一个不到 12 岁的小男孩抢先出价："5 元钱"，可惜，最后这辆车被出价更高的人买走了。

紧接着，另一

辆脚踏车也开始拍卖，这位小男孩又出价 5 元钱，但是脚踏车还是被别人买走了。接下来，他每次都出这个价，而且不再加价。但是，5 元钱毕竟太少了，那些脚踏车都卖到 35 元或 40 元，有的甚至卖到了 100 元以上。因此，他几乎没有机会得到一辆脚踏车。

暂停休息的时候，拍卖员问小男孩为什么不出高价竞争，小男孩无奈地说："因为我只有 5 元钱。"

不久后，拍卖继续，小男孩还是给每辆脚踏车出价 5 元，他的这一举动引起了所有人的注意，人们交头接耳地议论着他，经过漫长的一个半小时后，拍卖会快要结束了，只剩下最后一辆脚踏车，是非常棒的一辆，车身光亮如新，令小男孩怦然心动。拍卖员问道："有谁要出价吗？"这时，几乎失去希望的小男孩犹豫不决，他知道这辆车是最好的，5 元钱肯定买不下来。可是他还是抱有一点点希望。无奈面对众人的议论，他实在是没有信心，犹豫不决，始终不能大胆喊出来。

在他心里时间仿佛过了一个世纪那么长，他真的喜欢那辆脚踏车，于是他咬咬牙鼓起勇气大声地说："5 元钱。"

拍卖员停止了叫价，静静地站在那里，观众也默不做声，没有人举手喊价。静待片刻后，拍卖员说："成交！5 元钱卖给那位穿短裤、白色球鞋的小伙子。"这时候观众纷纷鼓掌。

小男孩脸上洋溢着幸福的光辉，拿出握在汗湿的手心揉皱了的 5 元钱，买下了那辆无疑是世界上最漂亮的脚踏车。

正是小男孩最后时刻大胆地喊出了自己的价格，才使得观众们感动了，最终把脚踏车让给了他。假如他最后一刻犹豫不决，这辆脚踏车最终就不会属于他了。

所以大胆地下定决心吧，大胆地去做事吧。犹豫不决的话，你会丧失掉转瞬即逝的机会；畏畏缩缩的话，你就抓不住成功的那一刻。只有大胆做事的人才可以走遍天下，那些做事情小心翼翼，畏畏缩缩的人到头来会寸步难行。

宁走十步远，不走一步险

俗话说："宁走十步远，不走一步险。"这是非常有道理的。人们在做事情的时候需要稳中求胜，要稳扎稳打，而不是为了急于求成而铤而走险。

不要为了尽快成功而去冒险，看似通过冒险才能获得的成功，之前一定都做

足了"扎实的功课"，所以成功是通过一点点地做事，经过不断努力才最终实现的。做事一定要稳扎稳打，知己知彼才能百战不殆；做到成竹在胸，掌控了大局后，循着自己所想的思路去一点点的实现，只有这样才可以成功。虽然说有的时候需要冒险精神，但是这并不意味着要靠着运气去做事情。为了做成某事而去冒险，结果往往是一着不慎，满盘皆输。

姚明是中国的篮球符号。他凭借着不懈的努力和自己出色的篮球技术在 NBA 打出了一片天空，姚明所在的休斯敦火箭队甚至成为中国球迷的主队，无数的人因为姚明而爱上了篮球。

火箭队的实力不是很强，尤其是替补球员的表现总不令人满意。早期的火箭队主帅是范甘迪，他为了球队的战绩不敢重用替补球员，这使得主力球员的身体被过度使用，而过度疲劳使得伤病的概率增加。

《休斯敦纪事报》的火箭队专家弗兰·布林巴里曾经狠狠地批评了范甘迪，他对范甘迪说："你不是一个傻瓜，比赛还需要五个人之外更多的！"这是在指责范甘迪在比赛中不安排替补球员上场的行为。常常还能够听到这样的批评："范甘迪是在让姚明一个人去对抗对手５个人！"很显然范甘迪不能把姚明当超人看，但是他的做法确是在把姚明当作超人来使用。为了赢球范甘迪不得不冒险，尽管冒险就一定会付出冒险的代价。好在姚明有全明星级别的表现，以及火箭队在比赛中好运连连，也掩盖了范甘迪的用人缺陷。

也不能说范甘迪是在切断自己的后路，因为火箭替补们的表现的确难以让人满意。作为主教练的范甘迪对此也非常窝火，但是他把一些队员禁锢在板凳上，而让姚明在球场上劳累奔波的行为确实值得商榷。姚明甚至出现了连续数场的出场时间都超过了 40 分钟。可以相信范甘迪绝对不想拖垮姚明的身体，但是他实际上是在冒险、是在拖垮姚明的双腿。

冒险终究会带来厄运。在常规赛休斯敦火箭与洛杉矶快船的一场比赛中，姚明跳起想封盖快船球员的投篮，落地时，右膝下方连续遭到队友海耶斯以及对方球员蒂姆·托马斯的撞击，姚明的膝盖甚至还被托马斯的身体压了一下，倒地后，姚明马上捂着自己的膝盖，表情极为痛苦。

姚明立即被送往休斯敦的赫尔曼纪念医院，接受核磁共振检查。据球队训练师琼斯透露，姚明右腿的胫骨出现骨折，火箭队方面原本估计姚明只是骨头被撞伤，出现淤血，但实际情况要更严重一些，琼斯也表示，现在只能寄望无须动手术来治愈这次伤病。右脚膝盖下方出现骨折，姚明至少需要休战六周。没有了姚明的火箭队，在这场比赛中，最终以 93 : 98 负于快船。失败的原因来自哪里？几乎不言而喻。就是因为主教练不肯正常起用替补球员，增大了姚明身体损耗的风险，使得姚明的身体被累垮，最终受伤就在所难免了。假如主教练可以合理使用每一个球员，让球队稳扎稳打，而不是急于提升自己的战绩就不会出现这种情况了。

伯纳德·劳·蒙哥马利是第二次世界大战中英国的卓越将领。

1887 年，蒙哥马利出生在伦敦肯宁顿的一个牧师家中。1907 年，他进入桑德赫斯特皇家军事学院。参加第一次世界大战，并因作战勇敢而被授予优异服务勋章。第二次世界大战初期，蒙哥马利作为第 3 师师长成功地组织了敦刻尔克撤退。1942 年，他出任英国驻北非第 8 集团军司令，在阿拉曼战役中打败德国著名将领"沙漠之狐"隆美尔，从而扭转了北非的战局。北非战役结束后，他率部与美军一起转战西西里和意大利，并于 1944 年 1 月升任第 21 集团军群司令，负责计划、组织和实施诺曼底登陆战役。1944 年 9 月 1 日，蒙哥马利被授予元帅军衔，同年 5 月代表英国接受德国北方军的投降。1958 年秋，蒙哥马利光荣退役，曾荣获各种高级勋章和外国勋章。

蒙哥马利戎马一生，征战时间长达 50 年，他服役的时间超过了英国的著名将领威灵顿，其卓越的指挥才能、无比的敬业精神、对战士细致入微的关心，使他在英国军界和广大人民中享有崇高的威望。人们都承认他是 20 世纪战争舞台上的一位卓越将领，是第二次世界大战中颇有建树的英国名将。至今，蒙哥马利指挥北非战役的铜像仍然是英国国防部广场上唯一的雕像。

蒙哥马利之所以百战百胜，是因为他从不打无准备的仗，他不会为了急于求成而冒险，他从不险中求胜，从不靠运气打仗，他总是在稳中求胜，用自己有把握的方式作战。他会把一切都计划好，然后稳扎稳打，让战局完全掌握在自己手上，正因如此，他才屡战屡胜，终成世界名将。

做好一件事是不能只靠运气的，就像下棋一样，下棋总会有输有赢。铤而走险，想要险中求胜往往会输得一败涂地。如果按照计划好的路子走下去，完全掌握大局，稳扎稳打，那么胜利虽然来得慢，但终究会到来的。因此，"宁走十步远，不走一步险"。宁肯一点点地有保证地向成功靠近，也不要破釜沉舟似的赌运气。

守信者先守时

诚实守信是中华民族的良好传统，无论是古代还是现代，守信一直是评价一个人好坏的重要因素。一个诚实守信的人总是会得到别人的称赞，获得别人的认可。而一个不诚实守信的人往往会被别人唾弃，诚信守信是立人之本，一个人如果连诚实守信都做不到，那么这个人就连起码的做人条件都不具备。这样的人会被别人孤立的。诚实守信对于每个人来说都是非常重要的，做到诚实守信先要做到守时。

时间对每个人都是十分珍贵的，它不会因为你的需要而增加，只会遵循它的消失规律一分一秒地流失。时间的流逝代表着生命的流逝。有的人能够很好地利用时间，而有的人却总是在浪费时间。浪费时间是非常不明智的，而浪费别人的时间更不好。鲁迅先生曾经说过："浪费别人的时间就无异于谋财害命。"可见守时对于人们来说是多么的重要。

春秋时期，鲁国曲阜有个年轻人名叫尾生。尾生为人正直，乐于助人，和朋友交往总是很守信用，因此受到了四面八方的人的赞誉。

有一次，他的一位亲戚家里的醋用完了，便来向尾生借，恰好尾生家也没有醋，但是他并没有因此而回绝，而是说："你稍等一下，我里屋还有，我这就进去给你拿来。"然后尾生悄悄地从后门溜了出去，向邻居家借了一坛醋，回来对亲戚说这是自己的，并送给了那位亲戚。

孔子知道这件事后，批评尾生为人不诚实，弄虚作假。尾生却不以为然，他认为帮助别人是应该的，虽然说了谎，但出发点是对的，只要帮助了人就是好的。

后来，尾生迁居到了梁地。他在那里认识了一位年轻漂亮的姑娘。两人一见

钟情，并很快私订了终身。但是姑娘的父母嫌弃尾生家境贫寒，坚决反对这门亲事。为了追求爱情和幸福，姑娘便决定背着父母和尾生私奔，跟着尾生回到曲阜老家。

那一天，两人约定在韩城外的一座木桥边会面，然后双双远走高飞。黄昏的时候，尾生提前来到桥上等候。不料，六月的天气说变就变，突然天空乌云密布，狂风怒吼，雷鸣电闪，滂沱大雨倾盆而下。接着山洪暴发了，滚滚的江水暴涨，没过了尾生的膝盖。

"城外桥边，不见不散"，尾生想起了与姑娘的誓言。他环顾四周，仍然不见姑娘的踪影。但他仍然寸步不离，死死地抱着桥柱，最终被活活淹死。

而姑娘因为私奔的念头泄露，被父母禁锢家中，不得脱身。直到半夜她才找到机会逃出了家门，她冒雨来到城外桥边时，此时洪水已渐渐退去。这时姑娘看到了紧抱桥柱而死的尾生，伤心欲绝。她抱着尾生的尸体号啕大哭，哭罢，便相拥纵身投入江中。

尾生为了遵守自己的誓言，死死地守在桥下，甚至不惜性命等待着自己的心上人的到来，最终被淹死在桥下，他守信守时的精神实在是令人感动不已。

守时对于每个人来说都很重要，不论是对待熟悉的人还是陌生的人。守时是对别人最起码的尊重，也是你诚意的表现。虽然守时非常重要，但是在生活中，往往会有很多人做不到守时。而不能守时往往会让等待的人感觉很恼火，也往往会因此耽误很多的事情。

有一个赴德的考察团要去参观奔驰公司。他们在出国前就已经联系好了所有的事务。他们的原计划是下午两点出发，而德方的接待人员在一点半来接考察团成员。

但是，到了参观的那天，德方的接待人员在约定时间前就已经到达了酒店，而当大家在约定时间碰头时，发现还有三个人没有下楼。打电话去催，两个人表示马上下来，而有一个人却说要方便一下，值得一提的是，这个人正是考察团的最高领导。

在焦急的等待了 5 分钟之后，德方的接待人员表示不能再等了，如果考察团仍然要参观的话就得马上出发。但是考察团成员表示，等到团长一来就立刻走，而且不会花费太久的时间。但是德方代表坚决不同意，他们非常抱歉地表示："对不起，这次的参观只能取消了。"然后转身就走了。

在他们的眼中，方便属于个人问题，既然是个人问题就应该在属于自己的时间内解决，而不是在约定好的时间里让大家等待，浪费别人的时间，是不守信不守时的表现，是不能被容忍的。

守时是一种美德，也是对别人的礼貌和尊重。守时，应该成为一种习惯和责任。做到守时的人才能赢得别人的尊重，也才会有成功的机会。守时，不仅可以节约自己的时间，也能够为自己赢得一个又一个的朋友，赢得一次又一次的机会，它的重要性是不言而喻的。因此人一定要守时守信，一个连守时守信都做不到的人，还能要求别人信任他吗？一个连守时守信都做不到的人，还可以指望他多少呢？

每个人的时间都是无比珍贵的，所以一定要珍惜自己的时间，更要在乎别人的时间，所以一定要在约定的时间做好约定的事情，只有这样才会得到别人的认可，获得别人的信赖。

守时是一种美德，更是对别人的尊重和真诚的表现。因此，学会做到守时吧，因为只有守时的人才能得到别人的信任。

头脑要比手脚更勤快

人们在做任何事情的时候都应该付出自己辛勤的努力。但是，想要做成一件事并不能仅仅靠着手脚的勤快，而更应该活动自己的头脑。头脑一定要比手脚更勤快，因为如果只是一味盲目地努力，而没有动脑筋的话，事情就不会很轻易地完成。

思路可以决定出路，做事的时候多动动脑筋，往往就能开辟出一片新的天地。做任何事情之前都要养成先思考的习惯，思考目标、做事的步骤以及可能出现的问题，然后想出周全的解决方法，这样在每一个阶段出现的任何情况，你都可以很从容地面对，而不会出现遇到问题就手足无措的情况。

鲁班是我国建筑业的鼻祖，他的一生发明过非常多的方便实用的工具，锯子是他的伟大发明之一，而锯子的发明就源于他的善于思考。

鲁班是一个工匠，因此他经常到山上寻找木材。在路上的时候，他看到工人们一斧头一斧头十分费力地砍着树，觉得他们实在太辛苦了。于是他就想："我能不能发明一个新的工具来代替斧头，让砍树更省劲呢？"这个念头就一直在他的脑子里不断盘旋着。

有一天，鲁班又上山去了。当他在爬一段非常陡峭的山路时，突然滑了一下。情急之下，他伸手抓住了路旁的一丛茅草，这时他感觉到自己的手指被什么东西划破了，他伸处手掌一看，鲜血都渗出来了。于是他俯身凑到茅草跟前仔细观察，只见茅草的边上有一排细细的利齿，而正是这个把他的手指划破了。突然间，鲁班脑中灵光一闪，他一下子想到了制作新工具的灵感。这些天他一直在思考用什么东西可以代替斧头砍伐树木。他想，这么细小的茅草都能将皮肉划破，那么应该也有东西可以将树木轻易砍倒。鲁班兴致一来，便忘了手掌的疼痛，他扯起一把茅草仔细地观察，

他用草边在手背上轻轻一划，手背居然很轻易地被割开了一道口子。鲁班若有所见地站了起来，他想："何不让铁匠打制一些边上有锯齿的铁条，然后让人们把它放在树上来回拉动？这样不就可以把树割断了。"

根据这一想法，鲁班很快制成了第一批锯条。经过试用，锯条果然比斧头好用多了。

就这样锯子就被发明出来了，至今仍然被广泛地使用。正是因为鲁班勤于思考，不断地开动脑筋，才会有如此伟大的发明出现。

艾森豪威尔说过："只知道往前冲的不是一名好军人，最起码不是一名好军官。"这句话深刻地说明了思考的重要性。只靠蛮力而没有智力的人是无法胜出的。思考可以决定一个人的命运，而成功的人肯定是那些善于思考的人。

高斯是德国伟大的数学家，他从小就是一个非常爱动脑筋的聪明孩子。

当他上小学的时候，有一次一位老师想教训一下班上的淘气学生，于是他就出了一道数学题，让学生从 1 + 2 + 3……一直加到 100 为止。这个老师心想："这道题足够这帮学生算半天的，我也可以得到半天悠闲的时间了。"出乎他意料的是，刚刚过了一会儿，小高斯就举起手来，说他已经算完了。这个老师觉得算这么快肯定是不对的，于是头也不抬地说道："算的不对，回去重新算。"但是小高斯很自信地说道："老师，你看一下，我认为我算的是对的。"这位老师抬起头，然后去看高斯的答案，5050，完全正确。老师顿时惊诧不已，要知道这位老师自己算过，他可是算了很长的时间才算出来的。于是他急忙问小高斯是怎么算出来的。

高斯说道："老师，我不是从开始一直加到末尾的，而是先把 1 和 100 相加，得到 101，再把 2 和 99 相加，也得 101，最后 50 和 51 相加，也得 101，这样一共有 50 个 101，结果当然就是 5050 了。"高斯说完，这位老师不断地表扬聪明的高斯。

遇事要开动脑筋，说起来是件非常容易的事，可是做起来却非常难的。高斯的聪明之处就在于他能打破常规，跳出旧的思路，通过自己的仔细观察，细心分析，从而找出一条新的思路，进而打破旧的思维模式带来的禁锢，从而在非常普遍的事物中发掘出新意。

人的每一次进步，都与自己的思维能力息息相关。如果离开了思维，人就什么事情也办不成了。既然我们被自然赋予了"思维"这样神奇的力量，我们就应该积极开发我们的大脑。大脑就像汽车零件，是越用越灵的，我们每一次的思维都是在给脑子加油，而经过润滑的大脑更能适应自然的变化，人因此也就会有更强的能力了。

关羽手下有一个叫作周仓的人，这个人高大威猛，勇猛无比。他可以轻易地杀死一头牛。但是周仓空有一身蛮力，却没有脑子。

有一天关羽和周仓路过一棵树，树下有很多的蚂蚁，关羽就对周仓说道："你平时总是自负，认为自己很厉害，你能把这些蚂蚁打死吗？"周仓听了很不屑地说道："区区小蚂蚁，打死又有何难，难道比一头牤牛还厉害吗？"说完就走到蚂蚁旁，抬起右脚在蚂蚁多的地方使劲踩了一下。他原本以为这一脚下去所有的蚂蚁都会死去，可是当他抬起脚却发现，被踩的蚂蚁依然快速地爬着。

周仓很是气愤，于是接连踩了好几下，但就是踩不死这些蚂蚁，最后他筋疲力尽了也没有成功。

关羽看着他，然后语重心长地说道："光靠强壮的身体是不能战无不胜的，真正的常胜将军是靠脑子来打仗的，只有会动脑筋的人才是最厉害的。"

说完，关羽下了马，走到蚂蚁前，伸出自己的手指按在一只蚂蚁上，然后用指尖轻轻碾了一下，那只蚂蚁就死了。

周仓看到这一切，顿时羞愧难当，从此再也不自高自大了。

真正厉害的是会开动脑筋的人。因此，开动你的脑筋吧，让自己的头脑动的比手脚快些，因为只有这样你才能够更好地去做每一件事。

卒子过河能吃车马炮

很多人都会下象棋，自然也懂得其中的规矩。一般来说，人们是不太在意象棋中的卒子的，认为它们没有大的用处，不但行动缓慢，杀伤力也极其有限，但是，经常下象棋的人都知道，看似没用的小卒子一旦过了河，就有了大的用处。它们就可以横冲直撞，可以吃掉车马炮，甚至可以吃掉对方的老将。

由此，我们能明白一个道理，不要小看那些不起眼的人，他们很可能是真正的人才。现在不如意，没有大的作用，不过是没有得到施展的机会罢了。一旦给他们机会，定会有一番作为。同样，如果我们正处在卒子的位置，也不要灰心丧气，要相信自己，要相信机会总有一天会降临到自己头上的，到那时，你就可以成就一番事业了。

　　不要小看那些平常的人，他们很可能是胸怀大志的英雄，也很可能是怀才不遇的勇士，今天的落魄，不过是一时的不得志罢了。一旦时机成熟，他们定会翻身，成就自我，展现出自己的价值。所以，我们应该知道，不管是什么人，都是值得尊重的，以现在的处境来评价一个人是非常愚蠢的行为。因为你看到的只是他此时的表象罢了，至于其后来会发展成什么样，是谁也不敢确定的。

　　李君是一个很普通的人，她来自农村，有着农村人那最质朴的情感。她不怕苦不怕累，每天天快黑时，她和丈夫就从家里出来，开始张罗搭篷布，摆桌椅。然后老公掌勺，老婆招呼客人，卖一些家常小菜。他们的主要客人就是夜猫子和过路司机。两口子每天都是辛苦一晚上，天快亮时才收摊，赚的钱虽然不多，但足以解决温饱。就这样，两口子勤勉而辛苦地工作着，既发不了家，也饿不了肚子。在李君两口子的眼里，自己就是最普通的老百姓，要过的也是最普通的日子。可是，这样的情况持续了一年之久。两人开始打鼓了，因为他们看不到未来。城市里的高楼正一天天拔地而起，各色新的东西都在涌现，但两个人还是跟以前一样，没有半点改变，也看不到改变的可能。

　　他们也曾想过去创业，但是保守的思维决定了，两个人很难迈出第一步。就这样，日子一天天过着，平淡而又宁静。但是，人注定是有追求的，李君他们也

一样。

突然的一个机会，改变了他们的生活，两个人打听到，在离他们住地不远的地方，有一家饭店不干了，正在以低价出租房子，那个地理位置很好，是开饭店的不二之选，而且，价钱也不贵。

两个人商量了很久，也没有做出决定，因为房租虽然相比其他地方不算贵，但对两人来说，依然是一笔不小的开支，差不多已经是他们全部的积蓄了。一旦生意失败，两个人连平淡的生活都过不了了。更重要的是，他们不认为自己有能够经营好饭店的本事，在他们眼里，自己就是最普通的老百姓……

最后，希望战胜了恐惧，两个人拿出了全部积蓄，租下了房子，很快，他们的饭店就开张了，两个人也忙碌了起来……

如今，李君已经是那座城市里的餐饮界名人了，他们家有很多的分店，也有很多的顾客。

事情往往就是如此，面对一个普通人的时候，我们不看好那人，觉得他不算什么，但很可能他几年后就会变成"韩信"。面对自己的时候也是，自然的以为自己就是一个小卒子，成不了大气候，但是如果你足够努力，就会发现，自己原来也是可以吃掉"车马炮"的，就像李君，如果不迈出那一步，她永远是个普通的小贩。

所以，我们要意识到，没有永远的失败，只有暂时的不成功。如今是小卒子的人不一定永远是小卒子，就算永远是小卒子，有一天过河之后，依然可以吃掉车马炮。对别人如此，对自己亦然。当我们看到平凡的他人时，不要去嘲笑，而要尊重，当我们自己面对平淡或是困苦的生活时，不要丧失信心，而是应该努力去寻找过河的机会。如果你做到了这些，那么，你就会认识更多能吃掉"车马炮"的卒子，你，也很有可能会变成一个能吃掉"车马炮"的卒子。到那时，你就已经离成功很近了。

喜怒哀乐：人逢喜事精神爽，闷上心来瞌睡多
——追求宁静，享受快乐

日图三餐，夜图一宿

随着生活水平的提高，竞争越来越激烈，人们的心态也发生了很大的改变。社会上很多人都显得非常的浮躁，攀比之风也日渐激烈。

其实人应该学会知足，只有知足才会常乐。人怎样过都是一辈子，为何不快快乐乐地过一生呢？日图三餐，夜图一眠。保持一颗知足的心会让自己更加快乐。

心理学原理告诉我们：快乐是一种心理活动，是一种精神状态。快乐的心情与心理的满足感是紧密联系在一起的。因为人们的成长经历和家庭背景不同，使得不同的人对同一件事的认知也有所不同，有时甚至是完全相反的。在有的人眼里，人生不如意之事十之八九，无论大事小情，好事坏事，总之他们都没有满意的时候，以至于他们经常与郁闷、烦恼为伍，每天都在郁闷中哀叹。

从前，城里住着一位大财主，他拥有很多的房产，在乡下还有几百亩田地，他饲养了数百头牛羊。总而言之，这财主家大业大，腰缠万贯。

财主的生意都有其他人帮助打理，根本就不用自己操心。财主平时穿的是最好的衣服，吃的是山珍海味，住的是大屋阔院，睡的是最昂贵的高级床，盖的是罗帐锦被。然而即使如此，财主却从来没觉得快乐，他整天还在为家族的产业发展不理想、赚钱太少而烦恼。他总是独自一人唉声叹气，坐立难安，甚至经常失眠，久而久之，他的精神变得非常不好。

在他家隔壁住着一个理发师，名字叫阿贵。他三十多岁了仍没有妻儿，每天只能赚到"几个银钱"的理发钱，仅仅够日常的生活费用和开支，阿贵生活虽然过得清淡，但每天无忧无虑，过得十分潇洒。每天晚饭后，阿贵便在小木屋里躺着然后放声地唱歌，直到午夜唱累了便喝一杯泡好的茶，接着一觉睡到第二天的

第二十章 喜怒哀乐：人逢喜事精神爽，闷上心来瞌睡多

9点钟后再起床，又开始给别人理发。

　　财主也许是因为过分忧虑自己的生意，或者因为阿贵晚上唱歌的声音太大了，让他更加难以入睡。有一天早上，财主便把掌柜叫过来问道："隔壁的阿贵每天都吃不饱、住不好，又没有妻儿，为什么他却能够这样开心，每天晚上都在唱歌呢？而我有这么多钱却快乐不起来呢？"掌柜听了财主的话便微笑地对财主说："因为他懂得知足常乐！"财主听了点了点头，然后对掌柜说："那怎样才能让他不再唱歌呢？"掌柜微笑地说："这个非常容易，只要你能借给他十两银子就可以了。""这样就可以吗？"财主将信将疑地问。"绝对没问题"掌柜非常有信心地对财主说。"那好，你明天就借十两银子给他，我倒要看看你说的对不对"财主还是很怀疑地说。

　　第二天，掌柜就来到了阿贵的理发店刮胡子，他问阿贵："阿贵，你都剃了

257

二十多年的头了，却仍然没存下几个钱，现在你已经三十出头了，却连个老婆都没有，你还不如改行去做一些小生意呢。"阿贵笑着对掌柜说："我每天只能赚几个理发钱，哪有本钱去做生意呢。""那你想不想做生意呢？我可以帮你。"掌柜很认真地问阿贵。阿贵无奈地说："当然想啊，可是我的确是没有本钱！"掌柜听了非常兴奋地说："如果你想做生意，我可以帮你向我的老板借十两银子给你做本钱，利息还可以比别人借钱稍低一点。"听了掌柜的话阿贵喜出望外，然后惊讶地问掌柜："是真的吗？""绝不会假的。"掌柜笑呵呵地说。阿贵又着急地追问："那么什么时候可以借钱给我啊？""明天上午就可以。"掌柜非常有把握地说。"好吧，如果这件事成了的话，今天帮你刮胡子的钱就不收了，以后还要请你喝酒呢！""好啊！"掌柜开心地说。不一会儿，掌柜刮完了胡子，阿贵便十分高兴地送掌柜出门并对他说："那我明天早上去找你。""好的。"掌柜对阿贵笑了笑。

这天晚上阿贵非常激动，他整晚都在想："有了这十两银子后，我就可以去做生意了，以后我就会赚很多的钱，有了钱可以盖房子，然后我就可以取一个妻子，以后有人做家务了，还可以让她生儿育女，传宗接代……"

第二天天还没亮，阿贵就早早到了财主家门口。直到8点多，财主的店铺开了门，他就马上进去找到了掌柜，掌柜非常爽快地借了十两银子给他。拿着这十两银子，阿贵似乎看到了自己以后的生活。

从这天起，阿贵就不理发了。他开始琢磨做什么买卖好。也就是从这个晚上开始，阿贵的屋内再也没有了欢乐的歌声。而财主这晚也非常好奇地找掌柜一起到阿贵房前，来听一听阿贵是否还会唱歌。很久后，他们都没有听到阿贵唱歌的声音，然后就大笑着回去睡觉了。

几天后的一个晚上，掌柜到阿贵家里找他聊天。掌柜说："阿贵，为什么这段时间没听到你唱歌呢？"阿贵非常苦恼地低声说道："别提了，自从你借给我十两银子之后，我真的不知道用来做什么生意才好？并且钱又不多，我又不懂做生意，到期后又要归还本息，以后我真是不知该怎么办了？现在烦还来不及，哪还有心情唱歌呢？"掌柜听了哈哈大笑，然后十分得意地走出阿贵的屋子。

这故事说明了"知足者常乐"的道理。这个财主本来应该是快乐的，就是因为他不知足，所以他快乐不起来。而阿贵本来生活艰苦，但他能知足常乐，所以他过得非常满足，然而当他得到了十两银子后，每天忧心忡忡的，最终使得自己变得苦不堪言。

人都需要进取心不假，但这并不是要你事事必争，永不满足。人与人毕竟是不同的，如果你总是把别人的成就放大，把自己的优点缩小，你就会永远生活在处处不如人的阴影里，最终会影响到你的生活，让你的生活更加地烦恼、困惑。"日图三餐，夜图一眠"，放松心态，你会发现生活会变得非常简单、轻松。

人非草木，孰能无情

"人非草木，孰能无情"。人之所以能够区别于其他的动物，原因是人能够思考，人是有情的动物。人的感情非常复杂，每个人都有自己的思想，每个人都有情，无论是亲情、友情还是爱情都是一个人心底最真实感情的表达。

人是有感情的，人更是需要情的，一个没有感情的人是悲哀的，一个没有感情的世界更是黑暗的，没有温暖的。人与人之间需要感情，社会需要感情。如果没有感情的话，四川汶川大地震就不会有全国人民团结一致的抗击灾害的感人一面；如果没有感情的话，社会上就不会出现互帮互助的现象；如果没有感情的话，就不会有那么多的慈善机构；如果没有感情的话，夫妻不会和睦，儿女不会孝顺，朋友不会互相信任……人没有感情的话，世界将是一片混乱。

阿明的好友住在另一座城市，虽然相隔将近15千米远，但是他每年必定会全家一起到朋友那里访问一次，甚至连小狗都会带去。

然而好景不长，有一次，阿明和朋友因为一点儿小事吵了起来，最后两人不欢而散。从此后，他们彼此伤了和气，再也没有了来往。

可是那只狗不会懂得人的世界，因此它仍然保持着访问的习惯。到了那天，那只狗照例跑到了主人的朋友家中，到达的时候已经是傍晚了。

"他们的狗来了，他们一定是要和我们和好，估计马上就要到了！"阿明的朋友顿时喜出望外，并吩咐妻子赶快去准备饭菜。饭菜做好了，夫妻二人等待着阿明及他家人的到来，然而，他们一直等到了第二天，也没等到阿明一家人的身影。

朋友见阿明一家人没有来，非常不放心。于是就跑到阿明家询问，才知道原来是狗自己跑去的。

阿明和朋友顿时显得非常尴尬，狗尚且不忘旧情，何况人呢？他们为自己的吵架感到自责，于是二人和好如初。

有一对情侣，男的非常懦弱，做事情之前都要让女友先去尝试，然后自己跟在女友的后面。为此，女友感到十分不满，她总是埋怨男友不够坚强，一点儿都不像男子汉。

有一次两人结伴出海，在返航时，海浪将他们的船摧毁了，多亏女友抓住了一块木板才保住了两人的性命。

面对这样的情况，女友大声地问男友："你怕吗？"男友急忙从怀中拿出了一把水果刀很自信地说："如果有鲨鱼来袭击我们，我就会用这个对付它。"听了男友的话，她只是苦笑着摇头，认为自己已经指望不上男友了。

过了一会儿，一艘货轮发现了他们，正当他们为即将获救而欣喜若狂时，一条大鲨鱼正向他们快速地靠近。女友立刻大叫："我们赶快一起用力游，只要靠近货轮我们就会没事的。"男友大声说道："已经来不及了。"接着他突然用力地将女友推进了海里，然后一个人抓着木板朝货轮游过去了，他一边游一边对水里的女友大声喊道："这次我先尝试。"女友望着男友的背影，感到非常绝望，她没想到他是如此贪生怕死，为了自己的性命竟然牺牲了自己。

此时，鲨鱼却一点点地向男子接近，很快，鲨鱼凶猛地撕咬着男子。他发疯似地冲女友喊道："我爱你。"最终，男友死了，女友获救了。

甲板上的人见到这一幕都在默哀。后来，船长坐到被救上来的女子身边说："小姐，你的男朋友是我见过最勇敢的人。我们会为他祈祷的。"

"不，他是个胆小鬼，他见鲨鱼来了就只顾自己逃生了，竟然把我推到了水里，想不到最终鲨鱼还是吃了他。"女子冷冷地说。

"你怎么这样说你的男朋友呢？事件发生过程中，我一直用望远镜观察着你们，我非常清楚地看到他把你推开后就立刻用刀子割破了自己的手腕。鲨鱼对血腥味非常敏感，如果他不这样做来争取时间，恐怕你永远不会出现在这艘船上了，是你的男朋友为了救你，牺牲了他自己，你男朋友真的很爱你，他真的是这个世界上最勇敢的人。"

听了船长的话，女子的泪水顿时浸湿了脸颊，她为男朋友的死感到难过，更为自己错怪了他而悲痛欲绝。

是啊，人非草木，孰能无情。面对鲨鱼的攻击，男子毅然选择牺牲自己去挽救女友的性命，因为他的心里充满了对女朋友的真挚感情。

如果没有感情，人类社会就不会发展，人类社会之所以在不断地进步，就是因为人们相互帮助，互相扶持的结果。感情对于人的重要性就好比润滑油对齿轮的重要性一样，没有了润滑油的润滑作用，齿轮就不会流畅地运转，齿轮不能正

常地运转的话，机器就不能很好地工作。同样的道理，如果人类社会没有了感情，彼此之间就不会互帮互助，而一个人只靠自己的力量是无法生存下去的，这样的话人类就不会一直雄踞在地球上了。

有这样一个真实的故事。在西部一个极度缺水的沙漠地区，每人每天的用水量被严格地限定在三斤。人们日常生活中的饮用、洗漱、洗菜、洗衣，包括喂牲口，全都依赖这三斤珍贵的水，然而就是这么点水还得靠驻军从很远的地方辛苦地运来。人缺水是活不下去的，牲畜也是一样。终于有一天，一头憨厚的老牛挣脱了缰绳，闯到沙漠里运水车必经的公路旁，无论村民们怎么打骂就是不肯离去。

这时运水的车来了，只见老牛非常迅速地冲上了公路，司机见一头老牛突然挡住了去路，立即紧急刹车，接着军车缓缓地停了下来。

老牛沉默着立在车前，任凭司机怎样呵斥驱赶，它就是不肯挪动半步。五分钟过去了，十分钟过去了，双方仍然这样僵持着。运水的战士以前也碰到过牲口拦路索水的情形，但是却没有遇到过如此倔强的老牛，因此也无计可施。人和牛就这样对峙着，时间一点一点地流逝，老牛就是不肯离开，运水车怎么也不能前进。性急的司机试图点火驱赶，可老牛仍然一动不动。后来，牛的主人来了，见自家的老牛惹了这么大的麻烦，顿时恼羞成怒。他扬起长鞭，狠狠地抽打着这头瘦骨嶙峋的老牛。牛被打得直叫，但就是不肯让开。它凄厉的叫声，在空旷的沙漠中回荡着，显得分外悲壮。一旁的运水战士看到这种场面终于忍不住哭了，接着司机也哭了。最后，运水的战士大声说道："就让我违反一次规定吧，我愿意接受处分。"于是他从水车上取出半盆水，放在了这头老牛面前。出人意料的是，老牛并没有喝水，而是对着远方"哞哞"地叫，似乎在呼唤什么。不一会儿，远处跑来一头小牛，见了水立即冲了过来。老牛慈爱地看着小牛贪婪地喝完水，尾巴温柔地摇晃着，并伸出舌头舔舔小牛的眼睛，小牛也舔舔老牛的眼睛。小牛喝完水后，没等主人吆喝，老牛就领着小牛慢慢往回走去。

老牛为了让小牛喝上水，不惜挡住运水车，任凭怎么鞭打，仍旧不肯离去。因为它爱自己的孩子，所以它宁肯挨打也要给孩子弄一点点水。动物尚且可以做到如此有情有爱，何况我们人呢？

人虽然不能被感情羁绊，但更不能没有感情。因为只有有情有爱，社会才是美好的，生命才会是有意义的、有价值的！

世上本无事，庸人自扰之

人生在世，我们可能会遇到各种各样的困难和挫折，可以毫不夸张地说在人的一生中，困难与我们如影随形。然而，面对生活中的困难，我们绝对不能灰心丧气，而是应该乐观面对，积极解决。假如我们一遇到困难和烦心事就板着脸，闷闷不乐，那么我们的生活就见不到笑脸了。

生活中不缺少美，而是缺少发现美的眼睛。同样的，生活其实是美好的，烦恼多是自己胡思乱想才产生的。每天愁眉不展的，不仅会让自己没有精神去工作，甚至还会产生疾病。事实证明每天都乐呵呵的人比每天都眉头紧锁的人生病的概率要小很多。因此，我们应该保持乐观的心态，不要自寻烦恼，让我们更好地去面对每一天。

有一个年轻人，他总是觉得生活非常无趣，为此他经常感到烦恼，久而久之，这个年轻人的身体也越来越差，最终得了重病，每天的心情更加烦躁。

有一天，他听说隔壁村子里有一个智者，于是就强忍着病痛跑去向智者倾诉烦恼。年轻人对智者说了很多自己的苦恼，然而智者总是微笑地听着却不答话。等年轻人说完了，智者对他说道："我来给你挠一下痒吧。"年轻人非常不解地问："您不给我解答烦恼，却要给我挠痒，我的烦恼与挠痒有什么关系呢？况且我现在并不痒，根本不需要挠痒啊！"

智者说："有关系，并且关系大着呢，挠完痒你就知道了！"年轻人很无奈，只好掀开衣服，让智者给自己挠痒。然而智者只是随便在年轻人的身上挠了一下，便再也不理他了。年轻人很奇怪，正要询问智者时，突然觉得自己背上有一个地方痒得难受，于是便对智者说："您再给我挠一下吧，我背上有点痒。"

于是智者又在年轻人的背上挠了一下。可是，年轻人觉得这里刚挠完，那里又痒了起来，便求智者再给自己挠一下。就这样，在年轻人的要求下，智者给年轻人挠了很久的痒。

年轻人临走的时候，智者问他道："你还觉得烦恼吗？"

年轻人突然意识到了这个问题还没有解决，整整一上午都在缠着智者给自己挠痒，居然将所有烦恼的事情都给忘记了。于是，他摇了摇头说："不烦恼了。"智者这才点头笑着说："其实，烦恼就像挠痒，你本来是不觉得痒的，但是如果

你闲来无事，去挠了一下，便痒了起来，并且越挠越痒。烦恼也是一样的道理，本来你不觉得烦恼，只是当你闲来无事的时候，去想了一些令自己烦恼的事，你便开始烦恼了起来，并且越想越烦，最终让你变得异常烦恼。"

年轻人听了智者的话，若有所思。智者接着说："烦恼最喜欢去找闲着没事的人，一个整天忙碌着的人，是没有时间去烦恼的！"

年轻人恍然大悟，然后向智者微笑地点点头，满意地回家了。

烦恼都是自己找的，如果让自己的内心更加宽广一些，让自己看开一些，那么烦恼就不会总是缠着你了。

遇到困难和烦心事就皱眉不语，心情郁闷，这不但不会让事情变好，相反会让自己灰心丧气，没有斗志。因此当遇到烦心事的时候，要乐观一点，看开一些，然后积极地寻找解决的办法，只有这样才会让你更好地面对人生。

贝利是世界著名的足球明星，他被球迷们亲切地称为"球王"。贝利刚开始的时候只是一个无名小卒，经过不懈的努力，终于让自己成为一名职业球员。贝利刚刚入选巴西最著名的球队——桑托斯足球队时，曾经因为过度紧张而一夜未眠。他翻来覆去地想："那些著名球星们会笑话我吗？他们会因为我是一个无名小卒而欺负我吗？万一出现那样尴尬的情形，我哪还有脸回来见家人和朋友呀？"

他甚至自暴自弃地想："即使那些大球星愿意与我踢球，也不过是想用他们绝妙的球技来羞辱我、教训我。如果他们在球场上把我当作戏弄的对象，不停地耍我，我该怎么办？"

贝利整夜都在怀疑和恐惧中辗转反侧。虽然他是同龄人中的佼佼者，但他还是感到惶惶不安。

最后，贝利终于无可奈何地来到了桑托斯足球队，他那种紧张和恐惧的心情是无法用语言形容。

正式练球开始了，贝利吓得几乎快要瘫痪。贝利原本以为刚进球队会先练习盘球、传球的技术和战术配合，然后再上场比赛，哪知第一次教练就让他上场，还让他踢主力中锋。紧张的贝利竟然半天没回过神来，他的双腿像长在别人身上似的，每当球滚到他身边时，他都好像看见别人在嘲笑他，等着看他的笑话。在这样的情况下，他只好硬逼着自己上场了。然而，当他迈开双腿不顾一切地在场上奔跑起来时，他发觉自己竟然渐渐地不再紧张，并非常清楚自己是跟谁在踢球，甚至连自己的存在也忘记了，他只是在习惯性地接球、盘球和传球。在准备结束训练时，他已经完全忘记了桑托斯球队，以为自己还是在以前的训练场踢球。

那些使他深感畏惧的足球明星们，看到他在忘我的踢球，并没有一个人去轻视他，相反地，却对他的球技非常惊讶，他们相信这个小伙子假以时日，终会震惊世界。

经过不断地努力，贝利最终成为世界上最著名的足球明星。

如果贝利一开始就相信自己，专心踢球，而不是无端地猜测和担心，就不会让自己平添那么多的烦恼。

人生会有非常多不如意的事情发生，你不可能遇到一件事情就烦恼一次。困难是人生的一部分，只有不断地战胜困难，才会让我们不停地进步。这个世界有很多不公平的事情，你或许不如很多人，但是你更应该明白，世界上还有更多的人是不如你的，因此不要再自寻烦恼了，因为这是完全没有必要的，自寻烦恼不但不能让你更好地解决问题，反而会让你更加灰心，还会影响你的身体健康。保持微笑吧，你会发现快乐其实真的很简单！

攒钱好比针挑土，败家犹如水推沙

"攒钱好比针挑土，败家犹如水推沙"，大致意思是积攒钱财好比用针一点点地挑土，散尽家业就如流水冲走沙子；比喻攒钱不容易，花钱却很容易。这句老人言告诫人们要珍惜自己得来不易的劳动成果，勤俭节约，千万不要奢侈浪费。

上至国家，下至一个团体或家庭，靠的是一代又一代的艰苦朴素和勤俭节约的精神，才能建立起坚实的基础；而不是靠投机取巧，一夜暴富实现的。历史上有卧薪尝胆的勾践，经过"十年生聚，十年教训"的积累，顽强渡过难关，从而使越国一步步走向强大，最终打败了吴国，洗去了灭国的奇耻大辱，从而留下一世英名。然而，勾践忍辱负重20年积累的家业，最终在继承者的手里走向了灭亡。唐代大诗人李白曾赋诗感叹越国的结局："越王勾践破吴归，义士还家尽锦衣。宫女如花满春殿，只今惟有鹧鸪飞。"前一个忍辱负重，犹如浴火重生的凤凰。勾践用了近20年的时间，从一个亡国的君主到能够打败强大的吴国，从而取而代之，这个过程可谓壮烈，这种精神可谓令人敬佩。可惜，好不容易建立起来的家国，竟然毁于一旦，令人惋惜。从这点看，"败家犹如水推沙"是多么的可怕，我们一定要引以为戒。

朱元璋的故乡凤阳，还流传着这样一段歌谣："皇帝请客，四菜一汤，萝卜韭菜，着实甜香；小葱豆腐，意义深长，一清二白，贪官心慌。"朱元璋给马皇后庆祝寿诞，只用红萝卜、韭菜，青菜两碗，小葱豆腐汤，宴请众大臣。并且还约法三章：今后不论谁家摆宴席，只许这个标准，谁要是违反这个规定，一定要严惩不贷。这可能仅仅是一个谚语，但大明江山几百年，多多少少与朱元璋的勤俭节约的作风有关。

季文子出身于将相世家，是春秋时期鲁国的贵族。他为官数十载，清正廉明。他一生俭朴，从不奢华，并且要求家人也跟他一样简朴地生活。他穿衣不讲求华丽，只求朴素整洁，除了朝服之外，平时没有几件像样的衣服，每次外出，所乘坐的马车也极其简单，没有什

么装饰。

他是如此的节俭，于是有人劝他说："你官拜上卿，德高望重，但我听说您的家里人也穿粗衣草履，也不用粮食喂马，只用草料。你自己平时也不注重自己的仪表，这样是不是显得太寒酸了？要是让别国的使节看到你这身打扮会有损于我们国家的体面，人家会说鲁国的上卿就是这样一个朴素的人啊，那鲁国国力不强盛啊。您为什么不改变一下自己的衣着呢？这于对自己或国家都有好处，何乐而不为呢？"

季文子听完这番言论，淡然一笑，对那人严肃地说："我也想把家里布置得富丽堂皇，妻妾穿绫罗绸缎。但是你看看我们国家的百姓，他们还生活在困境中，有很多人在吃糠咽菜，穿着破旧不堪的衣服，还有人正在挨饿受冻；想到这些，我们怎能忍心过奢华的生活，如果平民百姓生活得困苦不堪，而我的妻妾却锦衣玉食，马匹用粮食饲养，这哪里还有为官的良心啊？况且，我还听说，评判一个国家是否强盛，只能通过臣民的高洁品行表现出来，并不是以他们拥有多少美艳的妻妾和肥壮的骏马来评定的。"

此后，季文子艰苦朴素的生活，成为大家竞相效仿的榜样。

自古都是"攒钱好比针挑土，败家犹如水推沙"。来之不易，失之有余。做人勤俭，是一个人的高风亮节的品性，是人格魅力的体现，是内涵和修养的外露。铺张浪费只能贪图一时之快，一时的享受，这种不计后果的行为，都是虚幻的，暂时的，其实是一种内心空虚的表现，在一些事上得不到满足，就利用奢侈的行为填补空虚。古人常告诫我们"由俭入奢易，由奢入俭难"。只有勤俭节约，修身养性，不为物质利益所利诱，"不以物喜，不以己悲""达则兼济天下，穷则独善其身"，保持一颗纯洁的心，不虚荣，不浮夸，才能淡泊以明志，宁静而致远。

蚕丝作茧，自缚其身

俗话说："蚕丝作茧，自缚其身。"比喻做了某件事，结果使自己受困；也比喻自己给自己找麻烦。人行不善则作茧自缚，自食恶果。生命的意义并不在于生活强加于你的形式，而在于无论经历什么样的生活，你都能保持一颗无悔的善良之心。无论现实怎样捉弄人，都不应该丢失善良的本性。

从前有一只自作聪明的狐狸，它从来都不学习如何捕捉猎物，只管吃、喝、玩、

乐。这只狐狸长大后，父母都去世了，
由于它没学习捕捉动物，所以只能空着肚子。

　　为此，森林里的动物全都嘲笑它，觉得狐狸非常没用，
狐狸自己也觉得非常没面子。

　　有一天，它又在四处闲逛。刚好，一只老虎从它家门前走过，
它心想："如果我消灭了凶猛的老虎，其他动物会不会高看我一眼呢？"

　　想到这里狐狸便对老虎说："老虎大哥，我知道有个小岛，岛上有很
多的兔子，我们何不去美餐一顿。"

　　老虎也正在寻找食物，听了狐狸的话，非常高兴，于是满口答应。

　　到了岛的入口处，有一座小桥，狐狸让老虎等它过去后再过去，狐狸一到对岸，
看见老虎上了桥，立马把支撑桥的绳子切断，老虎掉下海里摔死了。可是，过了
一会儿，狐狸突然猛拍自己脑瓜子，大叫："惨了！"原来这个小岛四面都是海
洋，只有靠绳索桥来连接陆地，可现在绳索桥断了，狐狸也被困在漂流的小岛上，
不久就被饿死了。

　　狐狸一心想害死老虎，不料最终自己也困死在岛上，最终死在了自己的手上，
可见作茧自缚终究是没有好下场的。

　　　　　　　　　人不能丢失自己的善良本性，丢失了一颗善意的心，
　　　　　　　　　人就会变得如同走肉一般；时常保持一颗宽容的心，善

良的灵魂，人才会变得宁静，无欲无求。

有一天，狼发现在山脚下有个山洞，许多的动物都会从此处经过。狼非常地高兴，它把这个洞的其他出口都堵上，然后隐藏在洞的另一端，守株待兔。不一会儿，一只老虎来到了洞口，狼被吓坏了，拔腿就跑，老虎见到狼便穷追不舍。可是所有的出口全都被狼堵死了，狼活生生被堵在了洞里，没有任何出路，最终无法逃脱，被老虎吃掉了。

狼存着杀害其他动物的心，终招致自己的灭亡。可见保持一颗平和善意的心灵是多么重要，常存恶念只会作茧自缚。

蚕丝作茧，自缚其身，懂得了这个道理后，何不心平气和地追求宁静，享受快乐呢？

人生最大的满足是付出

我们共同生活在一个星球上，我们需要彼此相亲相爱，需要彼此的温暖，需要别人的付出。只有一个互帮互助的世界才是充满人情味的世界，只有一个能够付出的世界才会是丰富多彩的世界。

这个世界是需要付出的世界，善良是人类社会必不可少的。人生的意义就在于付出，只要你真诚地对待别人，别人也会真诚地对待你。只要你抱着友善的态度去和他人相处，心里为他人着想，你周围的人也就都愿意为你做很多事，为你付出他们的力量。

有一个小男孩跟着父亲排队买票去看一场马戏。在父子俩的前面是一大家子人，这家人有6个小孩。他们衣着十分朴素，但个个都干净利落。

排队的时候，他们乖乖地跟在父母的身后。他们兴奋地讨论着即将看到的马戏，他们的父母站在前面，母亲的手挽着父亲的胳膊，一家人显得非常的恩爱。

轮到他们买票了，售票员问那个父亲要买几张票，他扬着头非常快乐地大声说："我们全家人一起来看马戏，我要买6张儿童票2张成人票。""100元"售票员对那个父亲说道。

"麻烦您再说一遍，要多少钱？"那个父亲又问了一遍。于是售票员再次重复一遍价格。那个父亲愣在那里，很显然，他带的钱不够，他把手放在口袋里久久不肯拿出来。旁边的妻子也低下了头，一声不吭，场面一时非常尴尬。

　　小男孩的父亲看到了这一切，他悄悄把口袋里摸得发热的 10 元钱拿了出来，然后把它扔在地上，接着从容地弯腰捡起了那张钞票，拍拍前面那位父亲的肩膀，说道："对不起，先生，我想这是您掉的钱吧？"那位父亲立刻明白了小男孩父亲的意思。他本来是无法开口向任何人乞求帮助的。那位父亲直视着小男孩的父亲，双手颤抖地握了过来，眼睛里充满了感激之情。他悄悄抬手拭去了眼角的泪水，说道："谢谢您先生，这钞票对我和我的家庭来说实在是太重要了，谢谢你帮助了我们一家人。"

　　因此，小男孩和父亲因为没钱看马戏，只能无奈地回家去了。小男孩没有看到期盼已久的马戏，但他并没有感到伤心，因为他的父亲给他上了一堂非常好的课，让他懂得了付出是多么的让人快乐。

　　付出的结果往往是双赢，即为别人和美好的社会做出了一份贡献，也给自己留下了一份金钱难以买到的心灵慰藉。相反地，如果只想索取而不愿意付出的话，不但别人会慢慢地疏远你，久而久之，就连你自己都会变得冷峻，变得性格孤僻，

甚至与这个世界格格不入。

　　"只要人人都献出一点爱，世界将变成美好的人间。"让我们像歌里唱的那样，伸出自己奉献的手，去帮助别人，付出自己的热情，换来别人的感激。让我们的心灵得到满足，让我们的灵魂得到升华。人生最大的满足是付出，付出了你才会觉得生命的多彩，付出了你才会懂得生命的意义。所以，把自己的爱心奉献出来吧，付出自己的力量，你会换来别人的感激，这才是生命的真谛。